GÄRUNGSCHEMISCHES PRAKTIKUM

VON

DR. KONRAD BERNHAUER

A. O. PROFESSOR AN DER DEUTSCHEN UNIVERSITÄT IN PRAG
LEITER DER BIOCHEMISCHEN ABTEILUNG
DES CHEMISCHEN LABORATORIUMS

MIT 27 ABBILDUNGEN

SPRINGER-VERLAG BERLIN HEIDELBERG GMBH
1936

ISBN 978-3-642-49395-9   ISBN 978-3-642-49673-8 (eBook)
DOI 10.1007/978-3-642-49673-8

Vorwort.

Die Gärungschemie hat sich heute bereits weit über ihren ursprünglichen Rahmen (Spirituserzeugung, Bierbrauerei usw.) hinaus entwickelt und ist mit der chemischen Industrie selbst bereits sehr innig verknüpft. So macht sich die Gärungschemie heute auch auf dem Gebiete der organischen Großprodukte immer mehr geltend; es sei z. B. auf die gärungschemische Erzeugung von Aceton, Butanol, Essigsäure, Citronensäure, Milchsäure verwiesen. Ferner ist bereits eine große Anzahl weiterer Gärprozesse bekannt, die noch ihrer industriellen Verwertung harren, wie z. B. die Propionsäuregärung, die Cellulosevergärungen (die zur Erzeugung von Alkohol, Essigsäure, Milchsäure und anderen Produkten führen könnten) usw. Weiterhin erscheint eine große Reihe von Gärprozessen noch mannigfacher Verbesserungen fähig (Ausbeuteerhöhung, Beschleunigung der Prozesse, Verwendung billigerer Ausgangsmaterialien usw.). Dazu kommt sodann noch eine große Reihe der verschiedensten Gärprozesse, die zur Erzeugung mancher organischen Produkte in kleinerem Maße entweder bereits heute dienen oder noch verwertet werden können, so z. B. die Gewinnung von Gluconsäure, Butylenglykol, Mannit, Dioxyaceton usw.

Dabei muß noch weiterhin bedacht werden, daß wir uns — bei der ungemein großen Mannigfaltigkeit der biochemischen Abbauvorgänge — heute zweifellos erst am Anfang der gärungschemischen und gärungstechnischen Entwicklung befinden; denn einerseits werden immer wieder neue Gärungsorganismen aufgefunden, die besondere Gärprozesse zu bewirken imstande sind, und anderseits sehen wir, daß es durch besondere Maßnahmen gelingen kann, den Verlauf einer Gärung in andere Richtung zu lenken und so zu anderen Endprodukten zu gelangen (vgl. z. B. die Glycerinerzeugung auf dem Gärwege); schließlich erscheint es auch durchaus möglich, bestimmte, bei den Gärungen rasch durchlaufene Zwischenprodukte mittels besonderer Gärverfahren so anzuhäufen, daß sie dann als Hauptprodukte auftreten und der technischen Erzeugung zugänglich werden.

Eine weitere große Bedeutung der Gärungschemie für die Industrie beruht darauf, daß die bei den Gärungen vor sich gehenden Umsetzungen vielfach geringere Kosten verursachen als die rein chemischen Prozesse, indem einerseits die Gärungsorganismen (die also als „Katalysatoren“ fungieren) an und für sich keine großen Kosten verursachen und andererseits meist

unter Bedingungen gearbeitet werden kann, die keine allzu hohen
Auslagen bedingen (relativ niedrige Temperatur usw.); dazu
kommt noch, daß bei den Gärprozessen zumeist billige Ausgangsmaterialien (Kohlehydrate) verwendet werden können, wobei vielfach auch die verschiedensten Abfallprodukte der Landwirtschaft einer industriellen Verwertung zugeführt werden.

Auch in wissenschaftlicher Hinsicht befindet sich die
Gärungschemie noch recht am Anfang, denn wenn man bedenkt,
wieviel Arbeit geleistet werden mußte, um den Prozeß der Hefegärung — also die physiologische Wirkung einer einzigen
Organismengruppe — einigermaßen aufzuklären, so ist leicht ersichtlich, welch ungeheuer großes Gebiet, bei Berücksichtigung
der ungemein großen Anzahl der Gärungstypen noch der weiteren
Bearbeitung harrt. Dazu kommt noch, daß bei der wissenschaftlichen Klärung der Gärprozesse nicht nur der Chemismus der
betreffenden Vorgänge aufzuklären ist, also die Art des Reaktionsablaufes, sondern auch die Rolle und Natur der dabei beteiligten
Enzyme sowie schließlich der den geordneten Ablauf der Prozesse regulierenden Wirkstoffe; sodann gehören hierher
endlich auch die den „physiologischen Zustand" der Gärungsorganismen betreffenden Fragen.

Wie bereits dieser kurze Überblick zeigt, stellen demnach die
gärungschemischen Prozesse, sowie auch mannigfache
andere, damit verknüpfte Zweige der Biochemie eine der aus-
sichtsreichsten Richtungen der stofflichen Umwandlungen vor. Zugleich ist aus dem Gesagten ersichtlich, daß auf
dem Gebiete der Gärungschemie sowohl in wissenschaftlicher wie
in technischer Hinsicht noch eine ungeheuer große Fülle von
Fragen und Problemen zu lösen ist, und daß sich die Fortentwicklung dieses Gebietes noch in vollstem Fluß befindet.

Während nun auf dem Gebiete der Gärungschemie einerseits
recht zahlreiche und vorzügliche Werke vorliegen, die sich in
erster Linie und vielfach fast ausschließlich nur mit den
Gärungsorganismen selbst befassen, und anderseits eine zweite
Gruppe von Werken, die in erster Linie von rein technischen
Gesichtspunkten aus geschrieben sind und vor allem nur die
älteren, bereits gut durchgearbeiteten Verfahren behandeln, mangelt
noch vollständig eine Einführung in die Gärungschemie,
in der die laboratoriumsmäßige Durchführung der verschiedensten Gärprozesse geschildert wäre. Die vorliegende
Schrift soll dazu dienen, diese Lücke auszufüllen.

Auswahl des Stoffes. Im vorliegenden Buch sind nach Möglichkeit alle Gebiete der Gärungschemie behandelt oder wenigstens

gestreift, die in wissenschaftlicher oder technischer Hinsicht von Wichtigkeit erscheinen. Wenn dabei vielleicht das eine oder andere Teilgebiet etwas zu kurz gekommen sein mag, so hängt dies auch damit zusammen, daß das vorliegende Buch keinen zu großen Umfang annehmen sollte, um seinen Zweck erfüllen zu können, denn bei erschöpfender Bearbeitung würde der Umfang ein Vielfaches der vorliegenden Schrift annehmen. Vor allem ist das Hauptgewicht nicht so sehr auf die heute bereits allgemein in die Technik eingeführten Zweige der Gärungschemie gelegt, sondern vielmehr auf jene gärungschemischen Gebiete, deren technische Anwendung noch nicht lange zurückreicht, oder die noch einer technischen Verwertung harren, oder die von besonderem wissenschaftlichem Interesse sind. Bei der Auswahl des Stoffes wurde ferner nach Möglichkeit vor allem nur gut Gesichertes und einigermaßen Abgeschlossenes berücksichtigt, doch liegt es in der Natur der Sache, daß vielfach auch noch nicht ganz Abgeschlossenes behandelt werden mußte, um so auch auf die zahllosen noch offenen Probleme der Gärungschemie hinzuweisen und um so zu zeigen, welch große Gebiete der Gärungschemie noch in voller Entwicklung begriffen sind.

Die vorliegende Schrift bezweckt daher zunächst eine **Einführung in die Gärungschemie, und zwar vor allem in die gärungschemische Praxis.** Dadurch soll die Gärungschemie auch einem größeren Kreis leichter zugänglich gemacht werden und ferner soll das vorliegende Buch auch zur Weiterarbeit auf diesem Gebiete anregen; es wird daher auch immer wieder auf offene Fragen und Probleme hingewiesen. Schließlich dürfte die Bedeutung, die die Gärungschemie heute bereits besitzt, es rechtfertigen, auch bei der Ausbildung der Studierenden an den Hochschulen diesem Gebiete ein erhöhtes Augenmerk zuzuwenden, denn die Gärungsvorgänge stellen vom Gesichtspunkt des Chemikers aus ja auch nur chemische Reaktionsketten vor, bei denen allerdings die Gärungsorganismen selbst bzw. deren Enzyme das „katalytische Agens" vorstellen. Es erscheint daher auch zur Erweiterung des fachlichen Gesichtskreises der Chemiestudenten von Wichtigkeit, wenigstens einige grundlegende gärungschemische Kenntnisse zu vermitteln, und so auch die chemische Ausbildung universeller zu gestalten.

Übersicht des Stoffes. In der *Einleitung* wird auf die Bedeutung der Gärungschemie kurz eingegangen; sodann werden einige Richtlinien zur Lösung der theoretischen und praktischen Aufgaben der Gärungschemie gegeben, ferner eine Charakteristik und Übersicht der verschiedenen Gärprozesse. Schließlich wird auf die geschichtliche Entwicklung der Gärungschemie in wissenschaftlicher und technischer Hinsicht kurz eingegangen und in diesem Zusammenhang auf einige Probleme der Gärungschemie hingewiesen.

Im *ersten Teil* werden die allgemeinen Methoden der Gärungschemie beschrieben, und zwar zunächst die Methoden zur Züchtung und Kultivierung der Gärungsorganismen, ferner das Wichtigste über die Untersuchung und Charakterisierung derselben. Auf die Wiedergabe von Abbildungen der Gärungsorganismen wurde verzichtet (ebenso im zweiten Teil) da diesbezüglich einerseits das umfassende Werk von LINDNER[1] vorliegt, und andererseits erst vor kurzem ein sehr instruktiver und preiswerter Atlas der Gärungsorganismen von GLAUBITZ[2] erschienen ist. Die erwähnten Abschnitte wurden möglichst kurz gefaßt und überall nur das für den Gärungschemiker Wichtigste hervorgehoben. Sodann wird die allgemeine Gärungstechnik geschildert, also die grundsätzliche Methodik zur Durchführung der Gärungen. Schließlich folgt noch das Wichtigste über die Aufarbeitung der Gäransätze im allgemeinen.

Der *zweite Teil*, der den Hauptteil vorstellt, enthält über 140 einzelne Übungsbeispiele, die in 53 Übungen angeordnet sind. Bei der Beschreibung derselben wurde von dem Grundsatz ausgegangen, gelegentlich der Schilderung der praktischen Durchführung der Gärungen auch theoretische Kenntnisse zu vermitteln; ein Grundsatz, der sich bei anderen Praktikumbüchern bestens bewährt hat[3]. Im Anschluß an die einzelnen Übungsbeispiele wird daher eine kurze theoretische Erörterung über den Chemismus der betreffenden Gärungsform sowie über die präparative Bedeutung bzw. die Technologie derselben angeschlossen.

Die Übungsbeispiele behandeln in großen Zügen das Gesamtgebiet der Gärungschemie, und zwar in vier große Gruppen gegliedert, nämlich die Hefegärungen, die anoxydativen Bakteriengärungen, die oxydativen Bakteriengärungen und schließlich die Schimmelpilzgärungen. Unter den Hefegärungen werden z. B. die verschiedenen Vergärungsformen beschrieben, die Methoden zur Gewinnung von Zwischenprodukten, die Azyloinsynthesen, Hydrierungen usw. Unter den anoxydativen Bakteriengärungen werden die Milchsäure- und Propionsäure-

---

[1] LINDNER: Atlas der mikroskopischen Grundlagen der Gärungskunde, 6. Aufl. Berlin 1928.

[2] GLAUBITZ: Atlas der Gärungsorganismen, Berlin: Parey, 1934.

[3] Vgl. GATTERMANN-WIELAND: Die Praxis des organischen Chemikers, oder BERTHO-GRASSMANN, Biochemisches Praktikum (1936).

gärung geschildert, die Coli- und Aerogenesgärung, verschiedene Formen der Butyl- und Acetongärungen, und schließlich die Cellulosevergärungen. Von den oxydativen Bakteriengärungen wird die Essiggärung, die Gewinnung von Zuckerarten durch Oxydation von Zuckeralkoholen und ferner die Bildung und der Abbau von Zuckercarbonsäuren beschrieben. Unter den Schimmelpilzgärungen wird die Bildung der Gluconsäure und Kojisäure geschildert, die Citronensäure-, Fumarsäure- und Oxalsäuregärung.

Bei allen Gärungsarten wird zunächst in Form einiger Beispiele mit der biologischen Methodik vertraut gemacht, also die Gewinnung, Untersuchung und Züchtung der Gärungsorganismen geschildert, ferner die Herstellung von Impfkulturen und Massenkulturen usw. Hieran schließen dann die Übungsbeispiele zur Durchführung der Gärungen selbst. Dabei sind sowohl Kleinversuche wie auch präparative Gärversuche geschildert, und zwar stets mit eingehenden gärungstechnischen Anleitungen wie auch genauen Angaben über den analytischen Nachweis und die Bestimmung sowie die präparative Gewinnung der Gärprodukte.

In einem *Anhang* wird schließlich eine Übersicht der Einrichtungen für die Durchführung gärungschemischer Arbeiten gegeben; daran werden jeweils verschiedene laboratoriumstechnische Hinweise angegliedert, zugleich im Anschluß an meine „Einführung in die organisch-chemische Laboratoriumstechnik" (1934), aber unter spezieller Berücksichtigung der gärungschemischen Anforderungen. Sodann werden hier auch einige allgemeine Winke für die manuelle Vorbereitung und Durchführung der Gärversuche gegeben. In einem zweiten Anhang sind einige Umrechnungstabellen zusammengestellt; ferner werden hier einige Leitlinien für die Protokollierung entwickelt und ähnliches.

Die Sachverzeichnisse sind nach demselben Prinzip angeordnet, das sich bereits in den „Oxydativen Gärungen" (1932) sowie den „Grundzügen der Chemie und Biochemie der Zuckerarten" (1933) bewährt hat. Auf diese Weise werden aus dem speziellen Sachverzeichnis Bildungsweise und Art der Umwandlung der verschiedenen Gärprodukte ersichtlich sowie die Methoden zum Nachweis, zur Identifizierung und quantitativen Bestimmung der Gärprodukte.

Herrn Dr. ANTON IGLAUER danke ich für seine eifrige Mithilfe, insbesondere bei der Behandlung der biologischen Methoden sowie bei der Durchführung der Korrekturen.

Prag, im Oktober 1936.

KONRAD BERNHAUER.

Inhaltsverzeichnis.

Zweiter Teil.

Übungsbeispiele.

Inhaltsverzeichnis. XI

Seite

Inhaltsverzeichnis.　　　　　　XV

Einleitung.

Bedeutung und Entwicklung der Gärungschemie.

A. Bedeutung der Gärungschemie.

In der chemischen Industrie, die die Umwandlung der Roh- und Grundstoffe in wertvollere Endprodukte zur Aufgabe hat, nimmt neben den rein chemischen und physikalischen Vorgängen die Erzeugung chemischer Produkte durch biochemische Prozesse in den letzten Jahrzehnten einen immer größeren Raum ein. Vor allem kommt die Gärungschemie auf dem Gebiete der Erzeugung organisch-chemischer Großprodukte immer mehr zur Geltung; neben der Alkoholerzeugung sei z. B. auf die Butanol-, Aceton-, Milchsäure- und Citronensäurefabrikation hingewiesen. Dabei muß noch bedacht werden, daß wir uns — bei der ungemein großen Mannigfaltigkeit der biochemischen Abbauvorgänge[1] — vielfach erst am Anfang der gärungschemischen und gärungstechnischen Entwicklung befinden, und daß sowohl in wissenschaftlicher wie in technischer Hinsicht noch eine ungeheuer große Fülle von Problemen zu lösen ist und daß eine Erschöpfung des diesbezüglichen Forschungsgebietes noch überhaupt nicht vorauszusehen ist.

Weiterhin hat die Gärungsindustrie mannigfaltige Berührungspunkte mit der Landwirtschaft, und zwar nicht nur wegen der zu verarbeitenden Rohprodukte, die von der Landwirtschaft geliefert werden, sondern auch infolge der landwirtschaftlichen Verwertung mancher Nebenprodukte der Gärungsindustrien. Dazu kommt noch die Verwertung von Gärungsprozessen in der Landwirtschaft selbst, so z. B. bei der Grünfuttersilierung usw.

Aber auch über den Rahmen der eigentlichen Gärungen hinaus können Mikroorganismen große industrielle Bedeutung erlangen; verwiesen sei z. B. auf die Preßhefefabrikation für Backzwecke, ferner auf die Erzeugung von stickstoffhaltigen Futtermitteln (Futterhefe) sowie auf das Problem der Fetterzeugung durch Hefen und Pilze.

Ferner hat die Gärungschemie auch in wissenschaftlicher Hinsicht eine große Anzahl von Fragen und Problemen zu lösen.

---

[1] Vgl. z. B. FULMER und WERKMAN: An Index to the chemical Action of microorganisms on the nonnitrogenous organic compounds, Springfield, Ill. and Baltimore, 1930.

1. Industrielle Bedeutung der einzelnen Gärprozesse in engerem Sinne.

a) Die alkoholische Gärung. Großtechnische Verwertung derselben bei der Spritgewinnung (Brennereispiritus) sowie bei der Erzeugung alkoholischer Getränke (Bier, Wein). Der Alkohol ist mengenmäßig das größte, künstlich in Apparaturen erzeugte organische Produkt. Welterzeugung an alkoholhaltigen Produkten pro Jahr[1]:

Bier, etwa 200 Millionen hl im Werte von
etwa . . . . 5,8 Milliarden Mark
Wein, etwa 150—200 Millionen hl im Werte
von etwa 5,2   ,,   ,,
Sprit, etwa 20 Millionen hl im Werte von
etwa 1,0   ,,   ,,

zusammen . . 12,0 Milliarden Mark

Große wirtschaftliche Bedeutung der alkoholischen Gärungsindustrie: Verwertung von landwirtschaftlichen Produkten in großen Mengen in den Brennereien und Brauereien (Melasse, Kartoffeln, Gerste, Hopfen usw.).

Verwendung des Alkohols: Teilweise für Genußzwecke, die überwiegende Menge (etwa 85% der Erzeugung) für industrielle Zwecke (in vergälltem sowie unvergälltem Zustand), z. B. als Brennstoff, Kraftstoff (in Mischung mit Benzin und Benzol), als Lösungsmittel in der Spritlackindustrie, als Extraktionsmittel, als Ausgangsmaterial für die Erzeugung von Äthylchlorid, Essigester, Chloroform usw., bei der Erzeugung von Farbstoffen, Pharmazeutica, Riechstoffen usw. Dazu kommen noch die Nebenprodukte der Alkoholerzeugung wie Schlempe, Fuselöl usw.

Verwendung der Fuselöle: Insbesondere als Lösungsmittel in vielen Zweigen der chemischen Industrie, auch in Esterform; manche Ester dienen als Fruchtessenzen.

Sonstige Produkte der Hefegärungen: Glycerin. Dasselbe kann mit befriedigender Ausbeute auf dem Gärungswege erzeugt werden, doch liegen unter normalen Verhältnissen aus der Fettspaltung ausreichende Mengen vor. Im Weltkrieg wurden in Deutschland schließlich monatlich über 1000 t gärungschemisch erzeugt.

Verwendung: Insbesondere in der Sprengstoffindustrie (Nitroglycerin), ferner in der Textil- und Färbereiindustrie (Zusatz zu Druckfarbstoffen), in der kosmetischen und Arzneimittelindustrie (als

---

[1] Hinsichtlich der hier und im folgenden gegebenen handelsstatistischen Angaben vgl. ULLMANN: Enzyklopädie der techn. Chemie (1928) sowie SCHMID: Die industrielle Chemie in ihrer Bedeutung im Weltbild, de Gruyter & Co., Berlin u. Leipzig 1934.

Weichmachungsmittel), in der Lack- und Kunstharzindustrie (z. B. in Form von Estern), in der Farbenindustrie, im Automobilwesen usw.

b) Die Butanol-Aceton-Gärung. Die Welterzeugung an Aceton soll etwa 10000 t betragen, entsprechend 12 Millionen Goldmark (die auf rein chemischem Wege erzeugte Menge mit eingerechnet). Welterzeugung an Butanol etwa 40000 t.

Verwendung des Acetons: Als Lösungsmittel für Nitrocellulose bei der Fabrikation des rauchlosen Pulvers, für Nitrolacke, zur Erzeugung von Bromaceton (Gaskampfstoff).

Verwendung des Butanols: Als Lösungsmittel in der Lackindustrie (insbesondere für Nitrolacke), teils als solches, teils in Form von Estern. (Ameisensäure-, Essigsäure-, Phthalsäureester); auch zusammen mit anderen Lösungsmitteln (insbesondere Alkohol).

Sonstige Produkte der Butylgärungen: Buttersäure. Verwendung: zur Herstellung von Buttersäureestern des Äthyl-, Benzyl-, Phenylalkohols, Geraniols usw. für die Riechstoffabrikation, in verhältnismäßig beschränkten Mengen. — Umwandlung des technischen Gemisches von buttersaurem und essigsaurem Calcium in Ketone; Verwendung dieser als Lösungsmittel.

c) Essiggärung. Erzeugung der Essigsäure auf dem Gärungsweg in Konkurrenz mit rein chemischen Verfahren. Welterzeugung etwa 270000 t, entsprechen schätzungsweise 190 Millionen Goldmark, davon etwa 40% durch Gärung (30% durch Holzverkohlung und 30% durch Synthese).

Verwendung der Essigsäure: In verdünntem Zustand in der Nahrungsmittelindustrie (als „Essig"), in bedeutendem Maße zur Herstellung von Estern (Methyl-, Äthyl-, Butyl-, Amylacetat), die in der Lack- und Riechstoffindustrie usw. gebraucht werden; ferner zur Erzeugung von Aceton und Essigsäureanhydrid (besonders wichtig für die Herstellung von Acetylcellulose) usw.

d) Milchsäuregärung. Großtechnische Erzeugung der Milchsäure ausschließlich durch Gärung. Weltproduktion etwa 6000 t im Werte von 7,7 Millionen Goldmark.

Verwendung der Milchsäure: Das technische Produkt (43—48%ig) in der Gerberei zum Entkalken der Häute, in der Textilindustrie (zum Griffigmachen von Textilien, Seide, Kunstseide usw.). Reine Milchsäure in der Lebensmittelindustrie (für Limonaden, Fruchtsäfte, Obstwein usw.), zur Beseitigung der Carbonathärte des Brauwassers usw.

e) Citronensäuregärung. Die Erzeugung von Citronensäure auf dem Gärwege bedeutet für die Gewinnung derselben aus Citronen bereits eine bedeutende Konkurrenz. In den U. S. A. sollen auf dem Gärwege bereits etwa 5000 t pro Jahr erzeugt werden.

Verwendung der Citronensäure: In der Lebensmittelindustrie, insbesonders bei der Herstellung von Fruchtsäften und Limonaden; in der Kattundruckerei als Reservage und zur Belebung der Farben.

f) Cellulosevergärung. Hierher gehört die Methangewinnung aus Abwasserschlamm durch Methanbakterien; Verwendung des Methans als Leuchtgas (dies wird z. B. in München technisch durchgeführt). Insbesondere die Cellulosevergärung durch thermophile Bakterien könnte eine große Zukunft haben, da die Cellulose das billigste Ausgangsmaterial vorstellt. Es wird dabei Essigsäure, Buttersäure, Alkohol, Milchsäure usw. gebildet. Diese Gärungsvorgänge zu geregelten Prozessen auszugestalten, stellt eine sehr wichtige gärungschemische Aufgabe vor, insbesondere für Länder, in denen ein relativer Mangel an Kohlehydraten besteht (wie Deutschland).

2. Wirtschaftliche Bedeutung von Gärungsvorgängen und Gärungsorganismen in weiterem Sinne.

a) Gärungsvorgänge in der Nahrungs- und Futtermittelerzeugung. Über das im vorigen Abschnitt bereits Gesagte hinaus ist vor allem die Milchsäuregärung bei manchen Zweigen der Nahrungs- und Futtermittelindustrie von Bedeutung geworden.

α) *Silierung von Grünfutter:* Konservierung von eiweißreichem Grünfutter durch Einsäuerung desselben in großen wasserdichten Silos; es findet dabei teilweise Vergärung (Milchsäurebildung) statt. Große Bedeutung der Silierung in der deutschen Landwirtschaft: Erzeugung von Saftfutter von großem Eiweißgehalt für den Winter. Die Erhöhung der Grünfuttermenge ist zwecks Steigerung der Tierfettproduktion erforderlich.

β) *Konservierung von Nahrungsmitteln* durch saure Gärungen (Milchsäuregärung): Einsäuerung von Kraut, Gurken usw.

b) Sonstige industrielle Bedeutung der Gärungsorganismen. Auch über den Rahmen der eigentlichen Gärungen hinaus können Mikroorganismen große industrielle Bedeutung erlangen, so z. B. bei der Herstellung von Preßhefe für Backzwecke, ferner für die Fetterzeugung und die Gewinnung N-haltiger Nahrungsmittel (Eiweißstoffe, Futterhefe) aus einfach zusammengesetzten Nährlösungen.

α) *Bäckerhefe.* Erzeugung derselben unter Vermeidung der Alkoholbildung.

Verwendung der Preßhefe: Hauptsächlich in der Weißbäckerei zum Lockern des Teiges durch Vergärung kleiner Mengen des Mehles (nebenbei Einwirkung proteolytischer Enzyme auf das Mehleiweiß); ferner von Bedeutung für die Auffrischung des Sauerteiges. Wichtig ist das Gärvermögen der so erzeugten Hefe (Triebkraft).

β) *Futterhefe.* Das Problem ist hier, durch Hefevermehrung aus billigen Kohlehydraten und anorganischen N-Verbindungen Eiweiß aufzubauen. Die so erzeugte Hefe braucht kein Gärvermögen zu haben; Verwendung sehr schnellwüchsiger Hefen (z. B Torulaarten).

Wirtschaftlichkeit der Erzeugung von Futterhefe (aus Melasse oder Holzzucker) ist noch fraglich[1]. Gegen die landwirtschaftliche Erzeugung eiweißreicher Futtermittel (Sojabohnen, Erdnuß, Lupine, Raps usw.) scheint das Verfahren jedoch unter normalen Verhältnissen kaum aufkommen zu können.

γ) *Fetterzeugung durch Hefe und Pilze.* Für Zeiten des Fettmangels von großer Bedeutung. Im Weltkrieg wurde der Frage erhöhte Aufmerksamkeit geschenkt. In Frage kommt dabei die Verfettung von Hefe oder gewisser Fettpilze wie Endomyces vernalis. Problem noch nicht zufriedenstellend gelöst.

3. Wissenschaftliche Bedeutung der Gärungschemie.

Wissenschaftliche Forschungen auf dem Gebiete der Gärungschemie sind vor allem in zweifacher Hinsicht von Bedeutung, und zwar: Gerade die Gärungsorganismen vermitteln uns eine Anschauung vom Ablaufe relativ einfacher biochemischer Reaktionen und Reaktionsketten unter verhältnismäßig wenig komplizierten Bedingungen. Auf diese Weise kann ein besseres Verständnis auch komplizierterer Lebensvorgänge wie Atmung, Wachstum usw. angebahnt werden. Anderseits sind viele gärungschemische Vorgänge auch für die präparative organische Chemie von Interesse.

a) Aufklärung der Gärungsvorgänge. Bedeutung: Es wird die Grundlage für die Entwicklung von Vorstellungen geschaffen, in welcher Weise sich die Zellreaktionen auch bei höher organisierten Lebewesen abspielen mögen. Prinzipielle Einheitlichkeit im Chemismus des Zellgeschehens. Z. B. die Aufklärung der oxydativen Gärungen bietet manche Parallelen zu den Atmungsvorgängen in höher stehenden Organismen (höhere Pflanzen, Tierreich)[2]. Man vergleiche ferner die Parallele zwischen der Milchsäuregärung und der Glykolyse im Tierkörper usw. Dabei ist die Aufklärung der Vorgänge bei Mikroorganismen meist weniger kompliziert, als bei höheren Pflanzen oder im Tierkörper, da die Gärungen meist durch einzellige Organismen hervorgerufen werden.

b) Präparative Bedeutung der Gärungschemie. Vielfach bietet die präparative Darstellung organischer Verbindungen mittels Gärungsorganismen manche Vorteile gegenüber den rein chemischen Darstellungsweisen; in manchen Fällen führt überhaupt nur das biochemische Verfahren zum Ziel. Als präparative biochemische Methoden sind dabei vor allem Oxydationen mittels

---

[1] Vgl. FINK, LECHNER und HEINISCH: Biochem. Z. **278**, 23 (1935); **283**, 71 (1935).

[2] Siehe K. BERNHAUER: Erg. d. Enzymforsch. **3**, 220 (1934).

Essigbakterien sowie Reduktionen und Azyloinkondensationen
mittels gärender Hefe von Bedeutung. So ermöglichen z. B. die
Oxydationen mit Essigbakterien eine bequeme Darstellung von
Ketosen aus Zuckeralkoholen, ferner die Gewinnung von Zuckercarbonsäuren aus Aldosen und die Oxydation von Zuckercarbonsäuren zu Ketosäuren. Die biochemischen Hydrierungen mittels
gärender Hefe sind vor allem deshalb von Bedeutung, da sie
vielfach die Gewinnung optisch aktiver Körper ermöglichen
(z. B. sekundärer Alkohole aus Ketonen), ferner die Reduktion
von halogenierten Substanzen (Alkohole aus Aldehyden) ohne
Eliminierung des Halogens usw. Schließlich ermöglicht die
Azyloinkondensation den Aufbau von Substanzen (insbesondere
in der aromatischen Reihe), die auf rein chemischem Weg schwierig
oder überhaupt nicht darstellbar sind; auch dabei gelangt man zu
optisch aktiven Verbindungen. Einige Beispiele zur Beleuchtung
der präparativen Bedeutung der Gärungschemie sind in Tab. I
wiedergegeben.

Tabelle I.

Prozeß	Gärungs-organismen	Darzustellende Substanz	Ausgangsmaterial
Oxy-dation	Essig-bakterien	Dioxyaceton ("Oxanthin") l-Sorbose Adonose d-Gluconsäure d-Galaktonsäure d-2-Ketogluconsäure d-5-Ketogluconsäure	Glycerin Sorbit ("Sionon") Adonit d-Glucose d-Galaktose d-Gluconsäure d-Gluconsäure
Re-duktion	gärende Hefe	sek. l-Butylcarbinol Trichloräthanol Tribromäthanol ("Avertin") d-Propylenglykol l-1,3-Butylenglykol l-2,3-Butylenglykol Octadienol	Methyl-äthyl-acetaldehyd Chloralhydrat Bromal d,l-Milchsäurealdehyd d,l-Acetaldol Diacetyl Octatrienal
Acyloin-konden-sation	gärende Hefe	Methylacetylcarbinol Phenylacetylcarbinol Chlor-Phenylacetyl-carbinol p-Methoxyphenyl-carbinol	Acetaldehyd-Zusatz Benzaldehyd-Zusatz Chlorbenzaldehyd-Zusatz Anisaldehyd-Zusatz

B. Einige Richtlinien zur Lösung der theoretischen und praktischen Aufgaben der Gärungschemie.

1. Methoden zur Aufklärung des Chemismus der Gärungsvorgänge.

Bei den verschiedenen Gärprozessen in weitestem Sinne finden nur in wenigen Fällen einfache Reaktionen statt. Dies ist schon daraus ersichtlich, daß die Gärungsprodukte in ihrer chemischen Struktur von den Ausgangskörpern zumeist völlig abweichen. Es handelt sich vielmehr bei den Gärprozessen zumeist um den Ablauf verwickelter Reaktionsketten, bei denen gewisse Teilreaktionen in andere eingreifen bzw. bei denen Einzelreaktionen mit anderen in oxydoreduktiver Weise gekuppelt sind. Eine wichtige Aufgabe der wissenschaftlichen Gärungschemie ist die Klarlegung der Art des Reaktionsablaufes bei den einzelnen Gärprozessen sowie die Erforschung der die Einzelreaktionen einer Reaktionskette katalysierenden Stoffe. Prinzipiell bestehen zwei Möglichkeiten zur Klärung der Gärungsvorgänge, und zwar je nachdem, ob den Gärungszwischenprodukten oder den Gärungsendprodukten das Hauptaugenmerk zugewendet wird. Die Forschungsergebnisse beider Methoden haben einander zu ergänzen.

a) Die Gärungszwischenprodukte. Grundsätzlich sind zwei verschiedene Gruppen von Zwischenprodukten zu unterscheiden: nämlich einerseits solche, die aus der Zelle — wenigstens vorübergehend — ausgeschieden werden (ebenso wie die Gärungsendprodukte) und anderseits solche, die normalerweise die Zelle nicht verlassen und in dieser direkt weiter umgesetzt werden. Die gleiche chemische Substanz kann als Gärungszwischenprodukt bei den verschiedenen Gärungen, sowie abhängig von den Versuchsbedingungen, bald der einen, bald der anderen Gruppe angehören. Die erste Gruppe von Zwischenprodukten ist dadurch charakterisiert, daß dieselben in stabilem Zustand auftreten und daher auch im normalen chemisch-physikalischen Zustand von den Gärungsorganismen (bzw. Enzymen) weiter umgewandelt werden (zumeist auch in höheren Konzentrationen verträglich). Zweite Gruppe von Zwischenprodukten: innerhalb der Zelle in labilem Zustand auftretend; werden im stabilen chemischen Zustand von den Organismen (bzw. Enzymen) vielfach nicht weiter umgewandelt; können in diesem Zustand oft sogar giftig wirken; sind in der Regel in höheren Konzentrationen kaum verträglich. Aus dem Gesagten ist zugleich ersichtlich, daß nur bei Substanzen der ersten Gruppe ihre Funktion als Gärungszwischenprodukte mit

Sicherheit bewiesen werden kann, während bei denen der zweiten Gruppe in der Regel nur ein Wahrscheinlichkeitsbeweis für ihre Intermediärrolle zu erbringen sein wird. Die Zwischenprodukte dieser zweiten Gruppe sind daher mehr als „Umwandlungsphasen[1]“ aufzufassen, die also niemals *direkt* nachweisbar sind, die aber durch bestimmte Maßnahmen bzw. unter bestimmten Bedingungen zum Austritt aus der Zelle und zur Anhäufung im Außenmedium veranlaßt werden können, und zwar sodann in „stabilisierter“ Form, also als wohldefinierbare organische Verbindungen, zum Unterschied von ihrem Zustand in der Zelle.

Die verschiedenen methodischen Möglichkeiten zur Entscheidung der Frage, ob bei irgend einem Gärungsvorgang eine bestimmte Substanz als Zwischenprodukt eine Rolle spielt, sind in Tab. II übersichtlich zusammengestellt.

b) Gärungsendprodukte und Stoffwechselbilanzen. Die Gärungsendprodukte sind dadurch charakterisiert, daß sie stets aus der Zelle ausgeschieden werden und sich im umgebenden Medium ansammeln. Feststellung derselben durch Bilanzversuche: alle Gärungsprodukte, naturgemäß auch die gasförmigen, sind quantitativ zu erfassen. Dabei ist nicht nur die C-Bilanz von Wichtigkeit, sondern auch die Oxydo-Reduktionsbilanz, also die Feststellung, ob neben Produkten, die im Verhältnis zum Substrat oxydiert erscheinen, auch entsprechende Reduktionsäquivalente vorhanden sind. Aufstellung von Stoffwechselbilanzen nicht nur bei normalen Gärungen erforderlich, sondern auch bei Umschaltungen des normalen Gärverlaufes. Die Ergebnisse der Bilanzversuche sind zugleich Prüfsteine für die Richtigkeit eines Gärungsschemas.

2. Richtlinien der technischen Gärungschemie.

Für die Durchführung eines Gärprozesses und insbesondere für dessen technische Verwertung sind zwei Faktoren von grundlegender Bedeutung, nämlich die Auffindung bzw. Auswahl geeigneter Gärungserreger und sodann die Ermittlung geeigneter Bedingungen für die Durchführung des Gärprozesses; es handelt sich dabei demnach um innere wie äußere Faktoren.

a) Innere Faktoren der Gärprozesse (Gärungsorganismen). Die Grundlage für die Durchführung der Gärprozesse, vor allem

---

[1] Vgl. NORD: Protoplasma **10**, 48 (1930); Erg. Enzymforsch. **1**, 94 (1932). — Angew. Chem. **47**, 491 (1934). — KLUYVER: Erg. Enzymforsch. **4**, 237 (1935). — Vgl. auch die Radikalkettentheorie der biochemischen Prozesse von HABER und WILLSTÄTTER: B. **64**, 2844 (1931).

Tabelle II.

Allgemeine Methoden		Beispiele
1. Isolierung und Festlegung von Zwischenprodukten	a) Auftreten von Zwischenprodukten bei normalen Gärungsprozessen; Unterbrechung der Gärung und Feststellung, welche Produkte intermediär auftreten und später wieder unter Bildung von Endprodukten verschwinden	Auftreten und Verschwinden von Buttersäure und Essigsäure bei der normalen Butanol-Acetongärung. Auftreten und Verschwinden von Äthanol bei der Fumarsäuregärung
	b) Anhäufung von Zwischenprodukten durch besondere Maßnahmen. Unterbrechung des Gärprozesses in einem Zwischenstadium; insbesondere Anhäufung von Säuren in Form von Salzen	Anhäufung von Ca-Butyrat und Ca-Acetat in Gegenwart von $CaCO_3$ bei der Butanol-Acetongärung. Anhäufung von Acetaldehyd mittels Ca·Sulfit bei der Essiggärung
	c) Festlegung von Zwischenprodukten durch Verhinderung anschließender Enzymreaktionen durch Zellgifte	Fünfte Vergärungsform (Methylglyoxalanhäufung). (Milchsäuregärung durch Buttersäurebakterien in Gegenwart von CO)
2. Umschaltungen des normalen Gärprozesses	a) Abfangung von Zwischenprodukten mittels besonderer Abfangverfahren (Abfangmittel)	Abfangung von Acetaldehyd bei der zweiten Vergärungsform (Umschaltung der alkoholischen Gärung in eine Acetaldehyd-Glyceringärung)
	b) Umschaltungen durch Milieuänderungen	Alkalische Gärung (dritte Vergärungsform): Umschaltung der alkoholischen Gärung in eine Äthanol-Essigsäure-Glyceringärung
	c) Umschaltungen durch Zellgifte	Anhäufung von Phosphoglycerinsäure in Gegenwart von Na-Fluorid. Anhäufung von Brenztraubensäure-Glycerin in Gegenwart plasmolytischer Stoffe (4. Vergärungsform)

Tabelle II (Fortsetzung).

Allgemeine Methoden		Beispiele
3. Umwandlung von Zwischenprodukte	a) Direkte Umwandlung von einzelnen Zwischenprodukten[1]	Decarboxylierung der Brenztraubensäure bei der Hefegärung. Decarboxylierung der Acetessigsäure bei der Acetongärung
	b) Umwandlung von Zwischenprodukten beim Zusatz derselben zur normalen Gärung[2]	Umwandlung von Acetaldehyd, Essigsäure, Buttersäure usw. bei der Butanol-Acetongärung. Essigsäure ——➤ Bernsteinsäure ——➤ Fumarsäure bei der Fumarsäuregärung
	c) Umwandlung von Zwischenprodukten im Rahmen gewisser Substanzsysteme	Acetaldehyd ——➤ Äthanol bei der Vergärung von Hexosediphosphorsäure in Gegenwart von NaF

für deren praktische Anwendung ist die Auswahl der geeignetsten Organismen sowie die Konstanthaltung des Gärvermögens.

α) Anforderungen an die Gärungsorganismen (jene Organismen, die diesen Anforderungen am besten entsprechen, sind dann als die „geeignetsten" zu bezeichnen):

1. Hohe Gärgeschwindigkeit und hohe Gärtemperatur, zwecks rascher Beendigung des Gärprozesses.

2. Bildung der gewünschten Gärprodukte in hohen Ausbeuten, unter möglichster Vermeidung von Nebenprodukten.

---

[1] Als Zwischenproduckte werden auch solche Stoffe anzusehen sein, bei deren Umwandlung nicht unbedingt die Gärungsendprodukte entstehen.

[2] Bei der Umwandlung von Zwischenprodukten (die nicht schon normaler Weise im Milieu auftreten) ist sehr zu beachten, daß sie vor ihrer Umsetzung erst in die Zelle aufgenommen werden müssen (Permeabilität daher sehr wichtig) und weiterhin liegen sie zunächst in stabilem Zustand vor, so daß aus dem Ergebnis ihrer Umwandlung im Versuch niemals ein zwingender Schluß auf ihre Rolle als Zwischenprodukt gezogen werden kann.

3. Große Widerstandsfähigkeit gegenüber Milieueinflüssen oder gegenüber Fremdinfektionen.

4. Möglichste Konstanz des Gärvermögens.

β) Methoden zur Gewinnung geeigneter Gärungsorganismen, die diesen Anforderungen am besten entsprechen (die praktische Durchführung wird später besprochen):

1. Auffindung der Gärungsorganismen in der Natur (vgl. S. 38).

2. Prinzipielle Auswahl der geeignetsten Organismen und Stämme. Die einzelnen Gärprozesse können in der Regel nicht nur von einem einzigen bestimmten Mikroorganismus verursacht werden, sondern von einer größeren Anzahl morphologisch verschiedener Organismen; weiterhin treten auch bei einer morphologisch identischen Gruppe von Organismen noch sogenannte Stämme auf (je nach der Isolierung von verschiedenen Fundorten usw.), die sich physiologisch vielfach sehr weit voneinander unterscheiden. Es ist daher von Wichtigkeit, unter den für einen bestimmten Gärungsvorgang in Betracht kommenden Organismengruppen sowie ihren Stämmen den geeignetsten Gärungserreger auszuwählen, was mit Hilfe besonderer Methoden auf Grund oft sehr langwieriger Reihenversuche bewerkstelligt wird (vgl. S. 45).

3. Aufzüchtungen (Gewöhnung an Substrate). Die Gärungsorganismen müssen dabei entweder an bestimmte C-Verbindungen, die sie vergären sollen, gewöhnt werden oder an gewisse Rohsubstrate, die oft wachstumshemmende Stoffe enthalten (z. B. verschiedene technische Abfallprodukte usw.). Methodische Durchführung vgl. S. 44.

4. Konstanthaltung des Gärvermögens; dies geschieht einerseits durch Wechsel des Substrates (wobei vielfach ein Zurückgreifen auf das Substrat des Fundortes erforderlich ist) und anderseits durch Auswahl der besten Keime (Hochzüchtung) mittels besonderer Methoden (vgl. S. 45).

γ) Bedeutung von Mischkulturen. Es wurde vielfach die Beobachtung gemacht, daß manche Gärungen mit einheitlichen, reinen Bakterienkulturen schlechter, bzw. unvollständiger und langsamer verlaufen, als mit bestimmten Mischkulturen; vgl. z. B. die Buttersäuregärung (s. Übung 27 b) und Propionsäuregärung (s. Übung 22 c). Bekanntlich werden auch bei technischen Hefegärungen Mischungen verschiedener Heferassen angewendet. Bei anderen Gärungen wieder bewähren sich Mischkulturen nicht.

b) Äußere Bedingungen der Gärprozesse. Auf den Verlauf eines Gärprozesses kann eine große Reihe äußerer Faktoren von entscheidendem Einfluß sein, die den Gärungsvorgang in positivem oder negativem Sinne beeinflussen können. Aufgabe der speziellen Gärungschemie ist die Aufklärung der Bedeutung dieser verschiedenen Faktoren und die Verwertung derselben für die Regulierung des Gärverlaufes. Diese Faktoren sollen hier, nach drei Gruppen geordnet, kurz besprochen werden, und zwar:

a) Allgemeine (physikalische) Faktoren:

1. Gärtemperatur, Höhe derselben sowie Konstanz derselben.

2. Physikalische Beschaffenheit des Substrates: Klare Lösungen oder Flüssigkeiten mit suspendierten Anteilen (Anwesenheit der letzteren ist vielfach für die Ansiedlung der Organismen, insbesondere von Bakterien erforderlich)..

3. Eventuell kann auch die Konzentration der zu vergärenden Lösungen (insbesondere der C-Quelle) auf die Organismen selbst bzw. deren Wachstum von Einfluß sein.

β) Chemische Zusammensetzung des Gärsubstrates; hierher gehört:

1. Art und Konzentration der C-Quelle: so vermögen gewisse Organismen z. B. polymere Kohlehydrate leicht zu spalten, andere nicht usw.

2. Art und Konzentration der N-Quelle; so bedürfen z. B. manche Bakterien organisch gebundenen Stickstoff (Eiweiß oder dessen Abbauprodukte), wogegen wieder bei anderen Gärungen rein mineralische N-Salze am geeignetsten sind.

3. Sonstige Nährsalze; die Zufuhr derselben in geeigneter Form und Menge ist ähnlich wie die der N-Quelle auf den Gärungsvorgang nur indirekt von Einfluß, indem dieselben vor allem für die gewünschte Entwicklung der Organismen von Bedeutung sind.

4. Wasserstoffionenkonzentration, für die verschiedenen Gärungsorganismen sowie Gärungsvorgänge von sehr großer Bedeutung; jeweils sehr verschieden.

5. Metallspuren können einen großen Einfluß auf das Wachstum der Organismen wie auch auf den Gärverlauf haben; Bedeutung derselben noch nicht geklärt. Ihr Einfluß kann sich sowohl bei Laboratoriumsversuchen wie auch bei technischen Gärungen geltend machen, und zwar insbesondere durch das verwendete Gefäßmaterial und Wasser[1].

6. Stimulatoren unbekannter chemischer Zusammensetzung, z. B. aus verschiedenen Vegetabilien, können nicht nur auf das Wachstum, sondern vielfach auch auf den Gärverlauf von großem Einfluß sein[2]. Derartige Faktoren (Gärungsaktivatoren) erscheinen auch

---

[1] Hinsichtlich der Biochemie der Metallspuren vgl. z. B. Roberg: C. Bact. II **84**, 196 (1931); Fearon: C. **1933**, II 724; Bersin: Biochem. Z. **245**, 466 (1932), Erg. d. Enzymforschung **4**, 68 (1935); Z. f. d. ges. Naturw. **1**, 187 (1935).

[2] Vgl. z. B. einen derartigen zunächst ungewissen Faktor (eine aus verschiedenen Früchten usw. extrahierbare Substanz) mit auffallend großem Einfluß auf die Butanolproduktion aus Kornmaische durch verschiedene butylogene Organismen [Tatum, Peterson und Fred: J. Bacter. **27**, 207 (1934)]. Das dabei wirksame Prinzip erwies sich sodann als Asparagin [Tatum, Peterson und Fred: J. Bacter. **29**, 563 (1935)]. — Vgl. auch die Faktoren Z_1 und Z_2 der Hefegärung (v. Euler).

für die Art der Verarbeitung natürlicher Substrate von Wichtigkeit. Unsere Kenntnisse über diese Faktoren sind noch sehr mangelhaft. Vermutlich existieren auch noch weitere, die Gärungen regulierende Stoffe hormonartigen Charakters, die also von den Organismen selbst gebildet werden.

γ) *Art der Gärführung und Gärungstechnik in engerem Sinne* (vgl. S. 67):

1. Anaerobe Gärführung, und Regelung derselben.

2. Aerobe Gärführung; Regelung der Sauerstoffversorgung; auch spezielle Methoden (wie z. B. bei der Schnellessigfabrikation).

3. Zusatz verschiedener Stoffe während des Gärprozesses (z. B. Calciumcarbonat zum Abneutralisieren von Säuren usw.).

4. Maßnahmen zur Durchmischung des Gärsubstrates.

5. Kontrolle des Gärverlaufes und Maßnahmen zur Regulierung desselben (z. B. Temperatur, Zusätze usw.).

C. Charakteristik und Übersicht der Gärungsvorgänge.

Bei den eigentlichen Gärungsvorgängen handelt es sich stets um den Abbau von Kohlehydraten. Man kann dabei prinzipiell zwei Vorgänge unterscheiden, nämlich je nachdem ob freier Sauerstoff an dem Prozeß beteiligt ist oder nicht. Es kann dabei daher auch von Atmungs- oder Gärungsvorgängen gesprochen werden, bzw. wenn man den Begriff „Gärung" in weitestem Sinne (und zwar mehr von technischen Gesichtspunkten aus) anwenden will, von „oxydativen" und „anoxydativen" Gärungen. Im eigentlichen Chemismus dieser Prozesse scheint jedoch kein ausgesprochener Gegensatz zu bestehen und ferner vermögen Organismen, die normalerweise einen ausgesprochen oxydativen Stoffwechsel haben, unter bestimmten Bedingungen auch anoxydative Gärungen hervorzurufen und umgekehrt.

1. Allgemeine Charakteristik der Gärungen.

a) Begriff der anoxydativen Gärungen. Alle Gärungsvorgänge in der ursprünglichen Bedeutung des Wortes („fermentation", PASTEUR) sind anoxydative Gärungen. Es handelt sich dabei um chemische Vorgänge zur Befriedigung der energetischen Bedürfnisse der Zelle, bei denen der freie Sauerstoff nicht beteiligt ist. Die meisten charakteristischen Gärungsendprodukte (wie Alkohole, Ketone, Säuren usw.) können in der Regel von den betreffenden Gärungsorganismen unter den Bedingungen des Gärungsvorganges nicht weiter verarbeitet werden und sammeln sich im Substrat an.

Als *Erreger der anoxydativen Gärungsvorgänge* kommen vor allem Hefen und Bakterien in Frage, doch sind auch Organismen, die in der Regel einen typisch oxybiontischen Stoffwechsel besitzen (wie Essigbakterien und Schimmelpilze), häufig zur Durchführung anoxydativer

Gärungen befähigt. Dadurch verwischen sich die Grenzen zwischen anoxydativen und oxydativen Gärungserregern und weiterhin ist dies vielfach auch für die Klärung des Chemismus der betreffenden Gärungsvorgänge von grundlegender Bedeutung.

Zur Charakteristik der anoxydativen Gärungserreger ist noch von Wichtigkeit, daß dieselben entweder in Gegenwart von Sauerstoff wachsen und sich vermehren können (wie z. B. Hefe) oder auch in Abwesenheit desselben (wie viele Bakterien).

b) Begriff der oxydativen Gärungen. Dieselben fallen nur in den Begriff der Gärungen in weitestem Sinne und sind als **Atmungsvorgänge** aufzufassen. Es handelt sich dabei um biochemische Zuckerabbauprozesse, die mit Sauerstoffaufnahme verbunden sind bzw. bei denen der freie Sauerstoff als Wasserstoffacceptor fungiert. In diesem Sinne stellen die Endprodukte der „oxydativen Gärungen" Zwischenprodukte des Atmungsprozesses vor und es kann auch leicht beobachtet werden, daß diese Produkte unter der weiteren Einwirkung der betreffenden Organismen völlig zu CO_2 oxydiert werden können.

Erreger der oxydativen Gärungen: Vor allem Schimmelpilze und Essigbakterien. Auch Organismen mit einem typisch anoxydativen Stoffwechsel (wie Hefen) sind jedoch in Gegenwart von Sauerstoff zu Reaktionen befähigt, die für die oxydativen Gärungen charakteristisch sind. Von prinzipieller Bedeutung für den Chemismus der Hauptgruppe der oxydativen Gärungen ist, daß dabei im Anfangsstadium des Zuckerabbaues anscheinend die gleichen Prozesse durchlaufen werden, wie bei den anoxydativen Gärungen (insbesondere bei der Äthanolgärung); nur die „einfachen Oxydationsvorgänge" stellen einen Sondertypus des Zuckerabbaues vor. Die oxydativen Gärungserreger selbst vermögen nur in Gegenwart von Sauerstoff zu wachsen und die für dieselben charakteristischen Gärprozesse zu bewirken.

2. Der Chemismus der Gärungs- und Oxydationsvorgänge im allgemeinen.

Im folgenden werden nur die Grundzüge des biologischen Zuckerabbaues durch Gärungsorganismen zusammengefaßt; hinsichtlich einiger Einzelheiten sei auf die bei der Beschreibung der Durchführung der verschiedenen Gärungen anhangsweise angeschlossenen Erörterungen verwiesen (vgl. Übungsbeispiele).

a) Hauptprozeß des Zuckerzerfalls (Abbau über die C_3-Stufe). α) *Der primäre Abbauweg* verläuft (soweit bisher geklärt) wahrscheinlich stets grundsätzlich in der gleichen Weise: Hexose $\longrightarrow$ Phosphorylierungen $\longrightarrow$ primärer C_3-Körper. Die Phosphorylierungsvorgänge bewirken eine Auflockerung des Molekülgefüges und leiten so die Spaltung ein. Der primäre C_3-Körper (Triosephosphorsäure bzw. Methylglyoxal) unterliegt sodann einer weiteren Umwandlung. Physiologische Bedeutung des Methylglyoxals noch nicht völlig klargestellt[1].

β) Umwandlungen des primären C_3-Körpers; 1. *Umwandlung der Triosephosphorsäure:* Dehydrierung zu Phosphoglycerinsäure weitere Umwandlung dieser zu Brenztraubensäure: ⎯⟶ Acetaldehyd $+CO_2$ (Hefegärung) bzw. ⎯⟶ Milchsäure (Milchsäuregärung). Hydrierung zu Glycerinphosphorsäure. 2. *Umwandlungen des Methylglyoxals:* Dismutation zu Milchsäure; ferner (hypothetisch nach KLUYVER): Abbau nach dem Brenztraubensäurechema:

$$CH_3.CO.CH(OH)_2 - H_2 \longrightarrow CH_3.CO.COOH \longrightarrow$$
$$CH_3.CHO + CO_2.$$

Oder Spaltung nach dem Ameisensäureschema:

$$CH_3.CO.CH(OH)_2 \longrightarrow CH_3.CHO + H.COOH \ (\longrightarrow CO_2 + H_2);$$

z. B. bei vielen Bakteriengärungen angenommen.

γ) Umsetzungen des Acetaldehyds: 1. Hydrierung zu Äthanol (bei der Hefegärung und verschiedenen Bakteriengärungen). 2. Dehydrierung zu Essigsäure (z. B. bei vielen Bakteriengärungen), weitere Umwandlung der Essigsäure unter Bildung von Aceton (über Acetessigsäure; Acetongärung). 3. Acyloinkondensation unter Beteiligung von nascentem Acetaldehyd und Acetaldehydhydrat. 4. Aldolkondensation (wahrscheinlich bei den Butylgärungen).

δ) Oxydative Abbauprozesse, anschließend an den anoxydativen Zuckerzerfall; charakterisiert durch Dehydrierung des Alkohols zu Essigsäure (Essiggärung) sowie Dehydrierung der Essigsäure: Bernsteinsäure-Fumarsäuregärung, Citronensäuregärung, sowie weitere Abbauprozesse (Oxalsäuregärung).

---

[1] Das Methylglyoxal tritt jedenfalls allgemein in der Natur beim Zuckerabbau auf (NEUBERG und KOBEL) und ebenso das Enzym Methylglyoxalase, das die Umwandlung des Methylglyoxals in Milchsäure katalysiert. Dies kann in folgender Weise gedeutet werden [TIKKA: Biochem. Z. **279**, 264 (1935)]:
1. Entweder ist das Methylglyoxal ein wirkliches Zwischenprodukt, über das der Abbau der Kohlehydrate laufen muß, oder
2. bildet sich dasselbe (wie MEYERHOF annimmt) rein chemisch aus Triosephosphorsäure, falls diese nicht genug rasch weiter dismutiert wird. Die Funktion der Methylglyoxalase wäre dann, das giftige Methylglyoxal rasch in Milchsäure überzuführen. Die Methylglyoxalase hätte dann eine ähnliche Funktion wie die Katalase bei der Zerstörung des bei Hydrierungsvorgängen auftretenden gleichfalls giftigen Hydroperoxyds. Fraglich ist dabei, ob die rein chemische Umwandlung des Trioseesters in Methylglyoxal genügend rasch verläuft, um von Bedeutung zu werden.

b) Nebenprozesse des Zuckerabbaues. *α) Spaltung in C_2- und C_4-Ketten.* Angenommen bei der Bernsteinsäurebildung durch verschiedene Bakterien (z. B. bei der Coligärung und Propionsäuregärung; vgl. dazu die Anhänge zu den Übungen 23 und 24).

β) Direkte Oxydation des Zuckers, ohne Sprengung der Kette; einfache Oxydationsvorgänge: Bildung von Kojisäure sowie Gluconsäure (u. a.); weitere Oxydation dieser zu 2-Ketogluconsäure, 5-Ketogluconsäure und Aldehydgluconsäure (durch Essigbakterien bewirkt); anschließende Abbauprozesse.

D. Geschichtliche Entwicklung und Probleme der Gärungschemie in wissenschaftlicher und technischer Hinsicht.

Die rein empirische Verwertung von Gärungsvorgängen im Gewerbe, ferner in der Landwirtschaft, im Haushalt usw. reichen — wie z. B. die Alkoholgärung und Brotbereitung — in vorgeschichtliche Zeiten zurück. Erst im Laufe der letzten 100 Jahre wurden jedoch die Gärungsvorgänge in wesentlichen Punkten geklärt. Vor allem war es die Hefegärung, die wegen ihrer frühzeitigen technischen Anwendung und auffälligen äußeren Erscheinung zunächst das Interesse erweckte. Erst allmählich kam sodann das Studium und im Anschluß daran auch die technische Verwertung anderer Gärungsformen hinzu. Heute ist dieser Prozeß noch in vollster Entwicklung begriffen und ein Abschluß ist noch überhaupt nicht vorauszusehen.

1. Die Hefegärungen.

Die durch Hefe hervorgerufene alkoholische Gärung ist die am längsten bekannte und verwertete Gärungsform überhaupt. Zunächst zur Herstellung alkoholischer Getränke benützt, und zwar vor allem zur **Bierbereitung.** Herstellung bierartiger Getränke im Haushalt wohl schon in vorgeschichtlicher Zeit; die ältesten geschichtlichen Hinweise in bildlichen Darstellungen der alten Babylonier (7000 Jahre v. Chr.); im 5. Jahrtausend v. Chr. scheinen bereits gewerbliche Brauereibetriebe existiert zu haben. Die Kenntnis der Bierbereitung ging dann auf die Ägypter über. In der hellenischen und griechischen Kulturepoche stand der *Wein* als Genußmittel im Vordergrund. Bierbereitung bei den Thrakern, Skythen, Kelten und besonders Germanen. In der Folgezeit ist dann Deutschland die Hauptpflegestätte der Bierbereitung geworden. Verwendung des Hopfens als Würzemittel bereits in Babylonien; sodann erst wieder im 8.—11. Jahrhundert n. Chr. (FREISING). Erste Blütezeit der Bierbrauerei zu Anfang des 17. Jahrhunderts (Norddeutschland, obergärige Biere), später in Bayern (untergärige Biere, die heute fast überall mit Ausnahme von England die obergärigen verdrängt haben). Einführung der Hefereinzucht in die Bierbrauerei durch CH. HANSEN.

Spirituserzeugung. Ursprung der Alkoholdestillation: wahrscheinlich im 11. Jahrhundert n. Chr. in Italien. Gewinnung von Branntwein aus Getreide etwa im 14. Jahrhundert. Mikroskopische Untersuchung der Hefe 1680 durch LEEUWENHOCK. Wesentliche Fortschritte in der Branntweinbrennerei in technischer wie wissenschaftlicher Hinsicht im 18. Jahrhundert: Feststellung von CO_2 durch

Mac Bride (1764), Gärungsgleichung nach Lavoisier, Methoden zur Bestimmung des Alkoholgehaltes (spez. Gew., Réaumur, 1793), Errichtung von Kartoffelbrennereien. Im 19. Jahrhundert wissenschaftlicher Streit über die Ursachen der Gärung und grundsätzliche Klärung des Vorganges (vgl. unten). Ferner bedeutende Fortschritte in der Spiritusbrennerei: Einführung der Hefereinzucht in den Brennereibetrieb durch P. Lindner. Übergang vom Handbetrieb zum Maschinenbetrieb. Vervollkommnung der Destillierapparate: allmähliche Entwicklung des kontinuierlichen Destillierapparates. Einführung des Hochdruckdampfverfahrens durch Henze (1873).

Probleme: Neuere Bestrebungen zur Verbesserung der Alkoholproduktion: Verwendung möglichst billiger Rohprodukte, z. B. Holzhydrolysate; Versuche zur Anwendung von Hefen mit hoher Gärtemperatur zwecks Beschleunigung des Prozesses usw.

Kunsthefefabrikation. Entwicklung derselben aus der Getreidebrennerei; erste Anfänge 1766. Vervollkommnung durch Ch. Hansens Forschungen über das physiologische Verhalten der Brennereihefen und Einführung der Hefereinzucht. Durch Delbrück und Mitarbeiter wurde das Verfahren weiter verbessert; Aufstellung des Systems der natürlichen Hefereinzucht. Verbesserungen besonders in der Ausbeute: früher 14—15% Hefe (neben 30—32% Alkohol), dann Verschiebung des Verhältnisses auf 20—22% Hefe (bei 20% Alkohol), heute nach dem Zulaufverfahren Ausbeuten bis gegen 100%, unter Ausschaltung jeder Alkoholgewinnung.

Probleme: Umarbeitung der Bierhefe auf Backhefe; Gewinnung von Futterhefe (Eiweißdarstellung) und Fetthefe.

Glycerinerzeugung durch Hefegärung nach der zweiten oder dritten Vergärungsform (vgl. Übung 5 und 7), in technischem Maßstab während des Krieges in Deutschland angewendet („Protolgärung"); Ausarbeitung des Verfahrens durch Connstein und Lüdecke[1] später vervollkommnet.

Wissenschaftliche Forschungen über das Wesen der Hefegärung. Gay Lussac (1810), Schwann (1837), Kützing, Helmholtz u. a. traten für die vitalistische Anschauung ein, die von seiten der Chemiker (J. v. Liebig, J. Berzelius, Berthelot) heftig bekämpft wurde. Pasteur entschied zunächst den Streit zugunsten der vitalistischen Anschauung (auf Grund von Versuchen), nachdem E. Mitscherlich für die Ansicht eingetreten war, daß die Gärung zwar durch Organismen bewirkt werde, jedoch nicht durch ihre Lebensfähigkeit, sondern durch Kontaktwirkung. Schließlich wurde durch Buchners Entdeckung der Zymase im Hefepreßsaft (1897) der Streit um die Ursachen der Gärung in dem Sinne entschieden, daß die alkoholische Gärung als Enzymreaktion aufzufassen ist, die unabhängig vom lebenden Organismus vor sich gehen kann, wobei jedoch das dabei wirksame Ferment (die Zymase) von der lebenden Hefezelle erzeugt werden muß. Die Folgezeit lehrte dann, daß die Gärung einen sehr komplizierten chemischen Prozeß vorstellt, an dem eine ganze Anzahl von Fermenten beteiligt ist. Die Charakterisierung des Gärprozesses als eine Kette von enzymatisch bewirkten Einzelreaktionen ermöglichte sodann auch Vorstellungen

---

[1] Connstein und Lüdecke: B. **52**, 1385 (1919).

über den Mechanismus der Gärung zu entwickeln und mit der genaueren Aufklärung des Prozesses zu beginnen (NEUBERG, HARDEN, v. EULER, LEBEDEW, MEYERHOF u. a.).

2. Anoxydative Bakteriengärungen.

Milchsäuregärung. Die Milchsäurebakterien sind Erreger der meisten spontanen Säuerungsvorgänge; daher wurde von der Milchsäuregärung im Haushalt bereits seit Urzeiten Gebrauch gemacht: saure Milch, Sauerteig, Konservierungsmethoden (Einsäuerung wegen der bactericiden Wirkung der freien Milchsäure). Mit spontan aufkommenden Milchsäurebakterien arbeiten heute noch: Sauerkrautfabrikation und Einsäuerungsverfahren von Futtermitteln (Silage). Für manche Milchpräparate (wie Kefir[1], Yoghurt[2], Kumys[3] u. a.) werden die Milchsäurebakterien ohne besondere Kunstgriffe seit Jahrhunderten in gleicher Weise fortgezüchtet. Anwendung von Reinkulturen bei der fabrikatorischen Milchsäuregärung, bei der Milch- und Rahmsäuerung im Molkereibetrieb, Käsereifung, Säuerung des Weißbieres und der Hefemaische (Brennerei).

Milchsäure 1780 von SCHEELE in der sauren Milch entdeckt, 1847 Milchsäuregärung beobachtet von BLONDEAU, 1857 erkannte PASTEUR, daß Bakterien die Säurebildung veranlassen, 1877 isolierte LISTER Reinkulturen von Milchsäurebakterien, 1903 stellten BUCHNER und MEISENHEIMER fest, daß die Milchsäurebildung ein enzymatischer Prozeß ist. Erste Milchsäureproduktion in technischem Ausmaße 1881 durch AVERY in U. S. A. Der Prozeß konnte jedoch erst nach einer Reihe von Jahren zu einem genügend sicheren ausgestaltet werden. 1895 Reinkulturen von Bact. Delbrücki durch WEHMER in den Fabriksbetrieb übertragen zur Milchsäuregewinnung bei hoher Gärtemperatur (gegen 50⁰), Ausbeuten bis zu 90% d. Th. Neuerdings soll die Gärung kontinuierlich durchgeführt werden, nach einem Zulaufverfahren, wobei man zu hohen Konzentrationen an Ca-Lactat gelangt.

Probleme: Gewinnung von Milchsäure aus möglichst billigen Ausgangsmaterialien (Holzzucker, eventuell auch durch direkte Vergärung von Cellulose). Von Interesse erscheint weiterhin die Darstellung der d-Milchsäure (während bei den technischen Gärungen in der Regel die d, l-Form gewonnen wird[4]) mit Hilfe geeigneter Milchsäurebakterien (z. B. besondere Stämme des Lactobacillus casei oder Delbrücki[5]); im tierischen Organismus kann nur die d-Form verwertet werden.

---

[1] Ein milchsäurehaltiges, schwach alkoholisches, schäumendes Getränk, bereitet mittels eines Gemisches von Hefen und Milchsäurebakterien aus Schaf-, Ziegen-, Kuh- oder Büffelmilch (besonders im Kaukasus erzeugt).

[2] Mittels Milchsäurebakterien aus Schafmilch oder Kuhmilch bereitet (ein Nationalgetränk der Bulgaren).

[3] Analog dem Kefir bereitet (aber aus Stutenmilch), jedoch stärker alkoholisch (etwa bis 2 %); Ursprung bei den Kirgisen und Tataren.

[4] Es handelt sich dabei um eine Mischung der d-Form mit der l-Form; je nach der Art der verwendeten Bakterien kann auch bei technischen Gärungen z. B. die d-Form stark überwiegen.

[5] TATUM und PETERSON: Ind. Chem. **27**, 1493 (1935).

Milchsäure-Essigsäure-Gärung. Insbesondere bei Anwendung billiger kohlehydrathaltiger Ausgangsmaterialien von technischem Interesse; geeignete Materialien sind Maiskolben, Haferhülsen, Erdnußschalen usw., die zunächst durch Säuren hydrolysiert werden. Anwendung von Lactobacillus pentoaceticus: Bildung äquivalenter Mengen Milchsäure und Essigsäure aus Pentosen (z. B. aus hydrolysierten Maiskolben in fast quantitativer Ausbeute innerhalb 10 bis 12 Tagen[1]).

Mannit-Essigsäure-Gärung (neben Milchsäure). Dieselbe wird durch Vergärung von Fructose durch heterofermentative Milchsäurebakterien verursacht. Bildung von Mannit, Essigsäure und CO_2 im gleichen molaren Verhältnis (aus 3 Mol Fructose[2]). Diese Gärungsform hat auch technisches Interesse gewonnen (z. B. in Italien).

Äthanolgärung der Bakterien. In Form einer gemischten Milchsäure-Äthanol-Gärung bei heterofermentativen Milchsäurebakterien weit verbreitet. Bei manchen Bakterien wird die Äthanolgärung zum Hauptvorgang. So vergärt Thermobacterium mobile (LINDNER) 90% der Glucose zu Alkohol und CO_2 und nur etwa 7% zu Milchsäure[3]. Neuerdings wird dieser Prozeß in Deutschland in technischem Ausmaße durchgeführt (unter Verwendung eines speziellen Malzes für die Herstellung der Würze).

Äthanol-Butylenglykol-Gärung. Verursacht durch Organismen der Aerogenesgruppe und der Aerobacillusgruppe. Man erhält bis zu 30% 2,3-Butylenglykol (bezogen auf angewendeten Zucker[4]). Bac. asiaticus mobile (CASTELLIANI) vergärt Zucker sehr lebhaft unter Bildung von Äthanol und CO_2 sowie erheblicher Mengen Butylenglykol (28—29%) und Wasserstoff[5].

Propionsäuregärung. 1841 von NÖLLNER beobachtet. Nachweis der Beziehung zwischen der Lochbildung im Schweizer Käse und dem Gehalt an Propionsäure (JENSEN, 1898). Isolierung von Propionsäurebakterien aus Emmentaler Käse (FREUDENREICH und JENSEN, 1906). SHERMAN und SHAW[6] erhielten sehr aktive Bakterien, die starke Propionsäuregärung zeigten; Versuche zur Durchführung der Gärung in technischem Maßstabe: Beendigung des Gärprozesses in 10 Tagen bei 38°[7]. Verhältnis Propionsäure:Essigsäure abhängig von den verwendeten Bakterien. Auf die technischen Möglichkeiten für die Propionsäuregärung hat auch VAN NIEL[8] aufmerksam

---

[1] FRED und PETERSON: Ind. Chem. **13**, 211, 757 (1921); **15**, 126 (1923). Vgl. auch ALLEN: Industrial Fermentations, New York 1926, S. 104.

[2] BOLCATO: Ann. Chim. Appl. **23**, 405 (1933).

[3] KLUYVER und HOPPENBROUWERS: Arch. Mikrobiol. **2**, 245 (1931).

[4] Vgl. SCHEFFER, Diss. Delft 1928. Ein Verfahren haben FULMER, CHRISTENSEN und KENDALL beschrieben: Ind. Chem. **25**, 798 (1933).

[5] BIRKENSHAW, CHARLES und CLUTTERBUCK: Biochemic. J. **25**, 1522 (1931).

[6] SHERMAN und SHAW: J. of. biol. Chem. **56**, 695 (1923); J. Dairy Sci. **6**, 303 (1923).

[7] WHITTIER und SHERMAN: **15**, 729 (1924); **16**, 122 (1924).

[8] VAN NIEL: Die Propionsäurebakterien, Monographie, Haarlem, 1928.

gemacht (Gewinnung von Organismen, die Propionsäure und Essigsäure im Verhältnis 5:1 bildeten, Beschleunigung des Prozesses usw.). Technische Anwendung hat die Propionsäuregärung bisher noch nicht gefunden.

Buttersäuregärung. Von PASTEUR (1861) zuerst als bestimmte Gärungsform erkannt. Nähere Beschreibung der Gärung und der Bakterien: FITZ (1882), BAIER (1895), WINOGRADSKY (1902), BUCHNER und MEISENHEIMER (1908), BREDEMANN (1909) u. a. Industrielle Verwertung nur in bescheidenem Ausmaße. In wissenschaftlicher Hinsicht von großem Interesse: Kondensationsprozesse; auch höhere Fettsäuren beobachtet (NEUBERG 1921).

Butanol-Aceton-Gärung. Gärungserreger bereits längere Zeit bekannt gewesen, Ausbeuten an Butanol zunächst nur gering (GRIMBERT, 1894, EMMERLING, 1897 bis 1902, BUCHNER und MEISENHEIMER, 1908 u. a.). Industrielle Bedeutung hat diese Gärungsform während des Weltkrieges erlangt (Aceton!); Auffindung geeigneter Gärungserreger. Durchführung des Gärprozesses geht auf FERNBACH (1912) und insbesondere WEIZMANN (1915) zurück. Verfahren besonders in U. S. A. in ungewöhnlich großem Ausmaß in Anwendung. Auch wissenschaftlich von großem Interesse (Kondensationsvorgänge; Reduktion von Carboxylgruppen).

Butanol-Isopropanol-Gärung. Neuerdings von großem technischem Interesse geworden. Verlauf im allgemeinen analog der Butanol-Aceton-Gärung, nur daß an Stelle des Acetons dessen Reduktionsprodukt Isopropylalkohol auftritt.

Äthanol-Aceton-Gärung. Von SCHARDINGER (1905) zuerst beobachtet (Bac. macerans), später sind weitere geeignete Bakterien bekannt geworden (Bac. aceto-äthylicus u. a.). Versuche zur Aufklärung des Prozesses insbesondere von BAKONYI (1926), der in der Acetonbrennerei eine Zukunftsform der Spiritusbrennerei sieht, da neben dem Alkohol als wertvolleres Produkt Aceton erzeugt wird; es erscheint jedoch fraglich, ob für das Aceton unter normalen Verhältnissen genügend Verwendungsmöglichkeiten vorhanden sind (Verwendung als solches, Reduktion zu Isopropylalkohol, Kondensationsprodukte usw.). Allerdings kann bei manchen Bakterien auch fast ganz die Alkoholproduktion überwiegen (vgl. z. B. ein I. G. Patent 1915). Bei anderen Organismen können neben Äthanol auch noch andere Alkohole auftreten (z. B. Amylalkohol, doch ist dessen Herkunft aus Kohlehydraten fraglich).

Cellulosevergärungen. Erste Beobachtungen hierüber aus dem Jahre 1899 (MAC FAYDEN und BLAXAL). Einwirkung thermophiler Bakterien auf cellulosehaltige Materialien, z. B. bei $60-70^0$; Reaktionsprodukte und Verhältnis derselben zueinander sehr verschieden, da nur Bakteriengemische (von verschiedener Einheitlichkeit) zur Anwendung gelangten. Bildung von Ameisensäure, Essigsäure, Buttersäure, Äthanol, Milchsäure, CO_2 und H_2. Ferner gehört hierher die Methangärung. Nach den bisherigen Befunden scheint insbesondere die Erzeugung von Essigsäure in Frage zu kommen. Die Untersuchungen über die Cellulosevergärung durch thermophile Bakterien befinden sich noch recht im Anfangsstadium; diese Gärungen könnten

---

[1] VILJOEN, FRED und PETERSON: J. agricult. Sci. **16**, 1 (1926); vgl. ferner SCOTT, FRED und PETERSON: Ind. Chem. **22**, 731 (1930).

jedoch in der Zukunft von großer wirtschaftlicher Bedeutung werden[1], da die Cellulose das billigste Ausgangsmaterial vorstellt, und in größten Mengen zur Verfügung steht.

3. Oxydative Bakteriengärungen.

Essiggärung[2]. Neben der alkoholischen Gärung und der Milchsäuregärung gehört dieselbe zu den am längsten bekannten und verwerteten Gärprozessen. Erzeugung von Essigsäure im Altertum wie im frühen Mittelalter im Haushalt, indem man Wein oder andere alkoholische Flüssigkeiten in der Wärme unter Zutritt von Luft der Säuerung überließ. Etwa im 14. Jahrhundert Entwicklung einer eigenen Industrie; Erzeugung von Bier- und Weinessig in ruhenden Maischen nach dem langsamen Verfahren, später nach dem holländischen Verfahren („BOERHAAVE-Verfahren"), schließlich nach dem Schnellessigverfahren (1815—1826, SCHÜTZENBACH). 1793 als oxydativer Prozeß erkannt (LAVOISIER), 1837 die Rolle der „Essighaut" richtig gedeutet (KÜTZING), 1868 mit der Lebenstätigkeit von Organismen in Zusammenhang gebracht (PASTEUR), sodann Auffindung und Reinzüchtung von Essigbakterien (HANSEN, ZEIDLER, LAFAR, SEIFERT, ROTHENBACH, HENNEBERG, BEIJERINCK, HOYER). 1903 Entdeckung der Alkoholoxydase (bzw. -dehydrase) der Essigbakterien (BUCHNER und MEISENHEIMER). Klärung des Chemismus in neuester Zeit (WIELAND, NEUBERG und deren Mitarbeiter).

Gluconsäuregärung. Zuerst beobachtet von BOUTROUX bei der Einwirkung von Mycoderma aceti auf Glucose (1878). Später eine große Anzahl von Essigbakterien als geeignet befunden. In Gegenwart von $CaCO_3$ Gluconsäureerzeugung durch fast alle Bakterien in hohen Ausbeuten, in saurer Lösung insbesondere durch Bact. gluconicum (HERMANN, 1928), ferner durch Bakterien aus „Hoshigaki" (TAKAHASHI und ASAI, 1930). Technische Erzeugung von Gluconsäure mittels Essigbakterien vorläufig nicht sehr aussichtsreich, da Schimmelpilze geeigneter. Probleme: Auffindung neuer Formen mit stärkerem Oxydationsvermögen (Verkürzung des Vorganges) und Durchführung des Prozesses analog dem Verfahren der Schnellessigfabrikation (HERMANN, 1935).

Dioxyacetondarstellung. Oxydation von Glycerin zuerst beobachtet von BERTRAND (Sorbosebacterium, 1898), in der Folgezeit bei einer großen Anzahl von Bakterien beobachtet. Technische Anwendung zur Erzeugung von Dioxyaceton („Oxanthin", I. G.) und Verwendung desselben als Diabeteszucker (inzwischen durch den Sorbit „Sionon", I. G. wieder verdrängt).

Sorbosedarstellung. Oxydation von Sorbit zuerst von BERTRAND beobachtet (1896), später auch bei anderen Bakterien. Die Sorbose dient als Ausgangsmaterial zur synthetischen Darstellung der l-Ascorbinsäure (Vitamine C)[3].

---

[1] Vgl. MAY und HERRICK: U. S. Dep. of Agr. (Washington) Circular Nr. 216 (1932).

[2] Literatur: WÜSTENFELD: Technologie der Essigfabrikation, Berlin 1929; vgl. ULLMANN: Enzyklopädie der technischen Chemie, IV. Bd., S. 616 (1929), dort auch weitere Literatur.

[3] REICHSTEIN und GRÜSSNER: Helv. Chim. Acta **17**, 311 (1934).

4. Schimmelpilzgärungen.

Citronensäuregärung. Entdeckt von WEHMER (1893) bei Citromycesarten sowie anderen Pilzen. Technische Darstellung von Citronensäure zuerst in Thann i. E. versucht, basierend auf Patenten von WEHMER. Die technischen (apparativen) Schwierigkeiten konnten jedoch damals nicht überwunden werden. Von Wichtigkeit wurde die Verwendung des widerstandsfähigeren und gärkräftigeren Asp. niger in U. S. A. durch ZAHORSKY (1913); von grundlegender Bedeutung die Untersuchung von CURRIE (1917). Doch währte es noch viele Jahre, bis das Verfahren fabrikationsreif war. In den letzten 6—8 Jahren hat sich sodann die Citronensäuredarstellung auf dem Gärwege einen Platz in der Gärungsindustrie erobern können. Durchforschung der Citronensäuregärung in wissenschaftlicher Hinsicht insbesondere etwa in den letzten 10 Jahren (CHRZĄSZCZ, BERNHAUER u. a.).

Gluconsäuregärung. Bei Pilzen (Asp. niger) 1922 von MOLLIARD entdeckt; in der Folgezeit bei vielen Pilzen beobachtet. Als enzymatischer Prozeß von MÜLLER (1928) charakterisiert. Sodann Auffindung von Pilzen mit starkem Vermögen zur Gluconsäurebildung auch in Abwesenheit von $CaCO_3$ (HERRICK und MAY, 1929). Technische Möglichkeiten des Prozesses insbesondere bei Anwendung roher Ausgangsmaterialien. Ferner kommt die Gewinnung der Gluconsäure aus den Mutterlaugen der Citronensäurefabrikation auf dem Gärungswege in Frage.

Fumarsäuregärung. Zuerst von EHRLICH bei Mucor stolonifer beobachtet (1911), sodann von WEHMER (1918) ein sehr gärkräftiger Pilz (Asp. fumaricus) aufgefunden, der allerdings später sein Säurebildungsvermögen änderte. Auch durch Mucor stolonifer wird Fumarsäure in Gegenwart von $CaCO_3$ in recht beträchtlichen Mengen angehäuft (BUTKEWITSCH, 1929). Technische Möglichkeiten vorläufig noch fraglich (Umwandlung von Fumarsäure in Weinsäure oder Äpfelsäure); eventuell auch direkte weitere Umwandlung von Fumarsäure in Äpfelsäure (BERNHAUER, 1936). In wissenschaftlicher Hinsicht sehr interessanter Prozeß: Bildung der Fumarsäure über Alkohol, Essigsäure und Bernsteinsäure wahrscheinlich gemacht (BUTKEWITSCH).

Oxalsäuregärung. Zuerst beobachtet von DE BARY (1886) bei Sclerotinia, später auch bei Pen. glaucum und Asp. niger. 1891 von WEHMER Bildung großer Mengen Oxalsäure beobachtet und Bedingungen des Prozesses näher geklärt. Technische Bedeutung besitzt diese Gärungsform kaum, da die Oxalsäure auf rein chemischem Weg billig erhältlich ist. In Frage kommt höchstens die Oxalsäuregewinnung aus Holz mittels holzzerstörender Pilze (Coniophora cerebella; FALCK). Klärung des Chemismus des Prozesses in jüngster Zeit (CHRZĄSZCZ, BERNHAUER).

Kojisäuregärung. Zuerst beobachtet von SAITO (1907) bei Asp. orycae. (Konstitution der Kojisäure erst 1924 von YABUTA ermittelt). In jüngster Zeit in guten Ausbeuten durch Asp. flavus erhalten (MAY und Mitarbeiter, 1931). Prozeß bisher ohne technisches Interesse, da noch keine Verwendungsmöglichkeit der Kojisäure aufgefunden sind.

Mannitgärung *der Schimmelpilze;* insbesondere durch weiße Aspergillusarten hervorgerufen. Ausbeuten bis zu 50% des verarbeiteten Zuckers (RAISTRICK und Mitarbeiter, 1932).

Erster Teil.

Allgemeine Methoden der Gärungschemie.

Wir haben hier sinngemäß einerseits biologische und anderseits chemische Methoden zu unterscheiden. Wir werden uns also zunächst mit den Methoden zur Züchtung und Charakterisierung der Gärungsorganismen und sodann mit den Methoden zur Durchführung der Gärungen selbst, also der Technik der Gärführung zu beschäftigen haben. Schließlich wird noch das Wichtigste über die Aufarbeitung der Gäransätze und die Gewinnung der Gärprodukte zusammengefaßt.

I. Methoden zur Züchtung und Charakterisierung der Gärungsorganismen[1].

A. Geräte und Nährsubstrate zur Kultivierung der Gärungsorganismen.

1. Gefäße und Geräte.

Im folgenden wird zunächst auf die wichtigsten Gefäße zur Kultivierung von Mikroorganismen hingewiesen und deren Verwendungszweck kurz charakterisiert; sodann werden auch einige Geräte für besondere Zwecke angeführt.

a) Gefäße für feste Nährböden. *Proberöhren:* Für Agar- oder Gelatinenährböden usw. in Schrägkultur (aerobe sowie fakultativ aerobe Organismen) sowie in Stichkultur (anaerobe Organismen).

Vierkantfläschchen: Zum Anlegen von Schrägkulturen (z. B. für Riesenkolonien).

Roux-*Kolben* (vgl. Abb. 1): Zum Gießen von Agar- und Gelatineplatten zwecks Reinzüchtung oder zwecks Herstellung von Impfmaterial (z. B. bei Pilzen).

Abb. 1.
Roux-Kolben.

Petri-*Schalen* und Drigalski-*Schalen* (Glasschalen mit übergreifendem Deckel): Zum Gießen von Agar- und Gelatineplatten zwecks Reinzüchtung, ferner zur Züchtung von Organismen in größeren Massen (zumeist für oxydative Organismen).

---

[1] Zusammenfassende Literatur:

Lafar: Hdb. d. techn. Mycologie. Jena 1904—1914, 5 Bände.

Fuhrmann, F.: Einführung in die Grundlagen der technischen Mycologie. Jena 1926.

Meyer, A.: Praktikum der botanischen Bakterienkunde. Jena 1903 (behandelt die bakteriologischen Arbeitsmethoden).

Lehmann, K. B. und R. O. Neumann: Bakteriologische Diagnostik, 7. Aufl. München 1927 (besonders für Anfänger bestimmt, enthält zugleich die Arbeitsmethoden und eine Beschreibung der einzelnen Organismenarten; im ersten Teil ein Atlas mit teilweise farbigen Tafeln).

Olsen: Bakteriologisches Taschenbuch, 28. Aufl. Leipzig 1927.

BABES-*Schalen* (analog den PETRI-Schalen gebaut, aber Unterteil mit einer Ausnehmung versehen, in der der Deckel aufsitzt): Verwendungszweck wie PETRI-Schalen.

b) Gefäße für Nährlösungen. *Arzneifläschchen* (von 10—50 ccm Inhalt): Zur Kultivierung von Organismen in verschiedenen Nährlösungen (meist für Hefen und Bakterien).

FREUDENREICH-*Kölbchen* (vgl. Abb. 2) und CHAMBERLAND-*Kölbchen* (analog aber kolbenförmig); 10 bis 50 ccm Inhalt, Anwendung wie zuvor. Ermöglichen ein sauberes Arbeiten (bei der Impfung), zugleich wird Verstauben der Watte durch die Glaskappe vermieden; das obere Rohr kann zu einer Capillare ausgezogen werden, um die Verdunstung einzuschränken.

HANSEN-*Kölbchen* (analog dem FREUDENREICH-Kölbchen, aber mit seitlichem Impfstutzen, auch in Form der CHAMBERLAND-Kölbchen, aber mit seitlichem Ansatz): Verwendungszweck wie zuvor. Impfung erfolgt durch das Seitenrohr, das sodann mit Gummischlauch und Glasstöpsel verschlossen wird; ebenso das Aus-

Abb. 2.
FREUDENREICH-Kölbchen.

(Besonders für den Mediziner bestimmt, enthält Vorschriften für Färbungen, Nährböden und Kulturverfahren.)

JANKE, A.: Allgemeine technische Mikrobiologie, I. Teil, Mikroorganismen. Dresden-Leipzig 1924. (Behandelt die Morphologie und Systematik der Mikroorganismen; enthält zahlreiche Literaturangaben.)

JANKE-ZIKES: Arbeitsmethoden der Mikrobiologie. Dresden-Leipzig 1928.

KLIMMER, M.: Technik und Methodik der Bakteriologie und Serologie. Berlin 1923. (Beschreibung der wichtigsten Methoden.)

KRAUS und UHLENHUT: Hdb. d. mikrobiologischen Technik. 3 Bände. Berlin 1923. (Nachschlagewerk; behandelt die gebräuchliche Methodik und Technik.)

BREFELD, O.: Die Kultur der Pilze. Münster 1908.

KÜSTER, E.: Anleitung zur Kultur der Mikroorganismen. Leipzig 1921. (Züchtung der Pilze und anderer Mikroorganismen.)

WILL: Anleitung zur biologischen Untersuchung und Begutachtung von Bierwürze, Bierhefe, Bier und Brauwasser, zur Betriebskontrolle sowie zur Hefereinzucht. Münster und Berlin 1909.

KLÖCKER: Die Gärungsorganismen. Stuttgart 1924. (Arbeitsverfahren für die Untersuchung der Organismen der Gärungsgewerbe und Beschreibung der wichtigsten Organismen.)

LINDNER, P.: Mikroskopische und biologische Betriebskontrolle in den Gärungsgewerben. 6. Aufl. Berlin 1930. (Mehr für den Gärungschemiker von Beruf bestimmt.)

LINDNER, P.: Atlas der mikroskopischen Grundlagen der Gärungskunde. 6. Aufl. Berlin 1928.

HENNEBERG, W.: Hdb. d. Gärungsbakteriologie. Berlin 1926. (Als Nachschlagewerk sehr zu empfehlen; auch für den Gärungschemiker von Beruf bestimmt.)

MIGULA: Das System der Bakterien. Jena 1897. (Botanisch-systematisches Werk über Bakterien.)

GLAUBITZ: Atlas der Gärungsorganismen, Parey. Berlin 1934.

gießen des Inhaltes z. B. zwecks Einimpfung in einen PASTEUR-Kolben, vgl. unten).

ERLENMEYER-*Kolben:* Insbesondere für alle aeroben Organismen; Füllung nur des Bodens (große Oberfläche).

Stehrundkolben (Kochkolben): zur Züchtung von Bakterien und Hefen in größeren Mengen.

c) Geräte für besondere Zwecke. PASTEUR-*Kolben* (Abb. 3): Zur Züchtung von Hefe in größerem Maßstab (insbesondere im Reinzuchtbetrieb in Verwendung). Impfstutzen mit Gummischlauch und

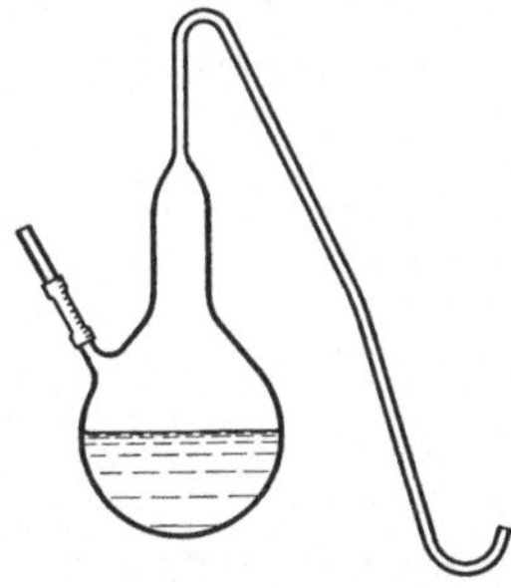

Abb. 3. PASTEUR-Kolben.

Abb. 4. Feuchte Kammer.

Glasstöpsel verschlossen. Handhabung des PASTEUR-Kolbens, vgl. Übung 2c. (Sterilisation erfolgt durch direktes Erhitzen im Sandbad.)

Feuchte Kammer (vgl. Abb. 4): Dient zur Aufbewahrung von Kulturen in PETRI-Schalen oder Eprouvetten usw. in vor Verdunstung geschütztem Zustand.

Doppelschalen bzw. *Glasdosen* (ähnlich den PETRI-Schalen oder BABES-Schalen, aber von 4—5 cm Höhe): Für Gipsblockkulturen oder zur Aufnahme von Kartoffelscheiben usw.

Apparate zur Anaerobenzüchtung, vgl. S. 43.

2. Die Nährsubstrate und deren Bereitung.

a) Allgemeine Zusammensetzung der Nährsubstrate. Die Zusammensetzung und Anwendung der verschiedenen Nährsubstrate ist je nach der Art der Organismen und deren physiologischen Bedürfnissen sehr verschieden.

Unterscheidung von *natürlichen* und *künstlichen Nährsubstraten;* erstere aus Naturprodukten des Tier- und Pflanzenreiches hergestellt; chemische Zusammensetzung nicht genau bekannt (hergestellt durchweg unter Benutzung von Leitungswasser);

letztere aus chemisch wohl definierten Stoffen hergestellt, meist unter Benutzung von Mineralsalzen (mineralische Nährsubstrate) unter Verwendung von destilliertem (oft auch doppelt destilliertem[1]) Wasser, manchmal auch Leitungswasser.

Unterscheidung der Nährsubstrate in *feste Nährböden* (unter Anwendung von Agar-Agar oder Gelatine hergestellt) und *Nährlösungen;* erstere insbesondere für Reinzüchtungen angewendet, letztere vor allem zur Herstellung von Impfkulturen der Bakterien und Hefen.

Ernährungsphysiologisch notwendige Elemente und sonstige Stoffe:

Kohlenstoff: Meist in Form von Kohlehydraten oder Eiweißstoffen oder verwandten Substanzen.

Stickstoff: Entweder in Form von Eiweißstoffen (Fleischextrakt, Hefewasser usw.) bzw. deren Abbauprodukten (Pepton, Aminosäuren) oder in Form von anorganischen N-Salzen (wie Ammonsulfat, -nitrat, -phosphat, K- oder Na-Nitrat).

Phosphor: Fast stets in Form von Phosphaten, entweder in organischer Bindung vorhanden (in manchen natürlichen Nährböden) oder als anorganische Salze zugesetzt (meist KH_2PO_4 oder K_2HPO_4).

Schwefel: Fast stets in Form von Sulfaten.

Kalium: Meist als Kaliumsulfat oder Kaliumchlorid.

Magnesium: Meist in Form von $MgSO_4$.

Sonstige Elemente: Ausreichende Mengen Calcium und Eisen sind meist zugegen, ebenso Chloride (insbesondere bei Anwendung von Leitungswasser) sowie *Schwermetallspuren,* die vielfach die Entwicklung der Organismen fördern (Wachstumsstimulatoren).

Bedeutung der Glassorte für die Nährböden. Da gewöhnliches Geräteglas stark Alkali abgibt und so das p_H des Nährbodens manchmal sehr ändern kann, empfiehlt sich bei empfindlichen Organismen die Verwendung von Jenaer Geräteglas oder einer anderen Glassorte, die kein oder nur wenig Alkali abgibt. Das verwendete Glas soll stets einer „physiologischen Waschung" unterzogen werden, indem die Glasgeräte des öfteren mit verdünnter Salzsäure (etwa 3 %ig, in Leitungswasser) am siedenden Wasserbad behandelt und dann gründlich zunächst mit Leitungswasser, zum Schluß mit destilliertem Wasser gespült werden[2]. Chromschwefelsäure ist zum Waschen von Glasgeräten für mikrobiologische Zwecke grundsätzlich zu vermeiden.

Wuchsstoffe: In natürlichen Substraten, insbesondere aus dem Pflanzenreich, in der Regel vorhanden; die meisten Mikroorganismen vermögen dieselben selbst zu bilden (auch in künstlichen Nährsubstraten).

---

[1] Zur Ausführung genauer ernährungsphysiologischer Untersuchungen. Destillation unter Benutzung von Platin- oder Quarzgeräten.

[2] Diese Vorbehandlung des Glases soll man sich bei allen biologischen wie gärungschemischen Versuchen zum Grundsatz machen. Näheres vgl. CZURDA: Beihefte bot. C. **51**, 730 (1933), sowie ONDRATSCHEK: Arch. f. Mikrobiol. **6**, 532 (1935).

Die Ermittlung sowie Einstellung des p_H-Wertes der Nährböden ist von größter Bedeutung; auf die diesbezüglichen Methoden braucht hier jedoch nicht eingegangen zu werden, da eingehende zusammenfassende Beschreibungen vorliegen[1]. Für rasche und zumeist genügend genaue Messungen sei insbesondere auf das Folienkolorimeter von P. WULFF[2] hingewiesen, das die kolorimetrische p_H-Messung auch in dunklen sowie stark getrübten Lösungen und in Suspensionen ermöglicht.

b) Allgemeines über die Bereitung und Aufbewahrung der Nährsubstrate. *Bereitung künstlicher Nährlösungen:* Herstellung von Stammlösungen der betreffenden Nährsalze in 10—20fach konzentriertem Zustand, von denen je nach Bedarf abpipettiert wird. C- und natürliche N-Quellen werden in der Regel erst vor Gebrauch gelöst. Peptonlösungen sind zumeist zu filtrieren.

Bereitung natürlicher Nährsubstrate, sehr verschieden, vgl. unten. Aufbewahrung derselben vgl. unten.

Filtration fester Nährsubstrate (Agar- und Gelatinenährböden) ist zumeist erforderlich, insbesondere für Reinzüchtungen. Vornahme der Filtration unter Benutzung von Watte oder eines Faltenfilters, am besten im Dampfsterilisator: Die vorbereitete heiße Flüssigkeit wird aufgegossen und das Ganze in den Dampftopf gestellt; der meist trüb durchgehende erste Anteil ist nochmals aufzugießen. Diese Methode empfiehlt sich auch sonst zur Filtration schwer filtrierender Flüssigkeiten. In besonderen Fällen Benutzung eines mit Kieselgur imprägnierten Filters.

Klärung von Nährsubstraten. Mittels *Eiweiß:* Das Weiße eines Hühnereies (in einer Schale zu Schaum geschlagen) wird in das 40—50⁰ warme Nährsubstrat (2 l) unter kräftigem Rühren eingetragen; im Wasserbad oder Dampftopf bis zum Gerinnen des Eiweißes und Klarwerden der Flüssigkeit erhitzt und dann filtriert. Auch *Tierkohle, Bolus alba* oder *Asbestwolle* bewähren sich vielfach: Zusatz zum Nährsubstrat (auf 2 l 20 bzw. 10 g), aufkochen, filtrieren. Oder Anwendung von *Klärschichten* aus *Kieselgur* (nicht über 1 mm stark): Zusatz von Kieselgur zu einem Teil der Lösung, filtrieren und Rest nachgießen. Klärung von Bierwürze: Filtration über Tonerde oder Talkum. In den meisten Fällen führt auch die Anwendung von *Seitz*-Filtern zum Ziel.

Abfüllen von Nährlösungen. Ein Benetzen des Gefäßrandes ist unbedingt zu vermeiden, um ein Befeuchten der Watte zu ver-

---

[1] Vgl. z. B. BERTHO-GRASSMANN: Biochemisches Praktikum, Berlin: de Gruyter 1936, u. a.

[2] P. WULFF: Kolloid-Ztschr. **40**, 341 (1926); Chem. Ztg. **50**, 732 (1926); Chem. Fabr. **6**, 441 (1933).

hüten. Benutzung von Pipetten oder speziellen Abfüllbüretten mit entsprechender Einteilung (vgl. Anhang I 3 a).

Abfüllen von festen Nährsubstraten. Benutzung einer Vorrichtung zum sterilen Abfüllen von Agar- oder Gelatinenährböden (vgl. Abb. 5), die sich im hiesigen Laboratorium bestens bewährt hat. Handhabung derselben: Der mit dem sterilen Nährboden gefüllte Apparat wird bis zur vollständigen Verflüssigung des Substrates erwärmt, sodann umgedreht (wie in der Abb.) und nun mit der Abfüllung in Proberöhren usw. begonnen. Bei Schrägagar werden die mit Watte versehenen sterilen Proberöhren etwa zu $\frac{1}{4}$ bis $\frac{1}{3}$ des Volumens gefüllt und dann schräg gelegt, so daß keine Benetzung der Watte erfolgt[1]; für Stichkulturen zur Hälfte gefüllt und aufrecht gestellt.

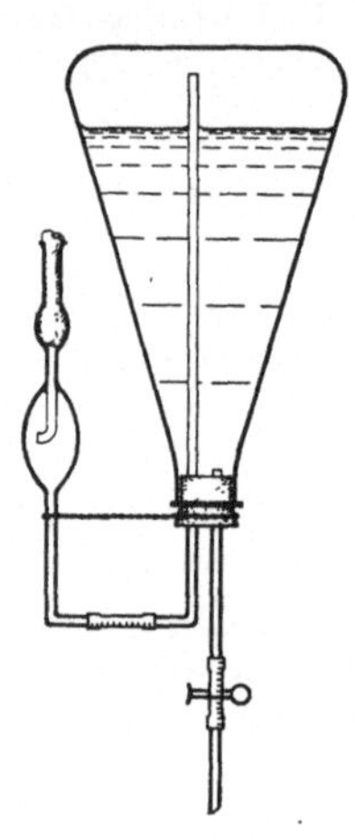

Abb. 5. Abfüllapparat.

Aufbewahrung von Nährböden (besonders natürlicher Substrate): in sterilem Zustand in größeren Vorratsgefäßen (niemals mehr als etwa 500 ccm in einem Gefäß) oder in abgefülltem Zustand: stets an kühlen, trockenen, staubfreien, nach Möglichkeit dunklen Orten; die Trockenheit des Aufbewahrungsortes ist sehr wichtig, da sonst die Watteverschlüsse nicht mehr genügende Sterilität verbürgen, und durch dieselben verschiedene Organismen eindringen können. Anderseits ist durch Aufbewahren bei tiefer Temperatur (am besten im Eisschrank) ein Austrocknen von Agarröhrchen usw. zu vermeiden[2]. Man bezeichne die aufzubewahrenden Nährsubstrate stets sehr genau, und zwar nicht nur die Zusammensetzung derselben, sondern auch die Art der Sterilisation und Datum der Herstellung.

c) Natürliche Nährsubstrate, vgl. Tab. III.

d) Künstliche Nährsubstrate, vgl. Tab. IV.

---

[1] Falls man das sogenannte „Quetschwasser" vermeiden will werden die Röhrchen erst nach dem Abkühlen des Agars auf 40—50⁰ schräggelegt. Für manche Organismen (z. B. manche Schimmelpilze und Bakterien) ist jedoch das Vorhandensein des „Quetschwassers" von Vorteil (vgl. dazu auch Note 2).

[2] So kann man z. B. beobachten, daß manche Organismen zu ihrer Entwicklung auf festen Nährböden vielfach sogar des „Quetschwassers" bedürfen (z. B. Bact. gluconicum).

Tabelle III.

Nr.	Art des Nährsubstrates	Herstellungsweise	Sterilisation	pH	Verwendungszweck
1	Bierwürze („süße Würze")	Ungehopfte Brauereiwürze auf die gewünschte Konzentration verdünnt (meist 8^0 Bllg.)[1]	fraktioniert, 3 mal je 30 Min.	6	Schimmelpilze, Hefen
2	Malzwürze	200 g geschrotetes Malz mit 1 l Leitungswasser auf 45^0 und dann je 5 Minuten um 5^0 bis auf 70^0 erhitzt, und so lange auf dieser Temperatur gehalten, bis alles verzuckert ist (Jodprobe vgl. Nr. 8). Filtrat mit Soda neutralisiert (Lackmuspapier)	wie zuvor	etwa 6	wie zuvor
3	Melassewürze	100 g Melasse mit 1 l Wasser und 20 g Malzkeimen $^1/_4$ Stunde gekocht, mit $n\text{-}H_2SO_4$ neutralisiert, filtriert, mit 3 g Superphosphat versetzt, $^1/_4$ Stunde gekocht, nochmals neutralisiert, auf 8^0 Bllg. verdünnt	wie zuvor	6,8 bis 7	Schimmelpilze, Hefen u. a., z. B. Endomyces vernalis
4	Fleisch-Pepton-Wasser	1 Teil Liebigs Fleischextrakt in 100 Teilen Wasser gelöst, etwas davon mit 1 Teil Pepton (Witte) angerührt, hinzugefügt, mit n-NaOH neutralisiert (Lackmus)[2]; $^1/_2$—1 Stunde im Dampftopf erhitzt, mit n-Sodalösung schwach alkalisch gemacht; gegebenenfalls Klärung	1 Std. im Dampftopf, nach dem Abfüllen 3 mal je 30 Min.	7,2 bis 7,4	Bakterien, zur Herstellung von Massenkulturen usw.

[1] Vornahme der Verdünnung: will man z. B. 500 g Bierwürze von 8^0 Bllg. aus einer Würze von z. B. 12^0 Bllg. herstellen, so verwendet man dazu 333 g ($8 \times 500/12$) dieser Würze und setzt die fehlende Menge an Wasser zu (also 167 ccm). Herstellung von Bierwürze (nach MEYER: Praktikum der bot. Bakterienkunde, Jena, 1903): 250 g Darrmalz geschrotet und gestoßen, mit 1 l Wasser 1 Std. bei 60—65^0 gehalten; man koliert dann und kocht gelinde zum Ausfällen der Eiweißstoffe. Vgl. auch oben Nährsubstrat Nr. 2.

[2] Alkalische Reaktion ist zu vermeiden, um schwer entfernbaren Trübungen vorzubeugen.

Tabelle III (Fortsetzung)

Nr.	Art des Nährsubstrates	Herstellungsweise	Sterilisation	pH	Verwendungs-zweck
5	Hefewasser (Extrakt)	1 Teil Preßhefe mit 10 Teilen Wasser im Dampftopf 2—3 Stunden erhitzt, mit 0,1 Teil Bolus alba (oder Kieselgur) versetzt, aufgekocht, abgesaugt, mit gewünschter C-Quelle versetzt, oder nach dem Erhitzen erkalten lassen und zentrifugieren	1 Std. im Dampftopf, nach dem Abfüllen 3mal je 30 Min.	6,4	Essigbakterien, zur Herstellung von Massenkulturen usw.
6	Hefesaft (Autolysat)	Preßhefe oder ausgewaschene und abgepreßte Bierhefe in eine Flasche eingestampft, verschlossen, bei 50⁰ bis zur völligen Verflüssigung stehen gelassen; weitere Aufarbeitung wie zuvor	3 mal im Dampftopf je 30 Min.	6,2 bis 6,4	Bakterien
7	Roggensuppe	5—6 % Roggenmehl[1] und 1 % Kreide in Wasser gut angerührt, aufgekocht	im Autoklav	6,8	für Milchsäure-Coli-, Buttersäurebakterien, Heubazillen usw.
8	Getreide-maische	250 g Roggenschrot in 500 ccm Wasser angerührt, auf 45⁰ erwärmt, 250 g Darrmalzschrot unter ständigem Rühren allmählich eingetragen; sodann ½ Stunde auf 45⁰, innerhalb ½ Stunde auf 60—65⁰, 1 Stunde so belassen[2]; mit Wasser nach Wunsch verdünnt[3]. Flüssigkeit abgegossen, Treber entfernt	wie bei 1, schließlich noch im Autoklav		
9	Getreideschrot-auf-schwemmung	6 Teile fein geschrotetes Korn (oder Mais usw.) in 100 Teilen Leitungswasser gut verteilt[4]	2—3 mal fraktioniert im Autoklav	6— 6,2	butylogene Bakterien

10	Henneberg-Nährboden	2,5% Roggenschrot, 1% Pepton, 2% Hefeauto-, lysat (unverdünnt), 1% Glucose, ½% Milchzucker, 2% CaCO$_3$; ½ Stunde kochen, abfüllen	3 mal im Dampftopf, 2 mal im Autoklav (2 at)[5]	6,8	Milchsäure- u. Propionsäurebakterien, butylogene Bakterien
11	Nährgelatine	1% Liebigs Fleischextrakt, 1% Pepton in Wasser gelöst, mit 10—14% Gelatine versetzt, nach dem Aufquellen auf 40—50° erwärmt (Wasserbad), im übrigen wie bei Nr. 4 weiter verfahren, sodann filtriert und eventuell geklärt[6]	wie bei 4[7]	7,2 bis 7,4	für Bakterien, u. zw. vor allem für diagnostische Zwecke und Reinzüchtungen in Platten-, Strich-, Stich- und Schüttelkulturen
12	Nähragar	1% Liebigs Fleischextrakt, 1% Pepton in Wasser gelöst, 1 Stunde im Dampftopf erhitzt, filtriert, 1½—2½% Agar zugesetzt, über Nacht quellen gelassen, 1 Stunde im Dampftopf erhitzt, im übrigen wie bei 4 und 11 weiter behandelt	wie bei 4	7,2 bis 7,4	

[1] Hergestellt unter Verwendung der ganzen Körner, so daß also auch alle Klebersubstanzen vorhanden sind.

[2] Prüfung auf Stärke mit Jodlösung; sobald nach dem Abkühlen der Probe mit Jod keine Blaufärbung mehr eintritt, ist die Verzuckerung vollständig.

[3] Für Buttersäure- und Colibakterien usw. auf 8—10° Bllg., für Milchsäurebakterien auf 15° Bllg. verdünnt.

[4] Bei Anwendung größerer Mengen wird das Kornschrot allmählich mit der betreffenden Wassermenge angerührt, so daß keine Klumpen entstehen, und dann erst sterilisiert.

[5] Nach der ersten Autoklavierung läßt man zum Auskeimen von Sporen 3—4 Stunden bei 35° stehen.

[6] Zu beachten ist noch, daß Erhitzen über 50° vor der Alkalisierung unbedingt zu vermeiden ist.

[7] Das Erhitzen darf nicht zu lange ausgedehnt werden, da sonst das Erstarrungsvermögen leidet; Erhitzen im Autoklav ist unbedingt zu vermeiden.

Tabelle III (Schluß).

Nr.	Art des Nährsubstrates	Herstellungsweise	Sterilisation	p_H	Verwendungszweck
13	Molken-Peptonagar	1 l entrahmte Milch in einem Wasserbad bei 35⁰ mit etwa 2—3 Messerspitzen Labpulver versetzt, gut umgerührt, etwa 2 Stunden erwärmt (bis zur Abscheidung des Gerinnsels), sodann auf 80⁰ erwärmt, filtriert, 10 g Pepton, 5 g NaCl und 15 g Agar zugefügt, 1—2 Stunden im Dampftopf erhitzt, eventuell filtriert	fraktioniert im Dampftopf 3 mal je $^1/_2$ Std.	5,8	Milchsäure-, Propionsäurebakterien usw.
14	Milchserum-Kreide-Agar	1 l kochende Milch mit der erforderlichen Menge verdünnter H_2SO_4 versetzt (bis zur völligen Caseinfällung), filtriert, mit $CaCO_3$ neutralisiert, noch 10—20 g Kreide und 15 g Agar zugefügt, 1—2 Stunden im Dampftopf erhitzt	wie zuvor	6,8—7	wie zuvor
15	Würze-Agar	Bierwürze wie bei Nr. 1 hergestellt, sterilisiert, mit 3% Agar versetzt, nach dem Quellen eine Stunde im Dampftopf erhitzt, filtriert	wie zuvor	5,6 bis 5,8	Schimmelpilze
16	Würzegelatine	Würze von 8⁰ Bllg. mit 15% Gelatine versetzt, bis zur Lösung erhitzt, mit n-NaOH oder Soda gegen Lackmus neutralisiert, auf 30⁰ abgekühlt, geschlagenes Eiweiß[5] zugesetzt und bis zum Bruch im Wasserbad erhitzt (2—3 Stdn.); durch einen Warmwassertrichter filtriert und abgefüllt	2 mal fraktioniert im Dampftopf (je $^1/_2$ Std.)	etwa 6	Schimmelpilze, Hefen

17	Würze-Kreide-Agar	Wie Nr. 15, nach dem Filtrieren mit 2% sterilem $CaCO_3$ versetzt	wie Nr. 15	6,8—7	Schimmelpilze (säureempfindliche Rhizopusarten usw.)
18	Kartoffel-nährboden	Reinigung (mit Bürste unter der Wasserleitung), Entfernung der Augen und schadhaften Stellen, Einlegen in 0,1%ige Sublimatlösung (1 Stunde), gründlich abspülen, Verwendung von Keilen oder Scheiben[2]	3—4 mal fraktioniert je 30 Min.	6—6,2	Butylogene Bakterien usw.
19	Brot-nährboden	Klein geschnittenes, bei 80° getrocknetes Brot, zerbröselt und in Erlenmeyerkolben 1 cm hoch eingefüllt, gründlich mit Wasser befeuchtet	4 mal fraktioniert $^1/_2$—1 Std.		Schimmelpilze
20	Reisnährboden	Grob geschroteter Reis wie zuvor weiter behandelt	wie zuvor	6,2 bis 6,4	Schimmelpilze

[1] Ein Eiweiß auf 2 l Lösung.

[2] Z. B. Zylinder mittels eines Korkbohrers ausgestochen und in Proberöhrchen auf eine mit Wasser gut durchfeuchtete Watteschicht gebracht.

Tabelle IV.

Nr.	Bezeichnung (nach)	Zusammensetzung (g in 1000 ccm)						PH	Verwendungszweck
		C-Quelle	N-Quelle	P- und K-Quelle	Mg- und Ca-Quelle	Sonstige Stoffe	Wasser		
21	MEYER	nach Bedarf		1 KH_2PO_4	0,1 $CaCl_2$ 0,3 $MgSO_4 . 7H_2O$	0,1 NaCl 0,01 $FeCl_3$	dest. W.		für Bakterien
22	KNOP	nach Bedarf	1 $Ca(NO_3)_2$	0,25 KH_2PO_4	0,25 $MgSO_4 . 7H_2O$	0,12 KCl Spur $FeCl_3$[1]	dest. W.		
23	USCHINSKY	35 Glycerin, 6—7 Ammonlactat, 3—4 asparaginsaures Na		2,5 KH_2PO_4	0,1 $CaCl_2$ 0,2—0,4 $MgSO_4 . 7H_2O$	6 NaCl	dest. W.		
24	BREDEMANN	20 Rohrzucker 10 Asparagin[2]		1 KH_2PO_4	0,1 $CaCl_2$ 0,3 $MgSO_4 . 7H_2O$	0,1 NaCl, 0,01 $FeCl_3$ 16 Agar[3]	Leitungswasser	6	für Sporennachweis
25	HENNEBERG	20 Ca-Lactat	20 Pepton	2 K_2HPO_4	—	5 NaCl	Leitungswasser	5,8	Propionsäurebakterien
26	HENNEBERG	30 Glucose 40 Alkohol	10 Pepton	1 K_2HPO_4 1 $CaHPO_4$	1 $MgSO_4 . 7H_2O$	10 Essigsäure	dest. W.		Essigbakterien
27	BERNHAUER-GÖRLICH	50 Glucose	2 $(NH_4)_2HPO_4$	1 KH_2PO_4	0,25 $MgSO_4 . 7H_2O$	Hefeextrakt[4]	Leitungswasser	6,8	Essigbakterien[5]

				KH_2PO_4	$MgSO_4 \cdot 7H_2O$			pH		
28	Hayduck	100 Rohr-zucker	2,5 Asparagin	1 KH_2PO_4	3 $MgSO_4 \cdot 7H_2O$	—	Leitungs-wasser	5,8—6	für Hefen	
29	Henneberg	150 Rohr-zucker	2 $(NH_4)H_2PO_4$	2 KH_2PO_4	1 $MgSO_4 \cdot 7H_2O$	5 $CaCO_3$ (od. Na_2CO_3)	dest. W.	7,6		für Kultur-hefen
30	Henneberg	150 Rohr-zucker	3 Asparagin	5 KH_2PO_4	2 $MgSO_4 \cdot 7H_2O$	5 $CaCO_3$ (od. Na_2CO_3)	dest. W.	7		für Kultur-hefen
31	Henneberg	150 Rohr-zucker	5 Pepton	5 KH_2PO_4	2 $MgSO_4 \cdot 7H_2O$	5 $CaCO_3$ (od. Na_2CO_3)	dest. W.	7		für Kultur-hefen
32	Wölfje[6]	75 Rohr-zucker	10 Asparagin	5 KH_2PO_4	2,5 $MgSO_4 \cdot 7H_2O$	—	dest. W.	5,8	für Schimmelpilze	
33	Henneberg	100 Glucose	10 Pepton, 2 $(NH_4)H_2PO_4$ 2 KNO_3		0,5 $MgSO_4 \cdot 7H_2O$	0,1 $CaCl_2$	dest. W.	6		
34	Henneberg	100 Rohr-zucker	2 KNO_3	1 KH_2PO_4	0,5 $MgSO_4 \cdot 7H_2O$	0,1 $CaCl_2$	dest. W.	4,4-4,6		
35	Czapek-Dox	50 Glucose	2 $NaNO_3$	1 KH_2PO_4	0,5 $MgSO_4 \cdot 7H_2O$	0,5 KCl 0,01 $FeSO_4 \cdot 7H_2O$	Leitungs-wasser	4,4-4,6		Peni-cillien

[1] 2 Tropfen einer 1%igen Lösung.
[2] C- und N-Quelle in 1 l Wasser gelöst, sodann Agar und nach dem Filtrieren die Salze hinzugefügt.
[3] Verwendung von gewässertem, N-armem Agar: käuflicher Agar wird klein geschnitten und 3 Tage lang in fließendem Leitungswasser ausgelaugt, dann bei täglichem Wasserwechsel während 8 Tagen unter dest. Wasser liegen gelassen. N-Gehalt beträgt sodann 0,25%.
[4] Und zwar die 1 % Hefe entsprechende Menge.
[5] Auch für empfindliche Bakterien geeignet; vgl. Bernhauer und Görlich, Bio. Z. **280**, 367 (1935).
[6] Auch für die Herstellung von Gelatine oder Agar-Nährböden geeignet.

3*

3. Sterilisationsmethoden.

Die Erzielung steriler Nährsubstrate ist von grundlegender Bedeutung. Prinzipiell sind dabei drei Methoden zu unterscheiden: Sterilisation durch Hitze, Mikrobenfiltration und Sterilisation durch chemische Mittel.

a) Sterilisieren durch Hitze. *α) Sterilisation durch trockene Wärme: Ausglühen*, insbesondere angewendet bei der Entkeimung von Impfgeräten (Platinnadeln, Skalpelle, Scheren, Pinzetten, Glasstäbe usw.); *Abflambieren* der Gefäßränder (von Proberöhren, Kolben usw.) sowie von Watte vor dem Impfen. *Heißluftsterilisation* (in Trockenschränken oder besonderen Heißluftsterilisatoren), etwa 1—2 Stunden bei 150—180⁰, Anwendung bei größeren Glasgefäßen und Geräten, bei nicht gelöteten Metallgegenständen, ferner bei Watte oder Filtrierpapier (nicht über 160⁰), oder bei festen Substanzen (wie z. B. Calciumcarbonat usw.).

β) Sterilisation durch Wasserdampf, und zwar entweder im strömenden Dampf (im KOCHschen Dampftopf oder Dampfsterilisator) oder unter Druck (im Autoklav). Anwendung zur Sterilisation von Nährsubstraten, aber auch von Glas- und Metallröhren usw. Gummischläuche werden am besten durch längeres Auskochen in 1%iger Sodalösung keimfrei gemacht.

Dampftopf: Einmaliges Erhitzen reicht in der Regel nicht aus, daher wird zumeist fraktionierte (diskontinuierliche) Sterilisation angewendet: drei bis viermaliges Erhitzen (bei kleineren Mengen 15—20 Minuten, bei größeren 30—50 Minuten) in Intervallen von 12—14 Stunden; dabei werden nur die vegetativen Formen der Organismen abgetötet; in der Zwischenzeit werden die Substrate unter Bedingungen gehalten, die ein Auskeimen der eventuell vorhandenen Sporen begünstigen (wenigstens einige Stunden im Brutschrank).

Autoklav: Meist genügt ein einmaliges Erhitzen, und zwar bei ½ Atm. Überdruck (= 112⁰) etwa 1½ Stunden, bei 1 Atm. (120⁰) ½ Stunde und bei 2 Atm. (134⁰) 10 Minuten. Ist zum Sterilisieren mancher Nährsubstrate (wie z. B. Kornmaische usw.) unbedingt erforderlich. Bei besonders resistenten Organismen (bzw. Sporen) fraktioniert anzuwenden. Niemals anzuwenden bei Gelatinenährböden; auch bei Peptonnährböden nur mit Vorsicht anwendbar (Handhabung des Autoklaven vgl. Anhang I 3 b).

b) Mikrobenfiltration. *α) Filtration der Luft und von Gasen.* Verschluß von Gefäßen mit Wattepfropfen (nicht entfettet, trocken); Durchleiten von Gasen durch einen erweiterten Rohrteil, der Watte oder Asbest enthält (vor Benutzung samt Gummiverbindungen im Dampf sterilisiert).

β) Filtration von Flüssigkeiten; insbesondere dann anzuwenden, wenn das betreffende Substrat kein Erhitzen verträgt (z. B. auch bei Enzymlösungen usw.). Benützung von *Hartfiltern,* z. B. in Form von Kerzen, die mit sterilen Saugkolben verbunden werden usw.; z. B. CHAMBERLAND-Kerzen (aus hart gebrannter Porzellanerde) oder BERKEFELD-Kerzen (aus Kieselgur mit etwas Porzellanerde) oder PUKALL-Filter (Kaolin-Quarz-Mischung; für große Flüssigkeitsmengen angewendet). *Weichfilter:* Filterscheiben aus Asbest; hierher gehören auch die bekannten SEITZ-Filter, die insbesondere zur Entkeimung von Wein usw. verwendet werden. Ferner werden Weichfilter auch aus Kieselgur oder Kreide usw. angefertigt. *Ultrafilter:* kolloide Filtermaterialien, Membranfilter usw. Bei allen derartigen Filtern ist darauf zu achten, daß dieselben nur etwa 1 bis etwa 3 Tage sicher wirken, sodann durchdringen die Bakterien meist bereits die Filterporen (Durchwachsung der Filter); es muß dann steriles Wasser oder NaCl-Lösung in umgekehrter Richtung durch die Filter hindurchgesaugt werden (ebenso vor dem erstmaligen Gebrauch derselben).

c) Chemische Sterilisationsmethoden. Anwendung verschiedener keimtötender Chemikalien, falls Abtötung durch Hitze nicht möglich ist; also z. B. beim Sterilisieren dickwandiger Glasgefäße, die ein Erhitzen nicht zulassen, oder für verschiedene Sonderzwecke wie Desinfizieren von Arbeitstischen, sterilen Kammern, Impfkästen usw.

Sublimat in 0,1%iger Lösung (unter Zusatz von NaCl, zur Erhöhung der Löslichkeit), vorsichtshalber mit Fuchsin oder Eosin angefärbt; zur Desinfektion der Hände, feuchter Kammern, der Arbeitstische, Abtötung ausgemusterter Kulturen usw.

Äthylalkohol, in 50—70%iger Lösung, zur Desinfektion von verschiedenen Glasgeräten, Gummischläuchen, Arbeitstischen usw.

Formaldehyd, in Gasform zur Desinfektion von Räumen (Gärkammern, Thermostaten, sterilen Räumen, Impfkasten usw.); als Lösung (5 ccm Formol auf 1 l Wasser) für Glasgeräte usw. (ebenso 3%iges Lysol).

Chloroform und *Toluol,* als Zusätze (1—2%) zu enzymchemischen Versuchslösungen oder um bereits absterilisierte Kulturlösungen (z. B. manche ausgegorene Flüssigkeiten) für längere Zeit keimfrei zu halten (z. B. wenn keine sofortige Aufarbeitung erfolgen kann).

B. Methoden zur Züchtung und Charakterisierung der Gärungsorganismen.

Im folgenden werden zunächst die Reinzüchtungsmethoden behandelt, und zwar die Gewinnung von Gärungsorganismen aus der Natur sowie die Isolierung und Reinzüchtung derselben, und sodann die Fortzüchtung der Gärungsorganismen im Laboratorium, wobei insbesondere die Methoden zur Erhaltung des Gärvermögens von größter Bedeutung sind; schließlich wird noch auf die wichtigsten mikroskopischen Methoden zur Identifizierung und Charakterisierung der Mikroorganismen hingewiesen.

1. Reinzüchtungsmethoden und das Herauszüchten von Gärungsorganismen aus natürlichen Substraten.

a) Auffindung von Gärungsorganismen in der Natur. *Vorkommen der Gärungsorganismen* in der Natur sehr verschieden, je nach den ernährungsphysiologischen Bedürfnissen derselben; Art der Organismen insbesondere vom p_H und den Nährstoffen des Substrates abhängig, ferner von der Temperatur sowie ob aerobe oder anaerobe Verhältnisse vorhanden sind. Hinsichtlich des Vorkommens der verschiedenen Gärungsorganismen in der Natur vgl. S. 50 ff.; eine Anzahl von Substraten, die zur Gewinnung von Gärungsorganismen geeignet erscheinen und die auf denselben vorkommenden Mikroorganismen sind in Tab. V wiedergegeben.

Gewinnung von Mikroorganismen aus natürlichen Substraten. Man geht entweder direkt von in der Natur gesammelten, infizierten Substraten aus oder man geht so vor, daß geeignete Substrate (entweder Naturstoffe oder Nährböden) im Laboratorium (z. B. an Fensterplätzen oder in Kellerräumen oder anderen feuchten Orten usw.) stehen gelassen und nun nach einiger Zeit Proben untersucht werden. Vorgang: Abimpfen einer Anzahl von Proben von den infizierten Substraten auf verschiedene für die betreffenden Organismen geeignete Nährböden; weitere Untersuchung mikroskopisch, nachdem Entwicklung der Organismen stattgefunden hat (vgl. S. 47 ff.). Schließliche Gewinnung der gewünschten Organismen mit Hilfe der Reinzüchtungsmethoden.

b) Reinzüchtungsmethoden (Isolierung einzelner Organismen). Auf natürlichen Substraten tritt meist eine sehr große Anzahl verschiedener Organismen auf. Aufgabe der Reinzüchtungsmethoden ist es nun, aus derartigen Gemischen von Organismen einzelne Individuen zu isolieren und so „reinzuzüchten".

Unterscheidung von zwei Reinzüchtungsmethoden, nämlich: Methode der natürlichen Reinzucht[1] und Methode der absoluten Rein-

---

[1] Abgeleitet von der Tatsache, daß sich ein derartiger Reinzuchtvorgang vielfach auch in der Natur selbst abspielt.

Tabelle V.

Substrate	Mikroorganismen
Obstfrüchte . . . . . . (Weinbeeren, Kirschen, Pflaumen, Äpfel, Birnen usw.)	Weinhefen, wilde Hefen, wilde Essigbakterien, Penizilliumarten, Rhizopusarten, Aspergillusarten
Citronen, Apfelsinen . .	Citromycesarten
Wein (Bodensatz) . . .	Weinhefen
Weinreste	Weinessigbakterien, Kahmhefen, wilde Essigbakterien
Bier (Bodensatz)	Bierhefen, Pediokokken
Trübes Bier, Bierreste .	Milchsäurebakterien, Kahmhefen, wilde Essigbakterien
Sauerteig	Wilde Hefen, wilde Milchsäurebakterien, wilde Essigbakterien, Oidien
Bäckerhefe	Preßhefe, wilde Hefen, Kahmhefen, Exiguushefen, wilde Milchsäurebakterien, Oidien
Saure Gurken	Kahmhefen, wilde Milchsäurebakterien
Sauerkohl	Wilde Hefen, Kahmhefen, wilde Milchsäurebakterien
Sauerfutter (Silage) . .	Wilde Hefen, Kahmhefen, wilde Milchsäurebakterien, Bact. coli
Heu	Heubacillen, butylogene Bakterien
Grünmalz	Milchsäurebacillen, wilde Milchsäurebakterien, Penizilliumarten
Darrmalz	Heubacillen, Pediokokken, Mucorarten
Getreideschrot	Milchsäurebacillen, wilde Milchsäurebakterien, Sarcinen, Heubacillen, butylogene Bakterien
Kartoffeln	Wilde Milchsäurebakterien, butylogene Bakterien
Saure Milch	Milchsäurebakterien, Oidium lactis
Butter	Milchsäurebakterien
Käse	Milchsäurebakterien, Propionsäurebakterien
Käserinde	Penizilliumarten
Brot	Penizilliumarten, Aspergillusarten, Mucorarten, Bac. mesentericus
Essig	Schnellessigbakterien, Weinessigbakterien, Schleimessigbakterien
Zuckerrübe	Butylogene Bakterien
Erde	Heubacillen, butylogene Bakterien
Schlamm	Cellulosevergärer, Methanbakterien
Exkremente	Biersarcine, Bact. coli, Cellulosevergärer, Mucorarten

zucht; im ersten Falle geht man von einem Organismengemisch aus und sucht aus diesem durch Wahl geeigneter Wachstumsbedingungen die

gewünschten Organismen zum Überwiegen zu bringen (Anreicherungsverfahren), im zweiten Falle sucht man von einer einzigen Zelle aus-
zugehen (Ein-zellkultur).

α) *Methode der natürlichen Reinzucht.* Prinzip: Wahl geeigneter
Außenbedingungen für die Fortentwicklung der gewünschten
Organismen, und zwar: optimale Temperatur, Anwendung
aerober oder anaerober Bedingungen, Einstellung eines geeigneten
p_H-Wertes, Auswahl des günstigsten Nährbodens; bei Sporen-
bildnern: Abtötung von nicht sporenbildenden Begleitorganismen
durch Erhitzen (oder auch durch antiseptische Mittel). Durch
Wahl der geeignetsten Bedingungen erfolgt raschere Entwicklung
der gewünschten Organismen unter Zurückdrängung der Begleitorganismen; wiederholte Überimpfungen unter analogen Bedingungen, bis nur noch die gewünschten Organismen vorhanden
sind. Praktische Durchführung vgl. Übung 2 a.

Ergebnis der natürlichen Reinzucht: Es gelingt auf diese
Weise meist nur zu einem Gemisch gleichartiger Organismen
zu gelangen (z. B. verschiedener Hefen usw.), doch genügt dies vielfach
für manche gärungschemische Zwecke (bei manchen Gärungsvorgängen
wird sogar vorteilhafterweise mit Organismengemischen gearbeitet;
vgl. z. B. Buttersäuregärung).

β) *Methode der absoluten Reinzucht.* Prinzip: Räumliche Trennung
der vorhandenen Keime insbesondere durch Verdünnungsver-
fahren, um zu einer einzigen Zelle zu gelangen. Verhinderung
der Wiedervereinigung der getrennten Keime 1. durch Anwendung
von Gallerten, in denen die einzelnen Keime räumlich fixiert
werden (KOCHsches Plattenverfahren) oder 2. durch Aufteilung
der Keimsuspension auf kleinste Flüssigkeitströpfchen mit nur
einer Zelle (Federstrichkultur und Tuschepunktverfahren). Ferner
wählt man bei beiden Methoden gemäß dem Prinzip der natürlichen Reinzucht Bedingungen, die eine günstige Entwicklung
der gewünschten Organismen ermöglichen. Weiterhin geht man
vorteilhafterweise von Rohkulturen aus, die bereits nach dem
Anreicherungsverfahren gewonnen sind, und daher nur noch eine
beschränkte Anzahl gleichartiger Organismen enthalten. Die im
folgenden beschriebenen Verfahren müssen zumeist zur Erzielung
von Reinkulturen in sinngemäßer Weise noch ein- bis zweimal
wiederholt werden.

Das KOCHsche *Plattenverfahren.* Vorgang bei aeroben Organismen: Einige Platten des festen Nährbodens in PETRI-Schalen
mit verschiedenen Verdünnungen der Rohkultur übergossen, Schale
umgedreht, überschüssige Flüssigkeit ablaufen lassen (Ansammlung
im Deckel, abgießen). PETRI-Schalen sodann in einer feuchten Kammer
(s. S. 25) bei entsprechender Temperatur bis zur Entwicklung der
Kolonien aufbewahren. Von der am besten gelungenen Platte (bei der
nur wenige Einzelkolonien vorhanden sind) wird nach mikroskopischer

Feststellung der Einheitlichkeit auf neuen Nährboden überimpft (am besten unter Zuhilfenahme eines binokularen Plattenmikroskopes).

Vorgang bei anaeroben Organismen. Einige Agar- (oder Gelatine-)röhrchen werden im Wasserbad aufgeschmolzen, mit einer Platinöse des verdünnten Materials versetzt (auch hier einige Proben mit verschiedenen Verdünnungen); Verteilung durch vorsichtiges Drehen des Röhrchens (unter Vermeidung von Luftblasen, die sonst später Kulturen vortäuschen könnten); sodann in sterile PETRI-Schalen ausgegossen. Platten in einem Anaerobenapparat (s. S. 43) aufbewahrt und wie zuvor weiter verfahren.

Federstrichkultur (Tröpfchenkultur). Prinzip: Anlegung der Kulturen nach Verdünnung des Ausgangsmaterials im Nährmedium an der Unterseite eines auf einen hohlen Objektträger aufgelegten Deckgläschens. Durchführung der Operation am besten in einem sterilen Raum (Impfkasten).

Vorgang bei der Anfertigung der Federstrichkultur: Das Ausgangsmaterial wird entsprechend verdünnt (vgl. S. 75), der Objektträger und das Deckgläschen durch Abflambieren sterilisiert, der Hohlraum am Objektträger wird mittels eines Pinsels mit einem Ring, bestehend aus einer Mischung von Vaselin und Paraffinöl, umgeben und das Deckgläschen quer aufgelegt. Sodann wird es wieder abgenommen und auf demselben die verdünnte Organismensuspension mittels einer Zeichenfeder (sterilisiert durch Befeuchten mit Alkohol und entzünden) in Form von vier bis sechs kleinen Strichen in drei bis vier Reihen aufgetragen. Man hält dabei das Deckgläschen an zwei entgegengesetzten Ecken. Sodann wird dasselbe wieder auf die Höhlung des Objektträgers quer aufgelegt (nachdem man in die Höhlung hineingehaucht hat). Man stellt mikroskopisch fest, welche der Tröpfchen bloß eine Zelle enthalten und bezeichnet diese in zweckmäßiger Weise[1]. Falls keines der Tröpfchen nur eine Zelle enthält, muß noch stärker verdünnt werden. Sodann wird das Deckgläschen mit einem Vaselinring umzogen und das Präparat bei geeigneter Temperatur aufbewahrt. Nach 24 Stunden erfolgt die mikroskopische Prüfung der bezeichneten Tröpfchen auf Reinheit und Einheitlichkeit. Abimpfen geeigneter Kulturen mittels eines sterilen Filtrierpapierstückchens unter Zuhilfenahme einer Pinzette, Einwerfen desselben in die sterile Nährlösung.

Bei anaeroben Organismen (nach NIKIFOROFF): Im Prinzip analog, doch wird in den Hohlraum des Objektträgers je 1 Tropfen Kalilauge und Pyrogallollösung gebracht[2], sodann wird das Deckgläschen mit Vaseline abgeschlossen und die am Objektträger befindlichen Tropfen werden durch Neigen vereinigt.

Tuschepunktverfahren (nach BURRI). Verdünnung der Mikrobensuspension mit Hilfe flüssiger Tusche; ermöglicht eine einfache Kontrolle, da sich die hellen Bakterienzellen vom dunklen Untergrund klar abheben. Vorgang: 1 Teil Pelikantusche (Nr. 541, GRÜBLER, Leipzig)

---

[1] An der rechten Seite des Objektträgers klebt man ein kleines Schildchen an und markiert in Form kleiner Striche die einzelnen Tröpfchen im Präparat. Tröpfchen, die nur eine Zelle enthalten, werden am Schild durch Durchkreuzen des zugehörigen Striches gekennzeichnet.

[2] Vgl. S. 43, Note 2.

und 9 Teile destilliertes Wasser in Proberöhrchen zu je 10 ccm im Autoklaven sterilisiert, 10—14 Tage stehen gelassen (Absetzen gröberer Teile); auf einen sterilen entfetteten[1] Objektträger mit einer großen sterilen Platinöse 4—5 Tropfen der Tusche aufgetragen (von der Oberfläche entnommen). Vom Ausgangsmaterial ein wenig in den Tropfen 1 gebracht, von diesem mittels einer kleineren Platinöse in den Tropfen 2 usw. Vom vierten oder fünften Tropfen zeichnet man mit einer sterilen Tuschfeder auf eine feste Gelatineplatte mehrere winzige Punkte (Feder flachaufsetzen, um Verletzung der Oberfläche zu vermeiden) und bedeckt sie mit einem Deckgläschen. Untersuchung des Präparates mit einer starken Trockenlinse; Tröpfchen mit nur einer Zelle werden auf der Unterseite der Platte bezeichnet. Kolonieentwicklung im Thermostaten; Abimpfen nach Abheben des Deckgläschens von den bezeichneten Tröpfchen in eine geeignete Nährlösung.

2. Kulturmethoden zur Fortzüchtung der Gärungsorganismen.

a) Allgemeine Kulturmethoden (Erhaltung der Stammkulturen). Die Fortzüchtung der Organismen hat im gegebenen Rahmen den Zweck, dieselben für gärungschemische Untersuchungen jederzeit bereit zu haben; die betreffenden Organismen werden dabei zeitweise auf geeignete Nährsubstrate überimpft und, nachdem sie zur Entwicklung gelangt sind, aufbewahrt. Verschiedene Methoden, je nachdem ob es sich um aerobe oder anaerobe Organismen handelt. Sodann dient diese weitere Kultivierung auch zur Identifizierung rein gezüchteter Organismen. Betont sei gleich hier, daß die im Rahmen der Fortzüchtung aufbewahrten Kulturen niemals für gärungschemische Versuche direkt verwendet werden dürfen, sondern erst nach der Anlegung von besonderen Impfkulturen, mit denen dann erst die Gärsubstrate geimpft werden. Kulturen, die längere Zeit nicht überimpft worden waren, müssen unbedingt vor der weiteren Benützung mehrmals auf frische Nährböden übertragen werden. Dies gilt vor allem für Kulturen aus Sammlungen.

α) **Aerobenkultur.** *Kulturen in flüssigen Nährsubstraten;* meist in kleinen Kölbchen (FREUDENREICH- oder HANSEN-Kölbchen) oder Fläschchen. Beimpfung derselben, indem das Keimmaterial mit der Platinöse zunächst an der Glaswand verrieben und sodann in die Nährlösung hineingespült wird.

Kulturen auf festen Nährböden, insbesondere in Proberöhren auf Schrägagar (oder auch Gelatine). Beimpfung, indem das Keimmaterial mit der Platinöse an der Oberfläche verteilt wird (Ziehen eines geraden Striches oder einer Wellenlinie). Speziell zur Identifizierung und Charakterisierung von Mikroorganismen dient die Plattenkultur, die Riesenkoloniekultur nach LINDNER sowie die Tröpfchenkultur; analog wie bei den Reinzüchtungsmethoden (S. 40).

β) **Anaerobenkultur.** Kulturen in festen Nährsubstraten in hoher Schicht (einfachste Methode); Stichkultur (in Proberöhren):

---

[1] Vgl. S. 46, Note 1.

Beimpfung mittels eines Platindrahtes durch Einstechen desselben mit dem Keimmaterial in den Nährboden. Schüttelkultur (in Proberöhren): Nährboden im Wasserbad aufgeschmolzen, Keimmaterial eingetragen, durch vorsichtiges Drehen im Nährboden verteilt (luftblasenfrei), Nährboden dann in vertikaler Stellung erstarren gelassen. Sodann ist noch eine Anzahl spezieller Methoden zur Verdrängung bzw. Entfernung des Sauerstoffs zu unterscheiden, und zwar:

Kultivierung in indifferenter Gasatmosphäre. Am einfachsten in Kolben mit flüssigem Nährsubstrat, Einleitung von Stickstoff oder Wasserstoff nach dem Impfen unter sterilen Bedingungen, sodann mit Gäraufsatz oder mit Gummistöpsel verschließen (die Gase werden vor dem Einleiten noch einer besonderen Waschung unterzogen[1]).

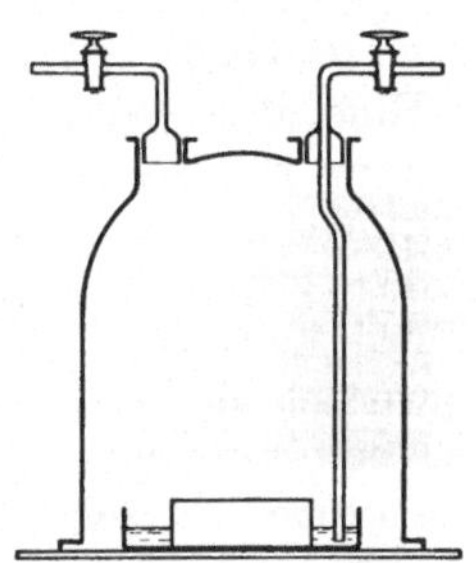

Kultivierung im Vakuum. Ampullenförmige Gefäße (starkwandige Proberöhren, im oberen Drittel an einer Stelle stark verengt und ausgezogen), mit flüssigem Nährsubstrat gefüllt (etwa $1/3$ des Volumens), nach der Beimpfung auf $30-35^0$ erwärmt (Wasserbad), evakuiert und dabei an der ausgezogenen Stelle zugeschmolzen.

Absorption von Sauerstoff. Benutzung besonderer Apparate zur Anaerobenkultur (vgl. z. B. Abb. 6). Die Kulturgefäße werden nach dem Impfen in den Apparat gebracht und derselbe verschlossen; zur Sauerstoffabsorption dient z. B. Pyrogallol-Kalilauge[2] (Pyrogallol-

Abb. 6. Apparat zur Anaerobenzüchtung.

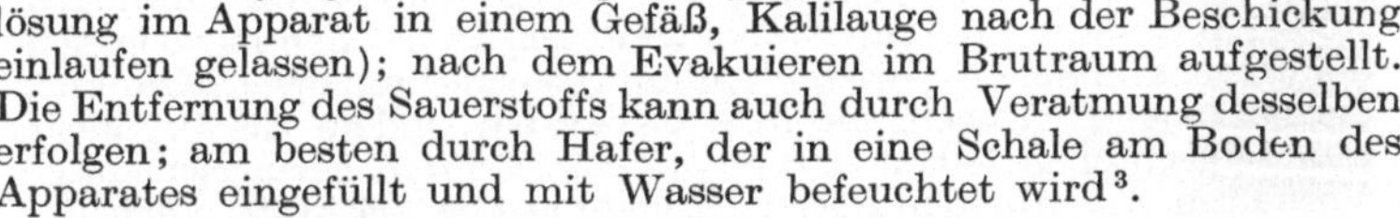

lösung im Apparat in einem Gefäß, Kalilauge nach der Beschickung einlaufen gelassen); nach dem Evakuieren im Brutraum aufgestellt. Die Entfernung des Sauerstoffs kann auch durch Veratmung desselben erfolgen; am besten durch Hafer, der in eine Schale am Boden des Apparates eingefüllt und mit Wasser befeuchtet wird[3].

γ) **Allgemeine Maßnahmen und Einrichtungen zur Fortzüchtung.** *Zeitpunkt der Fortzüchtung:* Im allgemeinen wird man damit auskommen, die Organismen etwa alle 4—5 Wochen auf neues Nährsubstrat zu überimpfen; bei besonders empfindlichen Organismen entsprechend früher. Bei wenig empfindlichen Organismen (z. B. den meisten Pilzen oder sporenbildenden Bakterien) kann das Abimpfen auch erst nach etwa 4—6 Monaten vorgenommen werden; dabei geht man so vor, daß das zur Fortzüchtung dienende

---

[1] Wasserstoff wird durch eine gesättigte Kaliumpermanganatlösung geleitet, Stickstoff durch alkalische Pyrogallollösung.

[2] Man verwendet die LIEBIGsche Pyrogallollösung (wie für gasanalytische Zwecke): 1 Volumteil 25%ige Pyrogallollösung und 5 bis 6 Teile konzentrierte Kalilauge (3:2); 1 ccm dieser Lösung absorbiert 12 ccm Sauerstoff. Bei CO_2-bedürftigen Organismen wird statt Kalilauge vorteilhafterweise konzentrierte Sodalösung verwendet.

[3] Privatmitteilung von Herrn Prof. Dr. W. H. PETERSON.

Röhrchen nach vollkommener Entwicklung der Kulturen mit Siegellack verschlossen oder zugeschmolzen wird (um ein Austrocknen oder Fremdinfektionen zu vermeiden). Zweckmäßigerweise legt man von jedem Organismus stets zwei Parallelkulturen an, die erst dann verworfen werden, sobald die übernächste Impfung in Ordnung verlaufen war, so daß stets zwei Generationen aufbewahrt werden.

Aufbewahrung der Kulturen: An kühlen, staubfreien, dunklen Orten (Kulturschränke, vielfach auch Eiskasten), am besten und übersichtlichsten in Holzklötzen mit Löchern zur Aufnahme der Proberöhren oder Fläschchen.

Herstellung von Dauerkulturen. Z. B. von Bacterium Delbrücki: Eine Maischekultur wird 1 Tag bei 40⁰ anwachsen gelassen und dann im Eisschrank aufbewahrt. Butylogene Bakterien: Kulturen in Getreidemaische oder Kartoffelmaische läßt man 2 Tage bei 35—37⁰ anwachsen und bewahrt sie dann im Eisschrank auf. Die Kulturen halten sich so einige Monate; zweckmäßigerweise werden sie etwa alle 1—2 Monate auf frisches Substrat gebracht. Noch günstiger scheint die Aufbewahrung in Form von Erdkulturen zu sein: Einimpfen der Bakteriensporen in eine sterile Suspension von Gartenerde (vgl. auch Übung 25 c).

b) Spezielle gärungschemische Kulturmethoden. (Aufzüchtungen und Konstanthaltung des Gärvermögens.) Bei der Weiterzüchtung der Organismen, also der wiederholten Überimpfung derselben auf die im Laboratorium bereiteten Nährböden machen sich in der Regel allmählich gewisse Ermüdungserscheinungen („Krankheitserscheinungen", Degenerationen) bemerkbar, indem die Organismen nun schlechter gedeihen und besonders in ihrem gärungschemischen Verhalten Änderungen zeigen (Abnahme der Gärkraft, auch qualitative Änderungen in der Bildung von Gärprodukten). Die Konstanthaltung des Wachstums- und Gärvermögens der Mikroorganismen ist daher eine der wichtigsten Aufgaben der biologischen Methodik der Gärungschemie. Dazu kommt ferner, daß viele Organismen an gewisse zu vergärende Substrate erst gewöhnt werden müssen. Eine weitere Aufgabe ist die Auswahl der gärkräftigsten Keime auch innerhalb eines morphologisch einheitlichen Gärungserregers. Im folgenden werden die zur Lösung dieser Aufgaben in Frage kommenden Methoden besprochen.

α) Gewöhnung an Substrate. Man kann in zweifacher Weise vorgehen, und zwar: 1. Die Keime werden wiederholt auf das betreffende Substrat übertragen; dieselben gedeihen bei den ersten Überimpfungen noch schlecht und gewöhnen sich erst nach wiederholter weiterer Überimpfung an das Substrat, bis sie schließlich auf demselben eine normale Entwicklung zeigen. 2. Überimpfung der Keime auf Mischungen des ursprünglichen

Substrates (A) mit jenem Substrat, an das die Organismen gewöhnt
werden sollen (B); bei den weiteren Überimpfungen läßt man
das Substrat B allmählich überwiegen, bis es schließlich allein
zur Anwendung kommt.

β) Substratwechsel. Auch hier sind zwei Möglichkeiten zu
berücksichtigen, nämlich: 1. Die Organismen entwickeln sich auf
irgend einem Substrat zu üppig (z. B. unter Verfettung, Zell-
vergrößerung usw.) unter gleichzeitiger Abnahme ihrer Gärkraft;
dies wird vielfach auf Nährböden mit reichlichen Mengen natürlicher
Nährstoffe der Fall sein. Man überimpft dann die Organismen
auf nährstoffärmere Substrate (z. B. sogenannte Mineralsalz-
lösungen, eventuell in Mischung mit dem ursprünglichen Nährboden) und führt erforderlichenfalls zur Erhaltung des Gärvermögens Wechselüberimpfungen durch. 2. Die Organismen entwickeln sich auf einem synthetischen Nährboden zu schwach und
ihre Gärkraft sinkt; man nimmt dann Überimpfungen auf ein
natürliches Substrat vor (z. B. Kartoffeln, Erde, Früchte usw.,
je nach dem Fundort der betreffenden Organismen) und impft
dann wieder auf die laboratoriumsmäßigen Nährböden. Vorgang
gegebenenfalls des öfteren wiederholen.

*γ) Fortlaufende Auswahl der gärkräftigsten Kulturen (Hoch-
züchtungen).* Schwankungen im Gärvermögen auch bei dem
gleichen Gärungserreger sind biologisch bedingt; bei der weiteren
Züchtung durch Überimpfung bleibt es dem Zufall überlassen, ob
dabei gerade die besten Keime zur Weiterzüchtung gelangen.
Um dies vom Zufall unabhängig zu machen und zugleich eine
Auswahl der besten Kulturen zu treffen, geht man folgendermaßen vor: Von der Stammkultur (z. B. durch Reinzüchtung
gewonnen oder aus einer Kultursammlung erhalten) wird eine
Anzahl von Impfkulturen (8 bis 10) angelegt, von denen nun nur
die beste für die weitere Impfung, also zur Fortzüchtung verwendet
wird, wobei wieder in der gleichen Weise vorgegangen wird. Die
Auswahl der geeignetsten Kulturen erfolgt nach verschiedenen
Gesichtspunkten, je nach der Art der Gärungserreger, z. B. makro-
skopisches Aussehen, Gärgeschwindigkeit (Messung der Gärgase),
Verfolgung der Säurebildung durch Titration usw. Ferner kann
man bei der Auswahl so vorgehen, daß gemäß den Reinzucht-
methoden eine Anzahl von einzelnen Zellen (vegetative Formen,
Sporen oder Conidiosporen) entnommen und jede Zelle gesondert
zur Entwicklung gebracht wird. Die geeignetsten Kulturen werden
sodann ausgewählt und die anderen verworfen.

c) Anhang: Kulturmethoden zur Keimgehaltsbestimmung. Auch
bei gärungschemischen Untersuchungen ist es vielfach von Wichtigkeit,

während des Gärprozesses oder in einem bestimmten Stadium desselben den Keimgehalt festzustellen. Dazu können neben den mikroskopischen Methoden (vgl. S. 49) insbesondere kulturelle Methoden dienen. Dabei kann die Keimgehaltsbestimmung entweder nach dem Plattenverfahren oder in flüssigen Nährsubstraten erfolgen.

α) *Plattengußverfahren* (nach Koch). Die zu untersuchende Flüssigkeit wird mit sterilem Leitungswasser (oder physiologischer Kochsalzlösung, 0,9%ig) in einigen Proben verdünnt (etwa im Verhältnis 1 : 10, 1 : 100, 1 : 1000 usw.), von diesen Proben mittels stets frischen Pipetten in sterile Petri-Schalen Mengen von 0,1—1 ccm abgefüllt und steriler Agar-Nährboden (von 45° oder Gelatine von 35°) hinzugegossen, durch Neigen und Drehen der Platte vorsichtig durchgemischt (bis keine Schlieren mehr vorhanden sind), auf waagerechter Unterlage erstarren gelassen und sodann in einer feuchten Kammer im Thermostaten aufbewahrt. Nach etwa 48 Stunden erfolgt die Auszählung der Kolonien unter Benutzung einer Lupe mittels besonderer Zählplatten und anderer Vorrichtungen. Berechnung des Keimgehaltes durch Umrechnung der Koloniezahlen auf 1 ccm Aussaat.

β) *Keimgehaltbestimmung mittels flüssiger Nährböden.* Prinzip: Es wird eine so weitgehende Verdünnung der zu untersuchenden Probe vorgenommen, daß sodann bei der Aussaat gleicher Volumina in sterile Nährlösungen teilweise noch Entwicklung auftritt, teilweise nicht mehr (Methode auch bei spezifischen Nährsubstraten geeignet).

Unterteilungsverfahren (anzuwenden, wenn der Keimgehalt einer Probe völlig unbekannt ist), besonders in Form der Halbierungsmethode angewendet: Ein bestimmtes Volumen der ursprünglichen oder bereits verdünnten Keimsuspension wird jeweils auf die Hälfte verdünnt (die eine Hälfte für die Kultivierung bereitgestellt, die andere Hälfte weiter verdünnt); nach etwa 48stündiger Bebrütung stellt man fest, in welchem Punkte der Verdünnung noch Keimentwicklung stattfindet; es ist dann noch ein Keim pro Flüssigkeitsvolumen vorhanden gewesen, woraus die Gesamtmenge an Keimen berechnet werden kann.

Gleichteilverfahren (anzuwenden, wenn man über den Keimgehalt der Probe bereits ziemlich gut orientiert ist; also zur Überprüfung des Keimgehaltes): Von der je nach dem Keimgehalt auf ein bestimmtes Volumen verdünnten Probe werden gleiche Mengen (z. B. je 1 ccm) in eine große Anzahl (20—100) mit Nährlösung beschickte Kölbchen verteilt. Bei richtiger Verdünnung darf höchstens in der Hälfte der Kölbchen Mikrobenentwicklung stattfinden.

3. Mikroskopische Methoden zur Identifizierung und Charakterisierung der Mikroorganismen.

Auf die Beschreibung des Mikroskopes und dessen Handhabung kann hier verzichtet werden; im folgenden gelangen nur einige Methoden des Mikroskopierens zur Besprechung, soweit dieselben für gärungschemische Zwecke von Wichtigkeit sind.

a) Anfertigung mikroskopischer Präparate. α) *Einfache Präparate für kurze mikroskopische Untersuchungen:* Auf einem gut entfetteten Objektträger[1] wird eine kleine Menge der zu untersuchenden Kultur mit einem Tropfen Wasser (oder physiologischer Kochsalzlösung) verrieben, das Deckglas aufgesetzt (so, daß keine Flüssigkeit an den Seiten austritt[2]) und die Untersuchung vorgenommen.

β) Untersuchung im hängenden Tropfen. Objektträger mit Hohlraum; dieser mit einem Vaselinring umzogen; Deckglas, mit einem Tropfen der zu untersuchenden Kultur nach unten, auf die Höhlung aufgelegt, so daß es am Objektträger festklebt. Vornahme der Untersuchung beginnend vom Rande des Präparates.

γ) Ausstrichpräparat (Trockenpräparat) Fixierung von Präparaten. Das zu untersuchende Tröpfchen wird möglichst dünn mittels einer Platinnadel auf einem Objektträger verstrichen, an der Luft trocknen gelassen, in der Flamme fixiert, indem der Objektträger mit der bestrichenen Seite nach oben rasch dreimal durch die Flamme gezogen wird. Schonendere Fixierung (unter Vermeidung einer Verschrumpfung, insbesondere bei Sproß- und Schimmelpilzen) durch Eintauchen in Methanol (3 Minuten) oder in absoluten Alkohol (2—10 Minuten).

b) Färbemethoden. Die Färbungen sind zur Charakterisierung der Mikroorganismen von größter Bedeutung, da dieselben auf diese Weise leichter erkennbar werden; ferner sind diese Methoden auch zur Unterscheidung von Organismen geeignet, da gewisse Farbstoffe von manchen derselben aufgenommen werden, von anderen nicht. Unterscheidung der Färbung von Trockenpräparaten (abgetöteter Zellen) und lebender Organismen (Vitalfärbung); im gegebenen Zusammenhang ist die erste Methode von wesentlich größerer Bedeutung.

Farbstoffe (vor allem basische): Am häufigsten Methylenblau und Fuchsin, ferner Methylviolett, Krystallviolett, Gentianaviolett, Bismarckbraun, Malachitgrün. Die erstgenannten in konzentrierter alkoholischer Lösung, die beiden letztgenannten in konzentrierter wäßriger Lösung aufbewahrt und unmittelbar vor Gebrauch mit Wasser verdünnt (etwa auf das 1—10fache) und frisch filtriert (am bequemsten in eine Proberöhre, in die ein Faltenfilter ohne Trichter eingesetzt wird.

----

[1] Reinigung der Objektträger und Deckgläschen: Nach Gebrauch werden dieselben abgewischt und in einer Glasdose gesammelt, in der sich Alkohol und verdünnte Salzsäure befindet. Hierauf in heißer Sodalösung vom Fett befreit und so lange mit Wasser gespült, bis sie klar erscheinen; schließlich mit verdünnter Salzsäure und nochmals mit heißem Wasser nachgewaschen, mit einem fettfreien nicht faserndem Tuch trocken gewischt. Neue Gläser mit Xylol oder Benzin oder auch Alkohol-Äthergemisch entfettet und mit fettfreier feiner Leinwand trocken gewischt.

[2] Eventuell ausgetretene Flüssigkeit ist mittels eines Stückchens Filtrierpapier zu entfernen.

α) Gesamtfärbung der Organismen. Vor allem mit Fuchsin und Methylenblau: das auf einem Deckgläschen angelegte und wie oben fixierte Präparat wird mit der bestrichenen Seite nach unten auf die Farbstofflösung aufgelegt (in einem Schälchen), nach einigen Minuten mit Wasser abgespült (zum Halten dient die CORNETsche Pinzette), mit Filtrierpapier gut abgetrocknet und untersucht. Das Präparat kann auch auf einem Objektträger angelegt werden, indem es mit der Farbstofflösung beträufelt wird; im übrigen wie zuvor.

β) GRAMsche Färbung. Dieselbe ermöglicht eine Unterscheidung von Bakterien. Das fixierte, trockene Präparat wird unter Erwärmen 2 Minuten lang mit frisch bereitetem Gentianaviolett-Anilinwasser[1] gefärbt, überschüssige Farbstofflösung mit Filtrierpapier abgetupft, einige Tropfen der LUGOLschen Lösung[2] auf das Präparat gebracht, 1—2 Minuten einwirken gelassen, Überschuß abgetupft, sodann mit einigen Tropfen 96%igen Alkohols entfärbt (etwa $\frac{1}{2}$ Minute). Als grampositiv erscheinen nun alle dunkelblau-violett gefärbten Mikroben, als gramnegativ alle farblosen, die zweckmäßig mit verdünnter Fuchsinlösung nachgefärbt werden, um sie besser sichtbar zu machen. Zur Kontrolle färbt man eine Bakterienart, die sich gegenüber der Gramfärbung bekannt verhält.

Unter den Gärungsorganismen verhalten sich grampositiv: Die meisten Strepto- und Mikrokokken, viele Milchsäurebakterien, die Sarcinen, die sporenbildenden größeren Stäbchenbakterien, die Aktinomyceten und alle Sproßpilze; gramnegativ: Essigbakterien, die meisten Kurzstäbchen (wie die Coligruppe) und die Vibrionen.

γ) Sporenfärbung. Die Sporen nehmen im Gegensatz zum übrigen Zellkörper die Farbe schwerer an und geben sie auch schwerer ab. Das stark fixierte Deckglaspräparat wird in 5%ige Chromsäurelösung gebracht, mit Wasser abgespült und 4 bis 10 Minuten auf der Farblösung (Carbolfuchsin nach Ziehl[3] u. a.) unter etwas kräftigerer Erwärmung in schwimmendem Zustand erhalten, oder: Farblösung auf das Deckglaspräparat gebracht (in der CORNETschen Pinzette eingespannt) und in der Mikroflamme 1 Minute erhitzt (vom ersten Aufwallen an gerechnet). Sodann unter der Wasserleitung abgewaschen, $\frac{1}{2}$ Minute in 5%ige Schwefelsäure eingetaucht, wieder abgespült, in wäßrige

---

[1] 100 ccm Anilinwasser (frisch hergestellt durch Schütteln von etwa 5 ccm Anilin mit 100 ccm Wasser und filtrieren), versetzt mit 11 ccm gesättigter alkoholischer Gentianaviolettlösung.

[2] 1 g Jod und 2 g Jodkali in 300 ccm dest. Wasser.

[3] 10 ccm gesättigter alkoholischer Fuchsinlösung + 100 ccm 5%iger wäßriger Phenollösung.

Methylenblaulösung gebracht und wieder abgewaschen. Die Sporen erscheinen rot, der übrige Zellkörper (oder rein vegetative Formen) hellblau gefärbt.

δ) *Geißelfärbung*: Wird bei gärungschemisch wichtigen Organismen wohl nur selten zur Anwendung gelangen. Prinzip: Vornahme einer Beizung zwecks Aufquellen der Geißelsubstanz und nachfolgende Färbung; dadurch wird die Anzahl der Geißeln und die Art des Geißelansatzes sichtbar (nur bei beweglichen Mikroorganismen).

ε) *Vitalfärbung.* Einwirkung der sehr stark verdünnten Farbstoffe auf die lebenden Zellen. Farbstoffe: Methylenblau, Methylviolett, Bismarckbraun, Auramin, Neutralrot usw. Sofortige Untersuchung, da die Zellen später absterben.

ζ) *Herstellung von Dauerpräparaten.* Für Vergleichszwecke von großer Wichtigkeit. Das möglichst wenig Organismen enthaltende gefärbte Präparat wird in Kanadabalsam oder Cedernöl eingeschlossen: Auf das Deckgläschenpräparat wird ein kleiner Tropfen Kanadabalsam (in Xylol gelöst) gefügt und auf einen völlig sauberen und fettfreien Objektträger aufgedrückt. Nach einigen Tagen ist der Kanadabalsam erhärtet und die Seiten des Deckgläschens werden mit Asphaltlack umstrichen. Jahrelange Haltbarkeit. Genaue Beschriftung auf angeklebten Etiketten. Die Anfertigung von Dauerpräparaten der wichtigsten Gärungsorganismen ist für Vergleichszwecke sowie zur Identifizierung der Organismen sehr wichtig.

c) Messungen unter dem Mikroskop. Am häufigsten unter Benutzung eines *Okularmikrometers* (runde Glasplättchen mit feiner Einteilung), das mit der Teilung nach unten in das Okular eingesetzt wird. Ermöglicht nur relative Messungen. Zur Bestimmung des absoluten Wertes eines Strichintervalles Eichung mit einem Objektmikrometer (Objektträger mit einer Einteilung, bei der 1 mm in 100 Teile geteilt ist, Abstand zweier Striche = 10), jeweils für eine bestimmte Vergrößerung. Vorgang: Bei normaler Tubuslänge des Mikroskopes (die auch später nicht mehr verändert werden darf) werden die Nullpunkte der beiden Skalen zur Deckung gebracht (durch Verschieben des Mikrometers und Drehen des Meßokulars); Ablesung einiger sich deckender Teilstriche und Ermittlung des absoluten Wertes des Meßokulars in sinngemäßer Weise.

d) Zählungen unter dem Mikroskop. (Methoden der direkten Keimzählung.) Die direkte Keimzählung wird vor allem für größere Organismen, wie Hefen benützt. Man bedient sich dabei besonderer Zählkammern oder Apparate. Ein näheres Eingehen auf dieselben erübrigt sich, da den im Handel befindlichen Apparaten eine genaue Beschreibung und Gebrauchsanweisung beigegeben ist, aus der die Herstellung der Mikrobensuspension, die Maßnahmen zur Trennung der einzelnen Zellen voneinander, die Durchführung der Zählung usw. ersichtlich werden (vgl. z. B. SKARschen Apparat).

Für die Auszählung von Bakterien verwendet man — falls die betreffenden Bakterien dies ermöglichen — gleichfalls Zählkammern oder Apparate wie für Hefe. Vielfach muß man aber das Auszählen im Dunkelfeld oder unter Benutzung gefärbter Ausstrichpräparate vornehmen. Im allgemeinen wird man zur Keimgehaltsbestimmung in Bakteriensuspensionen lieber eine der S. 46 geschilderten Kulturmethoden anwenden.

C. Übersicht der wichtigsten Gärungsorganismen (morphologische und physiologische Kennzeichnung derselben).

1. Hefen.

Vorkommen: Blütennektar, an vielen Pflanzenteilen (Blätter, Rinden usw.) und Früchten (Trauben usw.). Im Boden, in Milch, Mehl, Heringslake, im Darm usw., auch pathogen oder harmlos im lebenden Gewebe des Tierkörpers (Insekten, Wirbeltiere usw.). *Symbiontisches Vorkommen* von Alkoholhefen mit Milchsäurebakterien (z. B. in sauren Milchgetränken wie Kefir, Kumys usw., ferner bei der Sauerkrautgärung, im sogenannten Ingwerbier usw.) oder mit Essigbakterien (z. B. in der Kombucha).

Morphologische Charakterisierung: Die Hefen (Sproßpilze) sind einzellige, selbständige, sich nur durch Sprossung (Knospung) vermehrende Pilze. Sporenbildung normalerweise selten, kann durch besondere Maßnahmen erzwungen werden (Gipsblockkultur); mit Hilfe der Federstrichkultur, der Riesenkolonien usw. sind weitere morphologische Merkmale erkennbar. Zellen: meist ellipsoidisch, seltener kugelig oder lang gestreckt. Durchschnittsgröße etwa $5 \times 8\,\mu$, ausnahmslos unbeweglich, meist farblos. Mikroskopisches Bild: meist eine große und mehrere kleine Vakuolen. Kern durch Färbung sichtbar. Einlagerung von Fetttröpfchen[1] (stärker lichtbrechende Körnchen, Fettreaktion). Bei üppigem Nährboden bzw. unter besonderen Bedingungen (vgl. S. 77) tritt meist Verfettung ein (Anstieg des Fettgehaltes bis etwa 40% der Trockensubstanz), die Zellen sind dann viel größer, zahlreiche Granulationen weisen auf hohen Fettgehalt hin.

Physiologische Charakterisierung: Die alkoholbildenden Hefen sind fakultativ anaerob, Vermehrung und Wachstum an Gegenwart von Sauerstoff gebunden, Gärung auch bei Luftabschluß.

Unterscheidung der Arten: Morphologisch schwierig, infolge der Gleichförmigkeit, nur möglich durch sorgfältiges Studium der Reinkulturen, Züchtungen und Feststellung der morphologischen und physiologischen Eigenschaften, und zwar: Sporenform, Aussehen der Kolonien, Einfluß von Temperatur und Sauerstoff,

---

[1] Die im Plasma (zum Teil auch in der Vakuole) befindlichen Einschlüsse (Granula, Körnchen) sind meist Fett, seltener auch Eiweiß oder Glykogen oder Volutin (Nucleinsäureverbindungen).

Gärvermögen gegenüber verschiedenen Zuckerarten, Enzymgehalt usw.

Einteilung der Hefen in zwei Hauptgruppen je nach dem Vermögen zur Sporenbildung:

Sporenbildende Hefen (Saccharomyces): Hierher gehören die technischen Hefen, vor allem die Alkoholhefen des Gärungsgewerbes; Einteilung derselben nach praktischen Gesichtspunkten (Verwendungszweck usw.); ober- und untergärige Hefen, stark und schwach gärende Hefen, flockige und staubige Hefen usw.; unter den Kulturhefen sind besonders von Wichtigkeit: Saccharomyces cerevisiae (Bier-, Brennerei- und Preßhefen) sowie Saccharomyces ellipsoides (Schaumwein- und Obstweinhefen). Einteilungsmöglichkeit auf Grund des Verhaltens gegenüber Disacchariden; Vergärung von: 1. Maltose und Rohrzucker (nicht Milchzucker); die meisten technischen Hefen. 2. Rohrzucker (nicht Maltose und Milchzucker). 3. Maltose (nicht Rohrzucker und Milchzucker). 4. Milchzucker (die sogenannten Milchhefen). 5. Glucose (keine Disaccharide). 6. Kein Gärvermögen.

Sporenlose Hefen (Pseudosaccharomyces, Fungi imperfekti): Meist mit geringem oder keinem Gärvermögen, in der Natur sehr verbreitet: Z. B. als Schädlinge insbesondere saurer oder gegorener Getränke auftretend, ferner in den Gerb- oder Sauerkrautbrühen: Kahmhefen (Mycoderma), Torulaarten, Pastorianushefen, Exiguushefe usw. Sodann rote und schwarze Hefen (in Milch und Käse), schließlich auch manche pathogene Hefen.

Übersicht einiger gärungschemisch wichtiger Hefen vgl. in Tab. VI.

2. Bakterien.

Allgemeine morphologische Charakterisierung: Meist farblose (jedenfalls nicht chlorophyllgrüne) einzellige Organismen, die sich ausschließlich durch Zweiteilung („Spaltung", Spaltpilze) ungemein rasch vermehren; dazu kommen noch manche mehrzellige fädige Formen (Fadenbakterien), die morphologisch zu den Fadenpilzen überleiten. Sporenbildung (stets auf vegetativem Wege) vielfach vorhanden (hochgradige Widerstandsfähigkeit der Sporen gegen Hitze, Eintrocknung, Gifte usw.). Nach neueren Befunden sollen auch ultramikroskopische Entwicklungsformen existieren, die auch Hartfilter passieren (LÖHNIS). Über die eventuelle gärungschemische Bedeutung dieser Formen ist noch nichts bekannt. *Zellform:* Kugelig oder zylindrisch, meist gerade, seltener schraubenförmig (Kugel-, Stäbchen- und Schraubenbakterien). *Zellgröße:* Etwa $0,5 \times 1\,\mu$ oder $1 \times 4\,\mu$, vielfach kleiner, doch auch größer. *Mikroskopisches Bild:* Zellkern nicht sichtbar, vielfach lebhafte Eigenbewegung mit Hilfe von Geißeln (Cilien), die erst nach besonderer Behandlung sichtbar werden (Beizen und Färben, vgl. S. 49). Sporen bei manchen Stäbchenarten vorhanden, stets in der Einzahl, kugelige oder ellipscidische, stark lichtbrechende Gebilde (Stäbchen mit Sporenbildung sind Bacillen, solche ohne Sporenbildung Bakterien.)[1]

Physiologische Charakterisierung und Einteilung: Aerobe und anaerobe, fakultativ anaerobe Formen; auf Grund der physiologischen

---

[1] Die Bezeichnung wird allerdings meist nicht konsequent durchgeführt.

Tabelle VI.

Spezies (Beispiele)	Fundort	Haut-bildung	Flocken-bildung	Zellform	Sporen-bildung	Wachs-tumsopt.	Gär-vermögen
Saccharomyces cerevisiae (Saaz)	Saazer Brauereihefe	0	fest-liegender Bodensatz	ellipsoidisch, rund[1]	+	25—33^0	untergärig
Obergärige Brauereihefe	—	0[2]	0 (Trübung)	meist rund, weniger ge-körnt[3]	+	bis 25^0	obergärig
Saccharomyces ellipsoides (Weinhefe)	reife zucker-haltige Früchte	+	selten	rund bis langgestreckt	+[4]	—	untergärig
Mycoderma cerevisiae (echte Kahm-hefe)	Wein- und Bierreste, saure Gurken usw.	+	0	langgestreckt, eiförmig[5]	0	33^0	0
Mycoderma variabile (un-echte Kahmhefe)	Schädling in Hefefabriken	+	0	meist eiförmig, kurz bis langgestreckt[6]	0	35^0	+
Torula utilis	Preßhefe, Früchte	0	—	rundlich, ei-förmig länglich	0	30^0	schwach

[1] Mit großen Vakuolen, Riesenzellen häufig.
[2] Hefehaltiger Schaum.
[3] Riesenzellen tellerförmig.
[4] Sporenbildung setzt frühzeitig ein.
[5] Verzweigte, sparrige, lockere Sproßverbände.
[6] Bisweilen mycelartige Sproßverbände.

Wirkungen anoxydative und oxydative Bakterien. Im folgenden werden die wichtigsten technischen Bakteriengruppen und einige Vertreter derselben kurz besprochen.

a) Milchsäurebakterien. *Vorkommen* (als Erreger der meisten spontanen Säuerungsvorgänge): In Maische, Preßhefe, Bier, Wein, Milch, Sauerkohl, Sauerteig, in säuernden Vegetabilien (Gurken, Grünfutter) usw.

Morphologie: Zellform und Zellgröße bei den einzelnen Bakterien sehr verschieden (Langstäbchen, Kurzstäbchen, ei- bis kugelförmig).

Physiologische Eigenschaften: Erregung der Milchsäuregärung, dabei verschiedenes Verhalten gegenüber den einzelnen Zuckerarten; Verhalten gegenüber der Temperatur: vielfach wärmeliebend; Thermobakterien. Vielfach als Schädlinge bei der Preßhefefabrikation (verursachen Zusammenflocken der Hefe). Verwendung zur Milchsäureproduktion sowie zur Säuerung von Getreidemaischen bei der Spiritusbrennerei sowie bei der Weißbiererzeugung. Charakteristik einiger Milchsäurebakterien und verwandter Organismen vgl. in Tab. VII.

b) Propionsäurebakterien. *Vorkommen:* In Schweizer Käse, spielen bei der Reifung desselben eine Rolle (Lochbildung). Hauptform: Bac. acidi propionici, mit vielen Varianten (Stämmen), je nach der Herkunft verschieden.

Morphologische und physiologische Charakterisierung: Zumeist grampositiv, katalasepositiv (manchmal allerdings nur sehr schwach), Gelatine nicht verflüssigend, unbeweglich, in der Regel nicht sporenbildend. Kräftiges Wachstum vor allem unter anaeroben Bedingungen (unter aeroben Bedingungen keine so gute Entwicklung). Wachstum auf Agar meist relativ schlecht. Variabilität der Zellform: Unter anaeroben Bedingungen bilden sich in neutralem Medium kleine Kurzstäbchen, unter aeroben Bedingungen sind die Zellen irregulär geformt, keulenförmig geschwollen, in saurem Medium bilden sich neben den normalen Zellen kleine streptokokkenartige Zellen, lange irreguläre Stäbchen und andere Formen.

c) Butylogene Bakterien. *Vorkommen:* Erde (besonders Gartenerde), Schlamm, Abwässer usw. Gemeinsame Merkmale: Sporenbildung, meist auch Beweglichkeit, hohes Temperaturoptimum, anaerobe Lebensweise, charakteristisch ist das Auftreten von Spindel- oder Clostridiumformen, in denen vielfach je eine Spore vorhanden ist, dabei haben wir es oft mit folgendem Vorgang zu tun: aus den vegetativen Zellen entstehen in einem gewissen Stadium die oft keulenförmigen Clostridiumformen, in denen sich

Tabelle VII.

| Spezies | Fundort (bzw. Anwendung) | Wachstum | | | Zellform | Gasbildung | Vergärbare Zuckerarten | Größte gebildete Säuremenge %[1] |
		in Agar	in Maische	Temp. opt. °C				
Bact. Delbrücki	Getreidemaische bei 45—50° Milchsäurefabrikation[2]	in Stichkultur gut	Trübung nach 24 Stunden	42—45[3]	lange, gerade Stäbchen[4], oft gedreht, abnorm	0	Glucose, Fructose, Maltose (auch Rohrzucker, Galaktose, Dextrin)	1,7
Bact. Beijerincki	in schlecht vergärender Kartoffelmaische; Infektion der Preßhefe	in Stichkultur gut	flockige Trübung nach 24 Stunden; am 3. oder 4. Tag klar	34—38	einzeln oder zu 2; auch kettenförmig oder zusammengeklebt[5]	0	Glucose, Fruktose, Rohrzucker, Maltose, Galaktose, (auch Raffinose, Dextrin)	1,26
Bac. lactis acidi	Milch bei 46—50°, Sauerteig	in Stichkultur gut, in Oberflächenkultur schlechter	Trübung nach 24 Stunden, nach etwa 3 Tagen klar	41—42, später; nach 24 Std. 36—37	Langstäbchen[5]	—	Milchzucker, Trehalose (auch Raffinose, Mannit)	1,47

Thermobact. Helveticum	Schweizer Käse	in Hefeextrakt zu kultivieren		30—40	lange einzelne Stäbchen	+	Maltose, Milchzucker (auch Raffinose, Stärke, Dextrin)	—
Bact. lactis acidi (LEICHMANN) (= Streptococcus lactis)	Milch, Rahmsäuerung[6], Sauerkraut, Grünfuttersilage, Gerbbrühe	gut in Stich- wie Oberflächenkultur	Trübung nach 24 Stunden, 3—14 Tage anhaltend	38	länglich eiförmig, meist zu 2 in längeren Ketten[7]	0	Milchzucker, Raffinose (auch Mannit)	0,34
Bact. subtilis, Heubacillus	Heu	verflüssigt, Gelatine (auf Agar schlecht)	rahmartige Haut	35	länglich, oft clostridienähnlich, lebhafte Bewegung[8]	0	(schwach Glucose, Fructose)	—

[1] Bezogen auf Milchsäure.
[2] Auch bei der Maischesäuerung verwendet (bei der Spiritusbrennerei sowie Weißbiererzeugung).
[3] Gärungsoptimum (in Gegenwart von $CaCO_3$) gegen 50°.
[4] In Maische einzeln oder zu 2 bis 3 verbunden. — Kolonien auf Agar klein, flach, wasserhell.
[5] Kolonien flach, wasserhell, in der Mitte weißlich.
[6] An der Erzeugung des Butteraromas beteiligt (durch Bildung von Diacetyl).
[7] Kolonien groß, flach, weißlich glänzend.
[8] Sehr widerstandsfähige Sporen.

Tabelle VII (Fortsetzung).

Spezies	Fundort (bzw. Anwendung)	Wachstum		Temp. opt. °C	Zellform	Gasbildung	Vergärbare Zuckerarten	Größte gebildete Säuremenge %
		in Agar	in Maische					
Bact. coli	in säuernden Pflanzenaufgüssen, menschlichem Darm, Wasser	—	zarte Haut	bis 45	kurze Stäbchen; Größe sehr verschieden; beweglich	+	Glucose, Rohrzucker, Milchzucker	—
Bac. mesentericus	schleimiges Brot	an der Oberfläche graublauer Belag	Haut	35—37	mäßig dicke Stäbchen [1]	—	Glucose u. a.	—
Bact. acidi propionici	Schweizer Käse	im Stich gut	—	35	keulenförmige Langstäbchen	+	Glucose, Fruktose, Rohrzucker, Milchzucker	—
Biersarcine (Pediococcus)	Gerste, Malz, Stroh, Dünger, Pferdeharn	gut, Kolonien weiß oder gefärbt	gut, Trübung [2]	20—26	kugelig, Tetraden	+	Glucose, Maltose u. a.	0,95

[1] Mit sehr widerstandsfähigen ovalen Sporen.
[2] Oft Schleimbildung.

Sporen ausbilden, die nach dem Absterben des übrigen Zellkörpers frei werden. Die Sporen selbst sind meist sehr widerstandsfähig gegen Hitze (2 Minuten langes Kochen in wäßriger Lösung schädigt nicht). Zellen jüngerer Generationen zeigen starke Bewegung; sobald sich die Gärungsprodukte anhäufen (insbesondere bei der Butanol-Aceton-Gärung) tritt auffallende Abnahme der Gärungsorganismen (insbesondere der vegetativen Formen) ein. Bei Clostr. aceto-butylicum sind sowohl die vegetativen Formen wie die Clostridien anfangs grampositiv, nach 75 Stunden gramnegativ (sobald die Gärung in der Regel beendet ist). Eine nähere Charakteristik einiger Vertreter dieser Gruppe ist in Tab. VIII gegeben.

d) Cellulose vergärende Bakterien. Erreger der Methangärung und verschiedener Säuregärungen bei hohen Temperaturen (vielfach bei 60—70°). Noch wenig erforschte Gruppe. Tätigkeit im Boden: Humifizierung der Holzsubstanz; Vorkommen im Schlamm, Pferdemist, regelmäßig im Pansen der Wiederkäuer, ferner im Dünger (allerdings unerwünscht: Speckigwerden desselben). Vornehmlich physiologisch charakterisiert: z. B. Bildung von Essigsäure neben Milchsäure, oder neben Alkohol, oder andere Fettsäuren neben Alkohol und Methan, stets neben CO_2 und H_2; eigentliche Methanbakterien: Bildung von Methan, CO_2 und H_2. Abwasserbakterien: Zersetzung verschiedener organischer Verunreinigungen von städtischen und gewerblichen Abwässern auf Rieselwiesen, in biologischen Füllkörpern usw. Methangärung durch den Faulschlamm („belebten Schlamm") in Faulräumen.

e) Essigbakterien. *Allgemeine Kennzeichnung:* Ausgesprochen aerobe, stets sporenlose, meist unbewegliche Stäbchen, sehr klein: etwa $0{,}5 \times 1{,}5\,\mu$, meist in oberflächlichen, zarten Häutchen, oft zu langen Ketten verbunden, aber auch untergetaucht, zu Trübungen der Flüssigkeit Anlaß gebend. Kolonienbildung auf festen Nährböden recht verschieden, oft charakteristisch, allerdings auch abhängig von der Züchtungsweise und Entwicklungsdauer. Vermögen zur Gelatineverflüssigung ganz selten. Änderungen der Zellgestalt sehr häufig, von Einfluß sind dabei Temperatur, Alter, Ernährungsweise. Hypertrophische Zellformen (Riesenzellen) unter ungünstigen Wachstumsbedingungen.

Systematik und Einteilung: Von verschiedenen Gesichtspunkten aus versucht worden. Morphologische Unterscheidung schwierig, da alle fast das gleiche Aussehen haben, wohl aber Unterschiede im Säuerungsvermögen gegenüber verschiedenen Alkoholen, Zuckerarten usw. Einteilung nach praktischen Gesichtspunkten, z. B. nach

Tabelle VIII.

Spezies	Fundort	Zellform [1]	Kolonien auf Würzegelatine	Temp. opt. ^{0}C	Gärungsprodukte
Granulobacter saccharobutylicum	Getreide Kartoffeln Erde	bewegliche, mäßig lange, etwas gedrungene Stäbchen; länglich eiförmige Clostridien	klein, hellbraun, wenig zäh, Gelatine nicht verflüssigend	35—40	insbesondere Buttersäure in Gegenwart von $CaCO_3$ (anaerob)
Granulobacter butylicum	Getreide Erde	meist große, gerade Stäbchen, oft in Zellfäden auftretend; spindelförmige oder kaulquappenförmige Clostridien	milchweiß, zähschleimig, Gelatine nicht verflüssigend	35—37	insbesondere Butylalkohol und Aceton (anaerob)
Bac. macerans	Kartoffeln Erde	meist fadenförmige Langstäbchen; kaulquappenförmige Clostridien	—	40	Aceton, Alkohol (aerob und anaerob)
Butyl-äthylalkohol-bacillus	Reisschrot	Langstäbchen; verschieden geformte Clostridien	—	34—40	Butyl- und Äthylalkohol (anaerob)
Granulobacter Polymyxa	Getreide	Stäbchen bei Luftzutritt; Clostridien mit reichlicher Sporenbildung bei Luftabschluß	—	—	viel CO_2, neben wenig Butanol (Übergang zu den Heubacillen)

[1] Je nach den Kulturbedingungen vielfach recht variabel.

HENNEBERG (1909) vier Gruppen: Maische und Würzebakterien, Bieressigbakterien, Weinessigbakterien, Schnellessigbakterien; nach LAFAR (1914) vier Gruppen: Bieressigbakterien, Weinessigbakterien, Schnellessigbakterien, Schleimessigbakterien. Einteilungsversuche auf Grund des chemisch-physiologischen Verhaltens sind noch nicht als befriedigend anzusehen, da stets gewisse Übergänge vorhanden sind, einzelne Bakterienstämme selbst sich verschieden verhalten können und schließlich noch nicht alle physiologischen Merkmale genügend untersucht sind. In Tab. IX sind einige Essigbakterien angeführt, die für technische sowie präparative Zwecke von Interesse sind.

3. Schimmelpilze (Mycelpilze).

Allgemeine Charakteristik: Schimmelpilze sind höher entwickelt als die Sproßpilze und Spaltpilze. Der Pilzkörper besteht aus einer dicht verwebten Fadenmasse (Mycel, aus einzelnen Zellfäden, Hyphen zusammengesetzt). Als Sporen im eigentlichen Sinne (Endosporen) sind nur die im Inneren von Schläuchen, Kapseln usw. entstehenden Fortpflanzungszellen zu bezeichnen. Bei den höchst entwickelten Formen Fruchtorgane (Konidien) nach außen ausgebildet, in oder an denen meist einzellige Sporen (Exosporen, Konidiosporen) gebildet werden; dieselben besitzen verschiedene Form und Farbe (meist charakteristisch) und dienen zur Fortzüchtung der Pilze (vom Techniker auch als „Sporen“ schlechtweg bezeichnet). Bei einfachen Pilzen Übergangsformen zwischen Hefen und Schimmelpilzen: Bildung von Zellformen, die sich durch Sprossung vermehren, neben den Hyphen. Für die technische Mycologie sind insbesondere folgende Gruppen von Interesse:

Aspergillaceen, insbesondere mit den Gattungen Aspergillus und Penicillium. Aspergillus: Die Konidienträger (Sterigmen) bilden an ihrem Ende kolbige oder runde Anschwellungen (Columella), aus denen meist oben oder allseitig Sterigmen und Conidiosporen hervorgehen, Farbe derselben: grün, gelb, braun, grau bis schwarz. Perithetienbildung vorhanden. Optimale Wachstumstemperatur: 27—30°, manche Arten sind pathogen. Penicillium: Färbung der Konidiosporen, des Mycels sowie des Substrates zu unterscheiden, meist grün gefärbte Pilzrasen. Die aus dem Mycel herauswachsenden Konidienträger besitzen lange verzweigte Pinsel mit den Sterigmen und Konidiosporen. Wachstumsoptimum meist zwischen 20 und 30° (vgl. Tab. X).

Mucoreen (Köpfchenschimmel): Sporangienträger verzweigt oder unverzweigt mit Endsporangium. Bei der Reife gelangen die Sporen durch Zerreißen der Sporangiumwand ins Freie. Häufig Gemmen oder Chlamydosporen (fortpflanzungsfähige Dauerzellen) in den Hyphen des Mycels. Kugelzellen ähnlich den

Tabelle IX.

Spezies	Fundort	Hautbildung	Trübung der Flüssigkeit	Emporziehen der Haut[1]	Verschleimung	Temp. opt. °C	Zellform (Zellen)	Hypertrophische Zellen	Alkohol[2] Vol.%	Essigsäure[3] %
Bact. aceti (HANSEN)	z.B. obergäriges Bier		0	0	++	34	einzeln, bei höherer Temp. zu Ketten vereinigt (fadenförmig)	+	11	6,6
Bact. acetosum (HENNEBERG)	z.B. obergäriges Bier	fest zusammenhängend, glatt, weißlich	0	gering	0	28	einzeln oder in Ketten	+[4]	11	6,6
Bact. Pasteurianum (HANSEN)	z.B. obergäriges Bier	anfangs feucht, später trocken, marmoriert fein gefaltet	0	0	0	34	groß, breit; oder dicke Kurzstäbchen	+++	9,5	6,2
Bact. rancens (BEYERINCK)	z.B. obergäriges Bier	trocken, faltig	gering	+			kurze Stäbchen; oft in langen Ketten	+		
Bact. oxydans (HENNEBERG)	untergäriges Lagerbier	sehr zart, oft aus einzelnen Zellen bestehend	+++	++	gering	18—21	rundlich, auch fadenförmig langgestreckt	+++	7	ca. 2
Bact. ascendens (HENNEBERG)	Weinessig	zart, gleichmäßig	+++[5]	+++	0	31	einzeln, in Paaren, auch lange Zellfäden	+++	12	9

Bact. vini acetati (HENNEBERG)	Wein-essig	zart, wenig zusammenhängend	++	0	0	28—33	rundlich, kurz oder länglich eiförmig,einzeln bzw. zu 2 oder 3	0		
Bact. xylinoides (HENNEBERG)	Wein-essig	dünn, locker trocken oder flockenartig schleimig oder zäh und dick	0	0	+++	28	rund, Kurz- oder Langstäbchen; unregelmäßig	0		
Bact. xylinum (BROWN)	Schnell-essigfabriken	dick, wasserhell, später weißlich	0	0	+++	26—33	Kurz- bis Langstäbchen spiralig gebogen	++	6—7	4,5
Bact. orleanse (HENNEBERG)	Schnell-essigfabriken	fest, im Alter zarte Falten	+[6]	gering	+	30	rundlich, kurz oder länglich eiförmig, einzeln bzw. zu 2 oder 3	++		
Bact. Schützenbachi (HENNEBERG)	Schnell-essigfabriken	wenig zusammenhängend, manchmal verschieden gefärbt	+++	0	0	25—30	rund, eiförmig, länglich, einzeln, zu 2 oder in Ketten	0		11,5
Bact. gluconicum (HERMANN)	Kom-bucha	0	++	0	0	28—30	Diploformen 2 eiförmige Zellen miteinander verbunden	0		

[1] An den Gefäßwänden.
[2] Höchste verträgliche Konzentration.
[3] Größte gebildete Menge.
[4] Spindelig aufgetrieben.
[5] Feinflockiger Bodensatz.
[6] Nur in mineralischen Nährlösungen.

Tabelle X.

Spezies	Fundort (z. B.)	Mycelfarbe		Konidienfarbe		Sterigmen (Konidien- träger) (Form)	Perithecien[1] Bildung	Sklerotien[2] Bildung	Wachstums- optimum
		jung	alt	jung	alt				
Aspergillus niger	feuchtes Brot, faulende Früchte	weiß	gelblich bis braun	braun bis schwarz		schlank	0	+	30—35⁰
Aspergillus glaucus	trockenes Brot, eingemachte Früchte altes Leder, Hopfen	hellgelb	schmutzig rostbraun	hell- grün	grau-grün bis grau-braun	gedrungen	+[3]	+	20—27
Aspergillus orycae	Reis (SAKÉbereitung, Reiswein)	gelblich		gelblich- grün bis gelb	bis braun	schlank[4]	0	0	35—40
Aspergillus flavus	Brot, Pflanzenteile, trock. Exkremente	gelblich	bräunlich	gelblich grün	bis dunkelbraun	schlank	0	+	gegen 37
Penicillium glaucum	feuchte Nahrungsmittel	weiß	schmutzig grau	hell- bis dunkel grün	bis schmutzig braun	zylindrisch	+	+	gegen 30
Penicillium luteum	Früchte, Citronen	citronengelb bis olivenfarben		mattgrau bis gelb		zugespitzt (relativ lang)	0	0	
Penicillium purpurogen.	in unreinem Koji	gelbrot		dunkelgrün bis dunkel-graugrün		zugespitzt	0	0	30
Citromyces glaber (ähnl. Pfefferianus)	saure Früchte und Lösungen	gelblich		grün	grau-grün bis bräunlich	schlank	0	0	gegen 30

[1] Schlauchfrüchte.
[2] Harte, knollige Gebilde; Ruheformen (bestehend aus paraplectenchymatischem Gewebe).
[3] Zunächst hellgelbe, später braune Kapseln.
[4] Oft 2 mm lang, mit einer kugeligen oder eiförmigen Blase endigend.

Tabelle XI.

Spezies	Fundort	Mycel-farbe	Sporangienfarbe		Sporangien-träger	Columella[1]	Gemmen[2]	Oidien[3]	Wachstums-optimum
			jung	alt					
Mucor mucedo	Pferdemist	gelblich-grau	gelblich	grau-braun	unverzweigt	walzen-förmig	0	0	20—25
Mucor racemosus	Brot, Früchte, Malz, Würze	weiß bis gelb-braun	weiß	gelb-braun	traubig verzweigt	kuglig oder eiförmig	sehr häufig	+	20—25
Rhizopus nigricans	alle pflanzlichen Substrate	weiß (schwarz punkt.)[4]	weiß	tief-schwarz	oben verbreitert	groß rundlich	0	0	gegen 30

[1] In das Sporangium hineinragendes Hyphenende (Ende des Sporangiumträgers).
[2] Gemmen sind aus dem Mycel entstehende (myceliale) Fruchtformen.
[3] Bei Luftabschluß (Kugelzellen); „Mucorhefe".
[4] Mycel mit Stolonen (Rhizoiden). — Bisweilen sind Zygosporen (geschlechtliche Fruchtformen) vorhanden.

Hefezellen (mit Sprossung) vielfach vorhanden. Hauptvertreter: Mucorarten und Rhizopusarten (bei den letzteren Ausläufer [Stolonen, Rhizoiden] vorhanden). Vgl. Tab. XI.

II. Methoden zur Durchführung der Gärungen (Gärungstechnik).

A. Gärgefäße und Geräte.

Je nach der Art der durchzuführenden Gärung verschieden; insbesondere je nachdem, ob es sich um oxydative oder anoxydative Gärungen handelt. Manche der zur Kultivierung der Gärungsorganismen geeigneten Gefäße (vgl. S. 23 ff.) sind auch zur Durchführung von Gärungen verwendbar.

1. Anoxydative Gärungen.

a) Einfache Gärgefäße. *α*) *Für Kleinversuche:* ERLENMEYER- oder Rundstehkolben von passender Größe, versehen mit Gäraufsatz (vgl. Abb. 7).

β) *Für Großversuche:* Benutzung großer gewöhnlicher Flaschen (von 10—15 l Inhalt) oder großer Glasballons[1] (von 30—60 l Inhalt, ½—1 Gallone), versehen mit Rückflußkühler und Gaswasch-

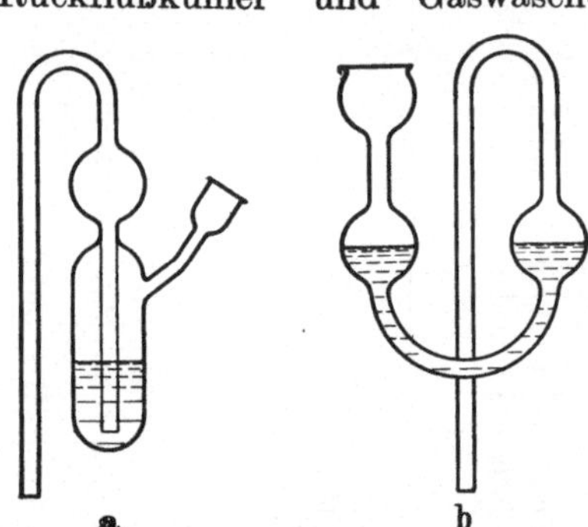

Abb. 7. Gäraufsätze.

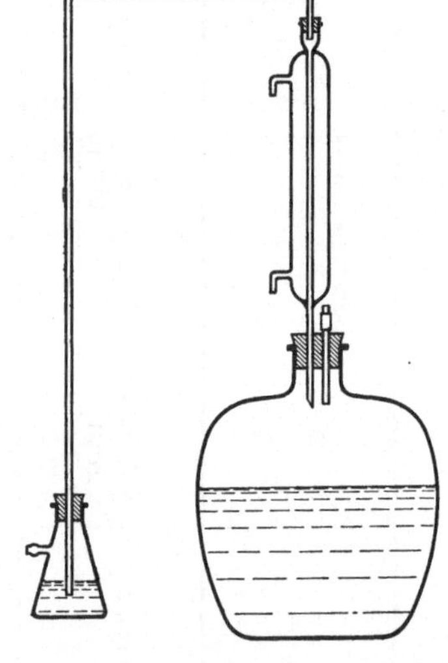

Abb. 8. Anordnung für große Gärversuche.

flasche (um leicht flüchtige Gärprodukte zurückzuhalten) sowie einer leicht verschließbaren Öffnung zur Probeentnahme (vgl. Abb. 8).

b) Gärgeräte mit Rührvorrichtung. Benutzung WULFscher Flaschen mit Rührwerk (Abb. 9), Rühraufsatz mit Wasser (oder

---

[1] Z. B. gewöhnliche Säureballons.

Quecksilber) gefüllt, dient zugleich als Gärverschluß. Ein oberer Tubus wird zumeist mit Tropftrichter oder Bürette usw. zu versehen sein, der andere Tubus kann zum Hinzufügen fester Stoffe dienen (z. B. $CaCO_3$, Zusatz von Hefe usw.); der untere Tubus dient zu Probeentnahmen. Für große Gärgefäße (z. B. Glasballons) benutzt man einen Rühraufsatz (Abb. 10) in sinngemäßer Weise.

2. Oxydative Gärungen.

a) Anordnungen für Oberflächengärungen. *α) Einfache Gärgefäße für Oberflächengärungen:* Erlenmeyer-Kolben, Fernbach-

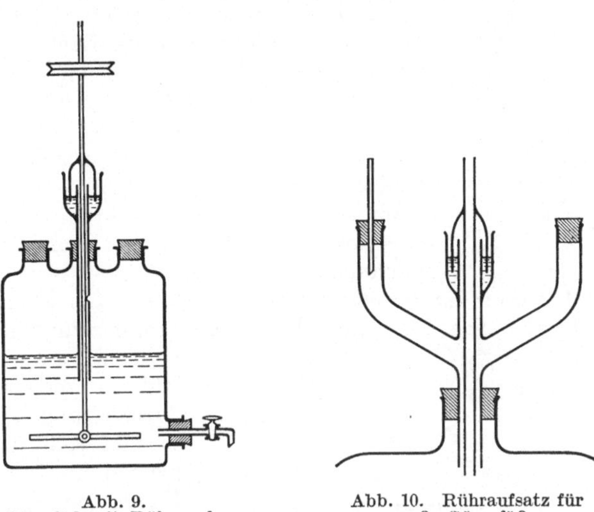

Abb. 9.
Gärgefäß mit Rührwerk.

Abb. 10. Rühraufsatz für
große Gärgefäße.

Kolben, Preiss-Kolben, Houle-Kolben, Kulturkolben nach Hida[1] (vgl. Abb. 11), große Glasschalen oder Metallschalen (z. B. aus Aluminium). Einrichtungen zum Auswechseln der Flüssigkeit, für Probeentnahmen sowie Zusätze: z. B. Erlenmeyer-Kolben mit Rohr zum Zusetzen von $CaCO_3$, sowie einem zweiten Rohr zum Austausch der Flüssigkeit und zur Probeentnahme unter völlig sterilen Bedingungen (vgl. Abb. 12) oder Einrichtung eines Fernbach-Kolbens zur Probeentnahme sowie zum Auswechseln der Flüssigkeit (Abb. 13 u. 14).

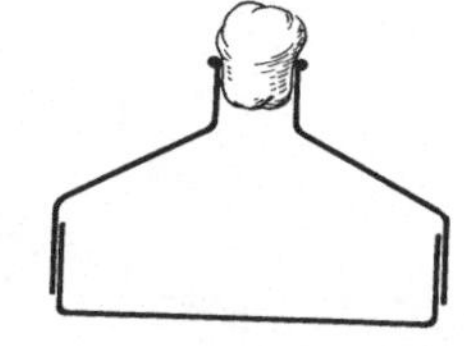

Abb. 11.
Kulturkolben nach Hida.

---

[1] Hida: J. of the Shanghai Sc. Inst. [4] 1, 201 (1935).

β) Anordnung für Gärungen unter Berieselung; z. B. für Oxydationen mit Essigbakterien gemäß dem Prinzip der Schnellessigfabrikation. Benutzung eines Rieselturmes mit Anordnung zum Durchleiten von steriler Luft und zum automatischen Hinaufdrücken der Gärlösung (vgl. Abb. 25, Übung 35 c).

b) Gärgeräte für Vergärungen in tiefen Schichten. *α) Anordnungen für Oberflächenwachstum unter Rühren;* Benutzung eines Gärgefäßes gemäß Abb. 9: durch den einen oberen Tubus wird ein Rohr eingesetzt, das oberhalb der Flüssigkeitsoberfläche endet und zur zeitweisen Luftdurchleitung dient. Da erst Oberflächenentwicklung stattfindet (z. B. bei Schimmelpilzen) darf mit dem Rühren erst nach vollkommener Ausbildung der Pilzdecke begonnen werden. Sowohl Luftdurchleitung wie das Rühren (z. B. Aufschlämmen von $CaCO_3$) ist vorsichtig vorzunehmen.

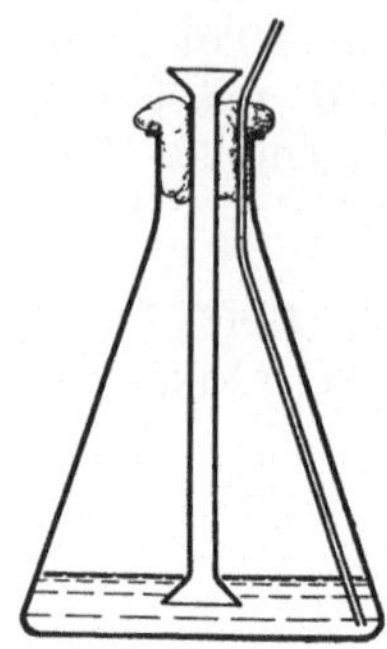

Abb. 12. ERLENMEYERkolben mit Anordnung zur Probeentnahme und Auswechslung der Flüssigkeit sowie zum Zusetzen fester Stoffe.

β) Anordnungen für submerses Wachstum: Man kann sowohl bei Bakterien wie Schimmelpilzen wie unter α) vorgehen, doch wird sofort mit dem Rühren und der Luftdurchleitung begonnen, so daß sich die Organismen im Inneren der Flüssigkeit entwickeln. Die Luftdurchleitung erfolgt dabei durch die Flüssigkeit selbst. Ferner können derartige Gärungen auch unter Benutzung großer Waschflaschen durchgeführt werden[1].

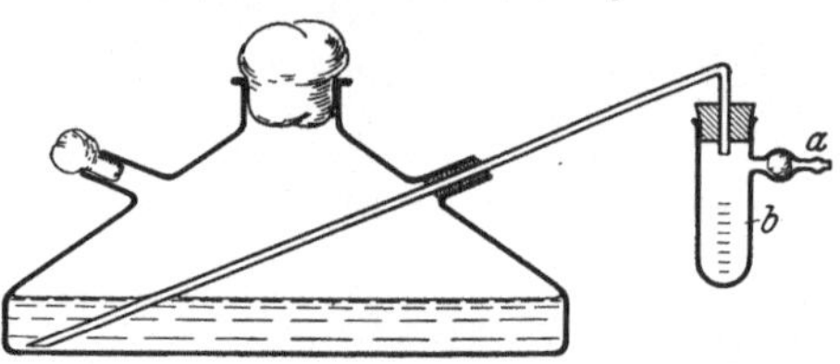

Abb. 13. FERNBACHkolben mit Anordnung zur Probeentnahme.

Hierher gehören sodann auch die Versuchsanordnungen für die Züchtung von Hefe unter Luftdurchleitung (vgl.

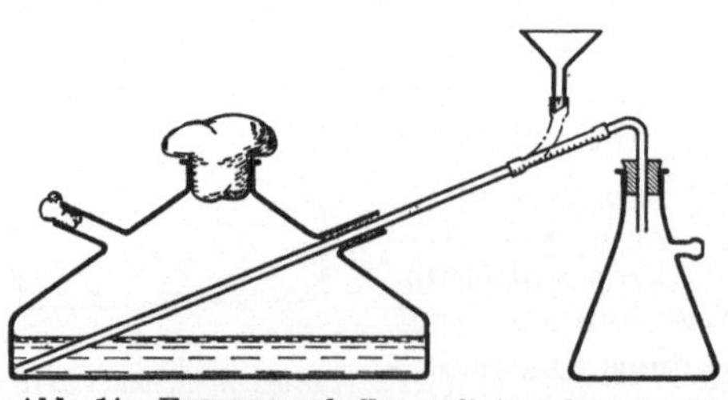

Abb. 14. FERNBACHkolben mit Anordnung zum Auswechseln der Kulturflüssigkeit.

---

[1] Vgl. MAY, HERRICK, MOYER und WELLS: Ind. Chem. **26**, 575 (1934).

Übung 2 d), eine Methode, die auch für die Züchtung von Mycelpilzen in Frage kommt, ferner die Züchtung von Schimmelpilzen in der Schüttelkultur[1].

B. Die Durchführung der Gärungen.

1. Das Ansetzen der Gärversuche im allgemeinen.

a) Vorbereitung der Organismen. Wir haben hier zweierlei Möglichkeiten zu unterscheiden, und zwar je nachdem, ob man die Gärungsorganismen in dem zu vergärenden Substrat direkt zur Entwicklung bringt, oder ob man mit Massen der betreffenden Organismen arbeitet. Während im ersten Fall die zu vergärenden Substrate alle erforderlichen Nährstoffe enthalten müssen, können im zweiten Fall Lösungen der zu verarbeitenden C-Quelle allein verwendet werden. Für beide Fälle sind zunächst die Impfkulturen in zweckmäßiger Weise vorzubereiten (vgl. dazu auch S. 42 und 44).

α) *Die Entwicklung der Gärungsorganismen im Gärsubstrat* ist insbesondere bei der Durchführung von Gärungen unter technischen Gesichtspunkten von Wichtigkeit. Vor dem Ansetzen eines Gärversuches muß für die rechtzeitige Vorbereitung der Kulturen gesorgt werden, mit denen das Gärsubstrat dann geimpft wird.

Bei *Hefen* können die Reinkulturen auf festen Substraten (Agarnährböden) vorbereitet werden. Die Impfung erfolgt durch Aufschwemmung in sterilem Wasser und Zusatz der Suspension zum Gärsubstrat. Für größere Gärversuche bereitet man zunächst in der geschilderten Weise einen kleineren Ansatz vor, und fügt dann, sobald kräftiges Wachstum bzw. Gärung eingetreten ist, diesen insgesamt zu dem vorbereiteten großen Gäransatz.

Bei *Bakterien* geht man grundsätzlich in der gleichen Weise vor, und impft von der Stammkultur (auf festem oder flüssigem Substrat) zunächst in einen kleinen Ansatz ein, den man dann nach genügender Entwicklung (meist nach 1—2 Tagen) zu dem 10- bis 20fach größeren Gäransatz hinzufügt.

Bei *Schimmelpilzen* impft man mittels einer Sporensuspension, die man durch Abspülen der in Agarröhrchen gezüchteten Kulturen gewinnt. Die Sporenkultur soll nicht älter als etwa 1—4 Wochen sein. Vgl. dazu auch S. 42 sowie Übung 43 c. (Technisch wird auch durch Einblasen der reifen Sporen geimpft.)

β) *Arbeiten mit fertigem Organismenmaterial:* Diese Methode wendet man insbesondere für die Klärung wissenschaftlicher Fragen an; die Methode ermöglicht infolge der Anwendung großer Massen von Organismen eine rasche Verarbeitung des darge-

---

[1] KLUYVER und PERQUIN: Biochem. Z. **266**, 68 (1933).

botenen Substrates (vielfach innerhalb weniger Stunden). Andrerseits können so auch Substrate vergoren werden, die schädigend wirken und keine Entwicklung der Organismen gestatten. Die benutzten Organismenmassen dienen in gewissem Sinn als Ersatz für Enzympräparate. Man benutzt daher auch, um klare Verhältnisse zu schaffen, nach Möglichkeit Organismenmassen, die frei von Reservestoffen sind, so daß tatsächlich nur die dargebotenen Substrate verarbeitet werden. Die Herstellung der betreffenden Organismenmassen erfolgt grundsätzlich gemäß dem unter α) Gesagten.

Hefen: Man arbeitet in der Regel mit Bier- oder Brauereihefen, die man in frischem Zustand bezieht und einer Vorbehandlung unterwirft (Waschen, Abpressen, Verarmen an Reservestoffen usw., vgl. S. 83).

Bakterienmassen werden durch Züchtung der Bakterien in besonderen Substraten hergestellt, durch Abzentrifugieren gewonnen und dann noch einer Vorbehandlung unterzogen (vgl. z. B. Übung 18 b sowie 34).

Schimmelpilze: Man arbeitet z. B. mit „fertigen" Pilzdecken, die in einem besonderen Substrat hergestellt werden; das Substrat wird dann unter Schonung der Decken gut entfernt, die Pilze noch hungern gelassen und schließlich das zu verarbeitende Substrat eingefüllt. Ferner kann man auch mit submersem Mycel arbeiten, das durch Luftdurchleitung oder mittels der Schüttelkultur gewonnen wird (vgl. S. 66 und 67).

b) Herstellung der Gärsubstrate. Je nach Art der Gärung sehr verschieden (Maischen, klare Lösungen usw.). Von großer Wichtigkeit ist die Sterilisation der Gärsubstrate (Methoden vgl. S. 36), und zwar erfolgt dieselbe am einfachsten direkt in den Gärgefäßen; starkwandige Gefäße, die ein Erhitzen nicht vertragen, müssen durch Ausspülen mit Sublimatlösung keimfrei gemacht werden, dann erst wird die in passenden Kolben sterilisierte Gärflüssigkeit eingefüllt.

Ansetzen anaerober Gärversuche: Nach dem Impfen wird die Luft aus den Gärsubstraten sowie oberhalb dieser durch Einleiten eines sterilen inerten Gases (Stickstoff, Wasserstoff, Kohlendioxyd) verdrängt und dann der Gärverschluß aufgesetzt.

2. Die Technik der Gärführung.

a) Konstanthaltung der Gärbedingungen. α) *Einhaltung der günstigsten Gärtemperatur.* Vornahme der Gärungen in der Regel in Thermostaten oder Gärkammern mit konstanter Temperatur, kurzfristige Gärungen eventuell auch in Wasserbädern. Kontrolle der Temperatur in bestimmten Zeitintervallen.

β) Die Regelung des Feuchtigkeitsgehaltes in den Gärkammern kann auch manchmal von Wichtigkeit sein, insbesondere bei Gärprozessen, bei denen Oberflächenentwicklung stattfindet (oxydative Gärungen).

γ) Zusätze während der Gärung: Dieselben erfolgen Hand in Hand mit der Kontrolle des Gärverlaufes; dabei wird man weiteres Gärsubstrat (in fester Form oder gelöst), oder Salze oder $CaCO_3$ usw. zur Regelung des Gärverlaufes zuzusetzen haben. Ferner sind vielfach Substanzen hinzuzufügen, die während des Gärprozesses verarbeitet oder umgewandelt werden sollen (z. B. bei den Acyloinkondensationen oder Hydrierungen durch Hefe usw.) oder auch weitere Mengen des Gärungserregers (z. B. Hefe oder Bakterienmassen).

b) Kontrolle des Gärverlaufes. In der Regel ist eine Angärung, Hauptgärung und Nachgärung zu unterscheiden, wobei insbesondere die Hauptgärung einen raschen und intensiven Verlauf nimmt. Sehr wichtig ist die Ermittlung des günstigsten Zeitpunktes für den Abbruch der Gärversuche, um unerwünschte sekundäre Prozesse zu vermeiden. Die Kontrolle des Gärverlaufes erfolgt einerseits durch die Beobachtung der äußeren Erscheinungen des Prozesses und anderseits durch die Feststellung der Gasentwicklung und Verfolgung der Umsetzung des Substrates selbst.

α) Gasentwicklung: Die Beobachtung derselben erfolgt entweder mit Hilfe eines Gäraufsatzes oder durch Auffangen und Messen der Gase.

β) Probeentnahme aus dem Gärsubstrat unter sterilen Bedingungen (mittels Pipetten oder Ablaßhähnen), wofür passende Anordnungen an den Gärgefäßen zu treffen sind. Durchführung einfacher qualitativer Prüfungen oder quantitativer Bestimmungen der Gärprodukte, Ermittlung des p_H-Wertes usw. (vgl. Übungsbeispiele).

c) Die Durchführung von Bilanzversuchen. Neben der Bestimmung der nichtflüchtigen Gärprodukte muß bei der Aufstellung von Gärungsbilanzen auf die Ermittlung der gasförmigen Gärprodukte besonderes Gewicht gelegt werden. Dies bildet vielfach auch die Grundlage für die Aufstellung eines Gärungsschemas[1]. Methodisch kommt man zumeist mit relativ einfachen Versuchsanordnungen aus (vgl. S. 85), manchmal wird man aber

---

[1] Grundsätzliches vgl. S. 8.

auch besondere Apparaturen verwenden müssen, die die Aufstellung einer vollständigen C-Bilanz ermöglichen sollen. So wurde von BIRKENSHAW und RAISTRICK[1] ein Apparat beschrieben, der die Züchtung von Organismen in einem in sich geschlossenen System gestattet, wobei durch einen sterilen Gasstrom (Luftstrom usw.) die gasförmigen Stoffwechselprodukte durch Absorbentien geleitet werden. So wird CO_2 in Lauge aufgefangen, flüchtige Produkte wie Alkohole, Aldehyde usw. in Schwefelsäure, ferner wird der C-Gehalt der Organismenmasse und der vergorenen Lösung bestimmt (flüchtige und nicht flüchtige neutrale Produkte, flüchtige und nicht flüchtige Säuren usw.).

C. Anhang.

Prinzipielles über die Aufarbeitung der Gäransätze.

Im folgenden werden nur einige prinzipielle, kurze Hinweise gemacht, um einen Überblick über die verschiedenen Methoden zur Gewinnung der Gärprodukte zu ermöglichen. Alles weitere ist aus den Übungsbeispielen ersichtlich.

1. Gewinnung gasförmiger Gärprodukte.

Bedeutung der gasförmigen Gärprodukte bei technischen Gärungen: Während das bei den meisten Gärungen entwickelte CO_2 vielfach verloren gegeben wird, sind die Gärgase manchmal auch von großer Bedeutung, wie z. B. bei der Butanol-Aceton-Gärung (Gemisch von CO_2 und H_2, Verarbeitung zu Methanol) sowie bei der Methangärung (Gemisch von Methan, CO_2 und H_2, Verwendung als Leuchtgas).

Bedeutung der gasförmigen Gärprodukte in wissenschaftlicher Hinsicht: Die Berücksichtigung derselben ist für die Aufstellung von Stoffwechselbilanzen von grundsätzlicher Bedeutung und ermöglicht vielfach auch Rückschlüsse auf den Gärungstypus.

Auffangung der gasförmigen Produkte (nur bei Durchführung von Gärungen in geschlossenen Gefäßen) in Eudiometerrohren, Gasometern usw. Messung und Analyse derselben. Die gasförmigen Produkte machen zumeist einen sehr beträchtlichen Teil der Gärungsendprodukte aus.

2. Gewinnung flüchtiger Gärprodukte.

Man macht dabei fast stets von der Flüchtigkeit der betreffenden Gärprodukte mittels Wasserdampf Gebrauch und gewinnt dieselben durch Destillation. Vielfach ist eine Trennung in nichtsaure und saure Gärprodukte erforderlich, indem zunächst die Säuren als Salze gebunden und die nichtsauren Bestandteile abdestilliert werden, und sodann nach dem Freisetzen der Säuren auch diese.

---

[1] BIRKENSHAW und RAISTRICK: Philos. Trans. Roy. Soc. London, Serie B 1931.

a) Isolierung nicht saurer Gärprodukte. Es handelt sich dabei um Alkohole, Aldehyde und Ketone. Gewinnung durch Destillation der verdünnten wäßrigen Lösung. Reindarstellung durch anreichernde Destillation und sodann durch fraktionierte Destillation. Z. B. Äthanolgärung, Butanol-Aceton-Gärung, Äthanol-Aceton-Gärung usw.; ferner Gewinnung von Glycerin durch besondere Destilliermethoden (Vakuumdestillation mit überhitztem Wasserdampf) usw.

b) Isolierung flüchtiger Säuren. Dieselbe erfolgt vielfach gleichfalls durch Destillation, wie die Gewinnung der Essigsäure, Propionsäure, eventuell auch Buttersäure, oder auch in Form von Salzen z. B. Ca-Butyrat); Konzentrierung der Säuren entweder durch weitere Destillation oder durch Abneutralisieren, Verdampfen und Freilegen der Säuren.

3. Gewinnung nicht flüchtiger Gärprodukte.

Dabei wird vielfach eine Vorreinigung der Lösungen erforderlich sein, so z. B. vor allem durch Filtration, durch Ausfällung von Eiweißstoffen, von Kohlehydraten usw.; hierauf kann die Gewinnung durch Abscheidung von schwer löslichen Salzen erfolgen. Leicht lösliche Produkte gewinnt man nach der Verdampfung der Lösung oder durch Extraktion.

a) Gewinnung schwer löslicher Salze. Dieselben krystallisieren entweder bereits in den Gärlösungen aus (z. B. Ca-Fumarat, oder Ca-5-keto-gluconat, Ca-Oxalat usw.) oder es entstehen Salze, die erst in der Hitze ausfallen (z. B. Ca-Butyrat) oder es werden bei der Gärung die freien Säuren gebildet und diese sodann in schwerlösliche Salze umgewandelt (z. B. Ca-Citrat). Die freien Säuren werden aus den Ca-Salzen in der Regel durch Umsetzen derselben mit Schwefelsäure gewonnen.

b) Gewinnung leicht löslicher Gärprodukte durch Verdampfung. Durch die Konzentrierung der Gärlösungen gelingt es vielfach, leicht lösliche Salze zur Abscheidung zu bringen (z. B. Ca-Lactat, Ca-Gluconat usw.); manchmal bietet dies auch einen Weg zur Gewinnung der freien Substanzen selbst (z. B. l-Sorbose, Dioxyaceton usw.).

c) Gewinnung von Gärprodukten durch Extraktion. Vielfach wird es sich dabei um die Isolierung aromatischer Verbindungen handeln, so z. B. um manche bei Acyloinkondensationen oder bei Hydrierungen mittels Hefe gebildete Reaktionsprodukte (z. B. Phenylacetylcarbinol, Benzylalkohol usw.). Ferner können so auch Bernsteinsäure, Milchsäure u. a. Gärprodukte gewonnen werden.

Zweiter Teil:

Übungsbeispiele.

I. Hefegärungen.

A. Züchtung von Hefe und Herstellung von Hefezubereitungen.

1. Übung:

Mikroskopische Hefeuntersuchung[1].

a) Bierhefe (untergärige Hefe). Untersuchung von gärender Maische aus einer Bierbrauerei (oder von frischer Bierhefe in wäßriger Suspension) bei starker Vergrößerung (500—600fach). Sichtbar sind die kugelrunden bis ellipsoidischen Zellen, im Innern eine große oder mehrere kleine Vakuolen und einige stärker lichtbrechende Körnchen oder Tröpfchen (Fett). Zahlreiche Zellen sind in Vermehrung (Sprossung) begriffen, indem an den Zellen eine (seltener mehrere) kleine knopfförmige Anschwellungen sich bilden, die allmählich Gestalt und Größe der Mutterzellen erreichen und dann abgetrennt werden. Bei sehr lebhafter Entwicklung sind die Tochterzellen zu kleinen, stellenweise verzweigten Ketten vereinigt (bei langsamer Vermehrung erfolgt Trennung der Zellen vor jeder neuen Sprossung).

Untersuchung verarmter Hefe (z. B. kühl gelagerte, 14 Tage alte untergärige Bierhefe, die noch 1—2 Tage bei 25—35⁰ unter viel Wasser aufbewahrt wurde, vgl. auch S. 83): Zwecks Sichtbarmachung des Kerns Färbung mit sehr verdünnten Lösungen von Gentianaviolett oder Methylenblau oder Methylviolett.

Härtung und Färbung der Hefezellen zwecks eingehenderer Untersuchung z. B. nach dem Verfahren von MÖLLER [2]: Einige Tropfen Jodjodkalilösung[3] auf einem Objektträger mit einer Platinöse der zu untersuchenden Hefesuspension gleichmäßig vermischt und hiervon je eine Platinöse entnommen und auf ein gut entfettetes Deckglas (vgl. S. 47) aufgestrichen, etwa zehn derartige Proben nach dem Abtrocknen an der Luft in eine mit

---

[1] Hinsichtlich Abbildungen für die mikroskopische Untersuchung der verschiedenen Gärungsorganismen vgl. insbesondere LINDNER (Atlas der mikroskopischen Grundlagen der Gärungskunde, 6. Aufl., Berlin 1928) sowie GLAUBITZ (Atlas der Gärungsorganismen, Berlin: Parey 1934).

[2] MÖLLER: C. Bact. II, **12**, 540 (1892), **14**, 359 (1893).

[3] 1 g Kaliumjodid in 100 ccm destilliertem Wasser mit Jod bis zur Sättigung versetzt.

Jodjodkalilösung gefüllte Glasdose gebracht und mindestens 24 Stunden hier belassen. Deckgläser mit Wasser abgespült und allmählich in 30%igen, 80%igen, schließlich 95%igen Alkohol eingelegt (hier nun mindestens 2 Tage belassen), wobei die gelbe Jodfarbe verschwinden muß. Sodann Färbung mit Fuchsin[1], indem die Deckgläser in die in einem Uhrglas befindliche und erwärmte Lösung eingetaucht werden. Abspülung mit Wasser, das einige Prozent Schwefelsäure enthält (zur Beseitigung einer Überfärbung). Eventuell Nachbehandlung mit LÖFFLERscher Methylenblaulösung. Anfertigung von Dauerpräparaten.

b) Preßhefe (obergärige Hefe). Benutzung der käuflichen Bäckerhefe. Untersuchung wie zuvor. Zellform im wesentlichen analog wie bei Bierhefe, manchmal etwas kleiner und rundlicher. Eiweiß weniger stark gekörnt, Vakuole daher weniger deutlich. Sproßverbände meist gut ausgebildet, fest zusammenhängend; Zellen gerade Linien in den Verbänden bildend. Neben den Preßhefezellen sind auch noch andere Organismen vorhanden, und zwar zumeist Torulaarten, ferner auch Kahmhefe (Mycoderma), selten Exiguus- und Apiculatushefen[2]. Alle diese Hefen sind in der Regel kleiner als die Kulturhefen und haben auch andere Form. Als Infektionen der Preßhefe können weiterhin Bakterien auftreten, und zwar sogenannte „wilde" Milchsäurebakterien, wie das Bact. BEIJERINCKI („Kettenmilchsäurebacterium") und Flockenmilchsäurebakterien. Da der Gehalt an Fremdorganismen in der Preßhefe manchmal gering ist, führt die unmittelbare mikroskopische Untersuchung der Preßhefe vielfach nicht zum Ziele. Auf die Anwesenheit von Fremdorganismen muß dann mit Hilfe der Tröpfchen- oder Strichkultur nach LINDNER geprüft werden (vgl. S. 41).

Prüfung auf lebende und tote Hefezellen durch Zählung (mittels einer Zählkammer usw.) nach Färbung des Präparates mittels Methylenblau oder Fuchsin, wobei die toten Zellen intensiv den Farbstoff aufnehmen.

c) Weinhefe. Untersuchung eines im Handel befindlichen Weinhefepräparates. Größe und Form der Zellen verschieden,

---

[1] 4 g Fuchsin, 10 g Phenol, 40 ccm Alkohol in 200 ccm Wasser.

[2] Diese fremden („wilden") Hefen können wegen ihres außerordentlich starken Vermehrungsvermögens manchmal über 80% der Preßhefe ausmachen. Da sie nur schwaches oder kein Gärvermögen besitzen, hat dann eine derartige Hefe keine ausreichende Triebkraft. Von Wichtigkeit ist ferner der Nachweis von untergäriger Bierhefe in der Preßhefe, da die erstere für Backzwecke wenig oder nicht geeignet ist (vgl. hierüber sowie über alle sonstigen eingehenden Prüfungen: HENNEBERG: Hdb. d. Gärungsbakteriologie, 1. Bd., S. 147 ff.

meist elliptisch (Sacch. ellipsoideus); meist kleiner als die Bierhefe. Beachtung der Größe und Anzahl der Vakuolen (wegen hellerem Plasma meist weniger deutlich wahrnehmbar). Anlegung von Tröpfchen- oder Strichkulturen zur genaueren mikroskopischen Untersuchung.

2. Übung:

Züchtung der Hefe.

a) Hefezüchtung nach dem System der natürlichen Reinzucht (praktische Anwendung der auf S. 40 geschilderten Methode). Man gewinnt dabei keine absolute Hefereinkultur, wohl aber mehrere gleichartige Heferassen. Die „Reinigung" der Anstellhefe und der gärenden Hefen in Spiritusbrennereien und Hefefabriken wird vor allem mit Hilfe von Giften und durch sogenannte „Reinigungsgärungen" unter bestimmten Bedingungen vorgenommen. Es handelt sich dabei vor allem um die Ausschaltung der wilden Milchsäurebakterien, von Essigbakterien, butylogenen Bakterien, der Kahmhefe und Torulahefe (geringe Gärkraft, aber starkes Vermehrungsvermögen), von Oidien und Penicillien[1].

„Reinigungsgärung" von käuflicher Bäckerhefe. 10 g Preßhefe werden mit etwa 20 ccm Wasser und 20 ccm unverdünnter, süßer Bierwürze angerührt und dann so viel Schwefelsäure zugesetzt, daß der Säuregrad 2 erreicht wird (das sind 2 ccm n-Lauge für 100 ccm Lösung). Nach etwa einstündiger Gärung sind die meisten Hefeschädlinge abgetötet oder stark geschädigt, während die Hefe nicht gehemmt wird. Die Hefe wird durch Absaugen oder Zentrifugieren wiedergewonnen und der gleiche Vorgang nochmals wiederholt. Mit der so gereinigten Hefeprobe können dann normale Vergärungen vorgenommen werden (vgl. Übungsbeispiel 4).

In der Praxis werden vor allem Schwefelsäure und Milchsäure verwendet, wenn auch viele andere Säuren den gleichen Effekt haben. Dabei wird fast niemals eine völlig bakterienfreie Gärung angestrebt, sondern es kommt in erster Linie auf eine Entwicklungshemmung der Begleitorganismen an.

Anwendung der zur Fernhaltung von Infektionen in der Praxis viel benützten Milchsäure. Beim Lufthefeverfahren: Säuregrad der gesamten Würze im Gärbottich $0,3-0,45^0$ ($= 0,13-0,2\%$ Milchsäure); sobald eine Infektion durch Flockenmilchsäurebakterien eintritt, muß die Würze auf mindestens $0,5^0$ angesäuert werden (Zusatz von $0,024\%$ Schwefelsäure $= 0,1^0$). Bei der Kartoffelbrennerei: Ansäuerung auf $1,6-2^0$ (etwa $0,7-0,9\%$ Milchsäure).

---

[1] Näheres vgl. HENNEBERG: Hdb. d. Gärungsbakteriologie 1. Bd., S. 340, Berlin: Parey 1926.

b) Hefezüchtung nach dem System der absoluten Reinzucht (praktische Anwendung der auf S. 40 ff. geschilderten Methoden). Z. B. Hefereinzüchtung mittels der Federstrichkultur (Tröpfchenkultur)[1].

Eine ganz kleine Hefemenge (Bierhefe oder Bäckerhefe usw.) wird mittels der Platinnadel in ein kleines Fläschchen mit 5—10 ccm Würze (von 8^0 Bllg.) gebracht und in dieser durch Umschwenken der Platinnadel gut verteilt; dann werden mittels einer sterilen Feder (vgl. S. 41) einige kleine Tröpfchen auf dem Deckgläschen angelegt und dieses über der Höhlung eines Objektträgers mikroskopisch untersucht (Vergrößerung etwa 400—500fach). Falls etwa 10 Zellen in jedem Tröpfchen vorhanden sind, muß die Würze mit der Hefeprobe zehnfach verdünnt werden, indem z. B. 1 Tropfen der Hefesuspension mit 10 Tropfen steriler, klarer Würze verdünnt wird; die mikroskopische Kontrolle (wie zuvor) ergibt, ob nun der richtige Verdünnungsgrad erreicht ist (0—3 Hefezellen im Tropfen) Anlegung des endgültigen Präparates, indem nun mittels der sterilen Feder drei Reihen kleiner flacher Tröpfchen (etwa 4—5 in jeder Reihe) auf das Deckgläschen aufgetragen werden. Auflegen des Deckgläschens auf einen hohlen Objektträger, Dichtung mittels des Vaselinringes, Prüfung im Mikroskop, Bezeichnung jener Tröpfchen, die nur eine Hefezelle enthalten (oben auf dem Deckgläschen mittels eines Tintenpunktes). Nach 24stündigem Verweilen im Brutschrank bei 25—30^0 erfolgt die mikroskopische Prüfung der Reinheit und Einheitlichkeit. Nach 2—3 Tagen wird die Abimpfung von einem bezeichneten und überprüften Tröpfchen vorgenommen, und zwar mittels eines sterilen Filtrierpapierstückchens und einer Pinzette durch Einwerfen in sterile Würze oder Einimpfung in Würzeagar. Gegebenenfalls wird der ganze Prozeß wiederholt.

c) Hefezüchtung in Massenkulturen. Entwicklung von Reinhefe in einem kleinen PASTEUR-Kolben (vgl. S. 25): Im Kolben befinden sich etwa 100 ccm Bierwürze (von 8^0 Bllg.); in diese wird von einem Agarröhrchen mittels einer Platinnadel unter sterilen Bedingungen durch den seitlichen Ansatz des PASTEUR-Kolbens etwas Hefe eingeimpft. Nachdem Entwicklung der Hefe bei 28—30^0 stattgefunden hat (nach etwa 1—2 Tagen) wird mit der Lüftung begonnen: Der Glasstöpsel im Schlauch des seitlichen Ansatzes wird gegen ein steriles Wattefilter unter sterilen Bedingungen ausgetauscht und mittels der Druckluftleitung (oder mittels eines Wasserstrahlgebläses) Luft in den Kolben über die Flüssig-

---

[1] Vgl. HENNEBERG: Hdb. d. Gärungsbakteriologie, Bd. 1, S. 87.

keit geleitet (etwa je 5 Minuten). Zeitweise wird die Lüftung unterbrochen und kräftig geschüttelt; sobald sich der Schaum abgesetzt hat, wird mit der Lüftung fortgesetzt. Dieser Prozeß wird in Intervallen von etwa je 2 Stunden während der weiteren Zeit wiederholt. Nach einigen Tagen kann die Hefe in einen größeren Pasteur-Kolben überführt werden.

Übertragung der Hefe in einen größeren Pasteur-Kolben: Benutzung eines Pasteur-Kolbens von etwa 2 l Inhalt mit etwa 1 l Würze (von 8⁰ Bllg.). Aus dem kleinen Pasteur-Kolben wird die überstehende Würze unter Benutzung des Luftfilters nach dem Neigen des Kolbens durch das Schwanenhalsrohr unter sterilen Bedingungen herausgeblasen. Durch vorsichtiges Schütteln während dieses Vorganges entfernt man die lockere braune Schicht, die sich über der eigentlichen Kernhefe befindet (Entfernung abgestorbener oder weniger kräftiger Hefezellen). Überspülung der Hefe aus dem kleinen in den großen Pasteur-Kolben: Die Impfstutzen der beiden Kolben werden unter sterilen Bedingungen mittels eines Schlauches verbunden (links befindet sich der Kolben mit der Hefe, rechts der Kolben mit der sterilen Würze). Durch Neigen des rechten Kolbens läßt man etwas Würze in den linken Kolben laufen, schwemmt hier die Hefe durch Schütteln auf und spült sie dann in den rechten Kolben über: dieser Vorgang wird so lange wiederholt, bis die gesamte Hefe in den rechten Kolben überführt ist. Dann werden die Kolben wieder unter sterilen Bedingungen voneinander getrennt und der größere Kolben mit der Hefe in den Thermostaten gestellt. Sobald hier die Gärung beginnt wird der Glasstöpsel am Schlauch des Impfstutzens wieder gegen das Wattefilter vertauscht und in der oben beschriebenen Weise die Lüftung vorgenommen. Die gärende Würze kann nach einigen weiteren Stunden in einen kleinen kupfernen Reinzuchtapparat mit 5—6 l Würze eingeimpft werden.

d) **Gewinnung von Preßhefe.** Man benutzt einen weithalsigen Rundkolben von etwa 5 l Inhalt, der mit einem dreifach durchbohrten Kork versehen wird; durch die eine Bohrung führt ein Rohr, das zum Einleiten von Luft dient und mit einer Vorrichtung zur Verteilung der Luft in kleine Bläschen versehen wird (z. B. eine flach gedrückte Glaskugel mit vielen seitlichen Öffnungen oder ein passend eingesetztes Stück poröser Ton oder ein geeignetes Stück aus Sinterglas oder ein Stückchen spanisches Rohr usw.). Durch die zweite Bohrung führt ein Tropftrichter und in die dritte Bohrung wird ein Schaumfänger eingesetzt.

Der Kolben wird mit etwa 2 l steriler Bierwürze von etwa 2⁰ Bllg. beschickt, diese gegebenenfalls mittels Schwefelsäure auf

einen Säuregrad von etwa 0,2 eingestellt ($= 0,2$ ccm n-Lauge für
100 ccm Lösung, p_H etwa 5,2) und mit einer Aufschwemmung
von etwa 10 g gereinigter Preßhefe versetzt. Nach etwa 1 bis
2 Stunden bei etwa 25^0 (sobald die Gärung kräftig eingesetzt hat)
beginnt man mit dem Durchblasen von Luft unter gleichzeitiger
Steigerung der Temperatur auf etwa 30^0. Alle 2 Stunden wird
nun frische Bierwürze von 16^0 Bllg. in Anteilen von je 50 ccm durch
den Tropftrichter zugesetzt (insgesamt etwa zehnmal, entsprechend
500 ccm Bierwürze von 16^0 Bllg.). Die zur Entwicklung gelangte
Hefe wird dann abgesaugt (oder abzentrifugiert) und ausgewaschen, Ausbeute nach dem Abpressen bestimmt (Feuchtigkeits-
gehalt etwa 75—80%, sobald eine bröselige Masse vorhanden
ist). — Bestimmung des Eiweißgehaltes,
des Gärvermögens und der Triebkraft der
gewonnenen Hefe (vgl. Übungsbeispiel 4)[1].

Für kleinere Versuche verwendet man
einen Belüftungsapparat nach KLUYVER[2]
mit eingeschmolzener Glassinterplatte
G 3 mit einem Gesamtinhalt von 1 bzw.
2 l (vgl. Abb. 15). Für größere Versuche
benutzt man einen zylindrischen Stutzen
von etwa 45 cm Höhe und 15 cm Durchmesser (Gesamtinhalt etwa 8 l)[3].

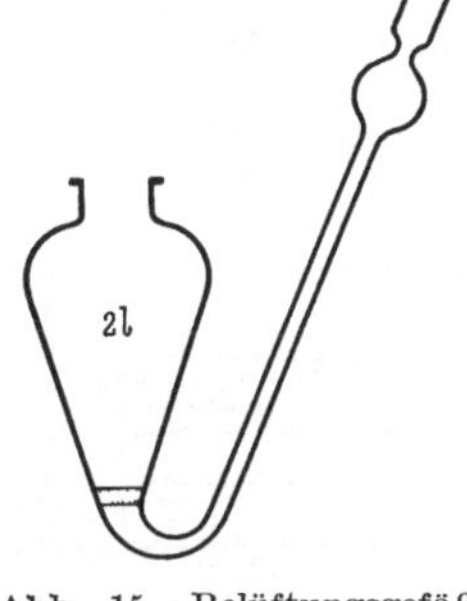

Abb. 15. Belüftungsgefäß
nach KLUYVER.

e) Verfettung von Hefe (*nach* HALDEN)[4].
Vorbehandlung der Hefe: Untergärige Bier-
hefe wird 24 Stunden lang in frischer Bierwürze angären gelassen
(etwa 1 Teil Hefe in 10 Teilen Bierwürze von 8^0 Bllg.), dann wird
die Hefe abzentrifugiert (bzw. die Würze vorsichtig abgegossen),
mit der gleichen Menge sterilen Leitungswassers geschüttelt,
24 Stunden stehen gelassen, dekantiert und der ganze Prozeß
noch zweimal wiederholt. Schließlich wird die Hefe durch Zentrifugieren gewonnen.

Versuchsanordnung: Einige große sterile PETRI-Schalen werden
mit je 5 ccm steriler, warmer $3\frac{1}{2}\%$iger Agarlösung mit 5%
Zuckergehalt beschickt, unter eine evakuierbare, durch Abreiben
mit etwas Alkohol entkeimte Glasglocke gestellt (vgl. Abb. 16).

---

[1] Hinsichtlich aller näheren Details betreffend Gärführung sowie
Untersuchungsmethoden vgl. BRAUN und PFUNDT: Biochem. Z. **287**,
115 (1936).
[2] KLUYVER, DONKER und VISSER T'HOOFT: Biochem. Z. **161**, 361
(1925).
[3] Vgl. FINK, LECHNER und HEINISCH: Biochem. Z. **283**, 71 (1935).
[4] HALDEN: H. **225**, 249 (1935); SOBOTKA, HALDEN und BILGER:
H. **234**, 1 (1935).

Dann wird mittels einer Wasserstrahlpumpe evakuiert, nach längerer Zeit der Dreiweghahn mit dem Wattefilter verbunden, das mit etwas Alkohol mit Hilfe des Tropftrichters befeuchtet ist. Die Glocke wird dann abgenommen und auf die Agarböden je 10 ccm Hefesuspension (etwa 1 g der wie oben vorbehandelten, zentrifugierten Hefe verteilt in 0,15%iger Agarlösung) aufgetragen. Nach der Zusammenstellung der Apparatur und nach dem Einsetzen einer Schale mit gekörntem Chlorcalcium wird nun wieder evakuiert und filtrierte, mit Alkoholdampf beladene Luft eingelassen. Dieser Vorgang wird täglich zweimal wiederholt und das ganze bei etwa 20⁰ stehen gelassen. — Etwa alle 4 Tage wird eine Schale entnommen und die Hefe näher untersucht und zwar:

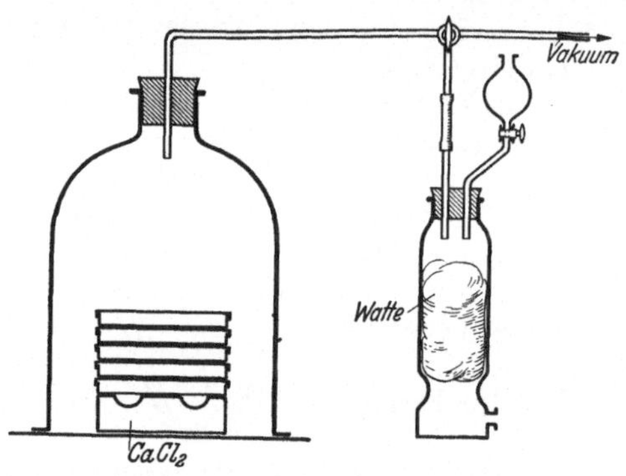

Abb. 16. Apparat zur Hefeverfettung.

Mikroskopische Untersuchung der Fetthefe: 1 Tropfen der Hefesuspension wird auf einem Objektträger mit 1 Tropfen des Fettreagenzes versetzt; und zwar kommen dabei folgende Reagentien in Frage: Sudanlösung (1 g Sudan III in 100 ccm Alkohol) gibt orange-rote Färbung der Fettröpfchen, Osmiumlösung färbt das Fett braunschwarz, Alkannatinktur rot, Naphthol (1% in 1%iger Sodalösung) mit Dimethyl-p-phenylendiamin (1%ige wäßrige Lösung[1]) geben Blaufärbung.

Bestimmung des Gesamtlipoidgehaltes[2]: Gewinnung der Hefe aus den PETRI-Schalen durch Abstreifen mittels eines breiten Spatels, unter Abspülen der Gesamtoberfläche mit destilliertem Wasser. Die Hefe wird dann entweder zentrifugiert oder auf einem Glasfrittenfilter[3] abgesaugt und ausgewaschen; Ermittlung des Feuchtgewichtes der Hefe durch Wägung. Bestimmung des Trockengewichtes durch Trocknen einer Probe in einem evakuierbaren Röhrenexsiccator bei 105—110⁰ unter Durchleiten

---

[1] In kleinen zugeschmolzenen Glasröhrchen vorrätig zu halten.
[2] Vgl. GORBACH: Mikrochem. **12**, 161 (1933). — BILGER, HALDEN und ZACHERL: Mikrochem. **15**, 119 (1934).
[3] Nr 1, G 3/7, SCHOTT & Gen., Jena.

eines durch Chlorcalcium getrockneten Luftstromes. — Eine Probe der Feuchthefe wird dann zwecks Aufschließung des Zellmaterials der Autolyse unterworfen: Die Hefeprobe wird in einem verkürzten Reagensglas mit einigen Tropfen Toluol versetzt, unter kurzem Erwärmen am Wasserbad mit einem Glaspistill verrieben und 24 Stunden stehen gelassen, wobei vollständige Verflüssigung eintritt. Nach dem Trocknen im Vakuumexsiccator bei 40—60⁰ wird die Probe in einer kleinen Reibschale vorsichtig verrieben, in einem Filterschälchen eingewogen und in einem Mikroextraktionsapparat mit Äther 1½—2 Stunden extrahiert. Nach dem Verdampfen des Äthers im Vakuumexsiccator wird der Extrakt gewogen (Gesamtlipoide, auszudrücken in Prozenten der Trockenhefe).

Bestimmung des Steringehaltes[1]: Der wie beschrieben gewonnene Ätherextrakt wird in 5 ccm Benzol aufgenommen (gegebenenfalls noch mit Benzol auf ein bestimmtes Volumen aufgefüllt und davon 5 ccm entnommen) und nun die LIEBERMANN-BURCHARDTsche Reaktion durchgeführt: Zusatz einer Mischung von 2 ccm Essigsäureanhydrid und 6 Tropfen konzentrierter Schwefelsäure unter Kühlung. Es entsteht eine rotviolette Färbung, die rasch in grün übergeht. Nach 2 Minuten bei 18⁰ erfolgt der Vergleich im Colorimeter mit einer Lösung von Naphtholgrün B.

Anhang I: Theoretisches.

a) Der Aufbau der Hefesubstanz bei der Preßhefedarstellung. Bei der Züchtung der Hefe nach dem Lüftungsverfahren sind grundsätzlich folgende Bedingungen von Wichtigkeit: Anwendung überschüssiger Mengen von assimilierbaren N-haltigen Stoffen und Salzen, Einhaltung eines günstigen pH, Einführung größerer Mengen fein verteilter Luft in die Nährlösung und besonders Anwendung des Zulaufverfahrens, also allmähliche Zuführung des Zuckers und der anderen Nährstoffe, so daß die sprossenden und wachsenden Hefezellen in jedem Zeitraum nur so viel Zucker in der Lösung vorfinden, als sie in kurzer Zeit verbrauchen können. Die Hefe muß dann — wenn gemäß dem Gesetz des Minimums die anderen Nährstoffe stets im Überschuß vorhanden sind — möglichst viel Zucker zum Aufbau von Körpersubstanz verarbeiten, ohne den Zucker einfach vergären zu können.

Die *Zusammensetzung der Hefetrockensubstanz* geht aus folgender Tabelle hervor:

---

[1] Vgl. HEIDUSCHKA und LINDNER: H. **181**, 15 (1929). — BILGER, HALDEN und ZACHERL: Mikrochem. **15**, 119 (1934). Hinsichtlich einer Farbskala zum colorimetrischen Vergleich siehe BERNHAUER und PATZELT: Biochem. Z. **280**, 388 (1935).

Tabelle XII.

Hefesorte	Eiweiß	N-freie Stoffe	Asche
Normale Lufthefe . .	50—55%	37—42%	8%
Extremfälle . . . . {	25—30%	65—70%	5%
	65%	26%	9%

Von den normalerweise vorhandenen etwa 37% N-freier Bestandteile sind etwa 15—20% Cellulosen, Hemicellulosen, Hefegummi u. a., 12—17% sind Glykogen und andere Kohlehydrate, dazu kommen noch 4—5% Fett (alles bezogen auf Trockensubstanz).

Ausbeute an Hefe. Bäckerhefen werden unter gleichzeitiger geringer Alkoholbildung erzeugt, da sie nur dann für ihren Verwendungszweck geeignet sind, bei Futterhefen wird nur eine eiweißreiche Hefe ohne weitere Ansprüche gefordert. Die Reinausbeute an Versandhefe (für Backzwecke) aus Melassewürze beträgt maximal 200 kg Frischhefe, entsprechend 50 kg Hefetrockenmasse auf 100 kg Rohrzucker; meist schwankt die Ausbeute zwischen 155—190 kg Frischhefe (etwa 39 bis 47% an Trockenmasse), wobei noch etwas Alkohol gebildet wird. Bei genaueren Berechnungen darf nicht nur auf Zucker bezogen werden, sondern auch auf die in der Melasse vorhandenen Aminosäuren.

Entstehungsweise der Hefesubstanzen. Nach CLAASSEN [1] kann beim Lufthefeverfahren nicht der Zucker als solcher zum Aufbau der Bestandteile des Hefekörpers dienen (mit Ausnahme des Glykogens), sondern derselbe muß erst anoxybiontisch (durch Gärung) und dann oxybiontisch (durch Atmung) abgebaut werden; dabei wird viel CO_2 ausgeschieden, so daß zum Aufbau von Eiweiß die doppelte Menge Zucker, von Polysacchariden und Fetten die 2,22fache Menge Zucker (Glucose) verbraucht wird. Nach CLAASSEN kann auch der Alkohol in Gegenwart der nötigen anorganischen Nährstoffe als C-Quelle dienen, doch findet dabei kaum eine Vermehrung der Hefezellen statt, sondern dieselben nehmen nur an Gewicht zu.

b) Die Fettsynthese bei der Herstellung von Fetthefe. Der normale Fettgehalt der Hefe ist meist relativ gering (etwa 1—5% der Trockensubstanz), durch besondere Maßnahmen gelingt es jedoch, den Fettgehalt um ein Vielfaches zu steigern (bis über 40%). Fettbildung findet insbesondere bei starkem Luftzutritt statt (also bei reichlicher Durchlüftung oder in Oberflächenkulturen [2]). So sind die Hefen von Agarkulturen (oder in Tröpfchenkulturen), sowie die Oberflächenzellen abgepreßter Hefemassen meist sehr fettreich (HENNEBERG). Ferner findet bei Einwirkung von Alkoholdämpfen auf Hefen (Brauerei- und Brennereihefen, in dünner Schicht aufgebreitet) rasche Fettbildung

---

[1] CLAASSEN: Z. Ver. Dtsch. Zuckerind. **84**, 713 (1934).
[2] Im Gegensatz dazu bildet sich aber manchmal auch ohne Luftzutritt Fett, so z. B. im Bier- oder im Weinlagerfaß; dabei handelt es sich wohl um einen physiologisch andersartigen Vorgang.

statt (LINDNER und UNGER, 1917). Nach LINDNER[1] soll auch die in Oberflächenkulturen von Hefen beobachtete üppige Fettbildung hauptsächlich dem aus den tieferen Schichten aufsteigenden Alkohol seine Entstehung verdanken. Auch nach HALDEN[2] ist für die Verfettung von Hefe die Behandlung der Kultur mit Alkoholdampf bei mäßiger Lüftung der ausschlaggebende Faktor; ausgelöst und gesteuert wird der Vorgang nach dem gleichen Autor durch den Wasserentzug. Bereits durch längeres Pressen von Hefe kann der Lipoidgehalt (und zwar besonders der Steringehalt) erhöht werden.

Betreffend den Chemismus der Fettsynthese aus Alkohol sei hier nur so viel bemerkt, daß die Fettsäureketten durch Kondensation von Acetaldehydmolekülen zu entstehen scheinen[3]; vgl. dazu auch S. 113.

Physiologische Bedeutung der Fettbildung: Unter den Bedingungen bzw. im Stadium der Fettbildung (also besonders bei alten Hefezellen) findet keine weitere Vermehrung der Hefe statt. Derartige Fetthefezellen zeigen auch beim Einimpfen in frische Würze meist nur ein geringes oder kein Vermehrungsvermögen. Nach HENNEBERG wie auch nach LINDNER muß zwischen dem normalen „Reservefett", das beim Hungern aufgebraucht wird, und dem „Degenerationsfett", das sich in sehr großer Menge im Alter oder unter besonderen Bedingungen bei Luftzutritt ansammelt, unterschieden werden (vielleicht sind auch Unterschiede in der chemischen Zusammensetzung vorhanden). HALDEN vergleicht die Fettbildung in Hefen unter dem Einfluß des Wasserentzuges mit der Fettbildung in den sogenannten Ölsamen der höheren Pflanzen oder im Holz und in der Rinde der sogenannten Fettbäume, Vorgänge, die auch bei abnehmendem Wassergehalt einsetzen.

Fettbildung bei anderen Mikroorganismen: Nicht nur die Kulturhefen sind zur Fettbildung befähigt, sondern auch verschiedene andere Hefen, ferner der „Fettpilz" Endomyces vernalis (eine Hefeart), dessen Fettgehalt über 40% ansteigen kann, oder Penicillienarten (Fettgehalt bis 50% der Trockensubstanz) u. a.

Anhang II: Technologie der Preßhefeerzeugung.

Prinzip beim Zulaufverfahren (Lufthefeverfahren, Lüftungsverfahren): Man beginnt mit einer für die Entwicklung der Hefe günstigen niedrigen Zucker- und Nährsalzkonzentration und hält diese im Ausmaße des Verbrauches bis zum Schluß des Prozesses aufrecht, so daß alle Hefegenerationen in gleicher Weise ernährt werden. Die zum Schluß separierte Würze soll so gut wie zucker- und N-frei sein.

Ausgangsmaterial: Zumeist Melasse. Vorbehandlung derselben: Auf etwa 15° Bllg. verdünnt, Zusatz von Schwefelsäure, so daß Säuregrad 2 entsteht (2 ccm n-NaOH auf 100 ccm Lösung), Erwärmen auf

---

[1] Vgl. LINDNER: Mikrosk. u. biol. Betriebskontrolle in den Gärungsgewerben, 6. Aufl., S. 284, Berlin: Parey 1930.

[2] HALDEN: H. **225**, 249 (1935); SOBOTKA, HALDEN und BILGER: H. **234**, 1 (1935).

[3] Zusammenfassungen der diesbezüglichen Vorstellungen vgl. BERNHAUER: Fettstoffwechsel und Fettsynthese in SCHÖNFELD-HEFTER, Chemie u. Technologie der Fette Bd. 1, S. 384 (1936). — SMEDLEY-MAC LEAN: Die biochemische Fettsynthese aus Kohlenhydraten: Erg. d. Enzymforsch. Bd. 5, S. 285 (1936).

65^0 $\frac{1}{2}-1$ Stunde, mindestens 6 Stunden stehengelassen; abziehen: Klarmelasse.

Durchführung des Prozesses: Beginn mit $\frac{1}{8}$ der Gesamtmelasse, verdünnt auf $1,5^0$ Bllg., Zusatz von $\frac{1}{8}$ der erforderlichen Menge Ammonsulfat und Diammoniumphosphat und $15-20\%$ der Gesamtmelasse an Stellhefe. Säuregrad $0,15-0,20$ (pH $4,7-4,8$), Formolgrad $1-1,2$; Temperatur $24-26^0$ unter langsamem Anstieg auf 30^0. Zeitweise Probeentnahme und Feststellung des Formolgrades[1], Säuregrades und pH. Zulauf der Melasse von der zweiten Stunde an. Zeigt der Formolgrad $0,12-0,2$, so wird Ammonsulfat zugesetzt; falls dabei der pH-Wert unter $4,3-4,4$ sinkt, so wird neben Ammonsulfat auch Diammonphosphat zugesetzt. Der Formolgrad soll zum Schluß nicht höher als $0,05-0,1$ sein, NH_3 soll nicht mehr nachweisbar sein, pH soll bei $4,4$ liegen. Alkoholanhäufung ist bei den modernen Verfahren ganz ausgeschaltet, wohl aber verläuft der Zuckerabbau auch hier über Alkohol (keine direkte Zuckerassimilation).

Abtrennung der Hefe: Zentrifugieren, gründliches Auswaschen der Salze. Untersuchung auf Eiweißgehalt, Haltbarkeit, Backkraft usw.

Gewinnung der Stellhefe in einem eigenen Prozeß, indem die Betriebshefe unter Benutzung von Klarmelasse stets wieder einer Regeneration unter genauer Kontrolle unterworfen wird.

Schließlich sei noch auf die *Gewinnung von Futterhefe aus Holzzucker* hingewiesen[2]: Anwendung von Torula utilis, Benutzung von Holzzucker (hergestellt nach dem SCHOLLER-TORNESCH-Verfahren sowie nach dem BERGIUS-Verfahren), als N-Quelle genügen anorganische Ammonsalze.

3. Übung:
Herstellung von Hefezubereitungen.

a) Lebende frische Hefe. Die z. B. aus einer Brauerei frisch bezogene Hefe wird in einer Sedimentierzentrifuge abgeschleudert (oder auch abgesaugt), mit Wasser angerührt und nochmals zentrifugiert oder abgesaugt, Prozeß eventuell nochmals wiederholt; Hefe sodann in Wasser aufgeschlämmt und für Göransätze verwendet. Bestimmung des Trockengewichtes aus der durch kräftiges Umschütteln homogenisierten Hefesuspension: 10 ccm abpipettiert und im Trockenschrank bei 80^0 bis zur Konstanz getrocknet.

---

[1] Unter *Formolgrad* versteht man die bei der Formoltitration verbrauchten ccm n-Lauge. *Durchführung der Formoltitration:* 100 ccm der Maische werden mit etwas Bariumchloridlösung versetzt, 1 ccm einer 0.5%igen alkoholischen Phenolphthaleinlösung hinzugefügt und bis zur deutlichen Rotfärbung mit n-NaOH titriert; dann 10 ccm einer gegen Phenolphthalein neutralisierten, $30-40\%$igen Formaldehydlösung zugesetzt. Bei Anwesenheit von Aminosäuren findet Entfärbung statt und man titriert wieder mit Lauge auf den gleichen Rot-Ton.

[2] FINK, LECHNER und HEINISCH: Biochem. Z. **278**, 23 (1935); **283**, 71 (1935).

b) Lebende „verarmte" Hefe. Befreiung der Hefe von rasch veratembaren Inhaltsstoffen[1]: Frische Hefe wie unter a gewaschen und zentrifugiert (bzw. abgepreßt), in der fünf bis zehnfachen Menge Leitungswasser suspendiert, in eine Flasche gefüllt, Luft durch Sauerstoff verdrängt, etwa 20 Stunden auf der Schüttelmaschine behandelt, sodann gegebenenfalls abgesaugt oder abzentrifugiert und in Wasser aufgeschlämmt, oder auch direkt für Gärversuche verwendet. Bestimmung des Trockengewichtes wie oben. Die Gewichtsabnahme beträgt rund 20% (es werden vor allem einfache und leicht hydrolysierbare Kohlehydrate entfernt).

c) Trockenhefe[2]. Bierhefe, frisch von einer Brauerei bezogen, wird gründlich durch Dekantieren gewaschen, dann auf einem BÜCHNER-Trichter abgesaugt, in ein Preßtuch eingeschlagen und in einer Handpresse abgepreßt, durch ein grobes Sieb getrieben, in lockerer, 1—1,5 cm dicken Schicht auf Filtrierpapier ausgebreitet, 2 Tage bei 25—35⁰ getrocknet. Zwecks Gewinnung eines gleichmäßigen Pulvers schließlich in einer Kaffeemühle fein gemahlen.

Das Präparat enthält noch lebende Hefezellen (Handelspräparate oft erhebliche Anteile), die in einem geeigneten Medium zur Entwicklung gelangen können. Gärungschemische Verwendung der Trockenhefe vgl. Übung 4c und 6b.

d) Aceton-Dauerhefe (Zymin)[3]. 500 g ausgewaschene und abgepreßte Brauereihefe (wie zuvor) mit etwa 70% Wassergehalt wird grob gepulvert und innerhalb 3—4 Minuten mittels einer steifen Bürste durch ein Sieb (100 Maschen pro qcm) in eine flache Schale mit 3 l wasserfreiem Aceton gedrückt. 10 Minuten gut verrührt, 1—2 Minuten absitzen gelassen, Flüssigkeit möglichst weitgehend abgegossen, Hefe auf einem BÜCHNER-Trichter abgesaugt (gehärtetes Filter) und auf demselben möglichst gut abgepreßt. Rückstand in einer Schale mit 250 ccm Äther mit den Fingern gut durchgeknetet, nach 3 Minuten wieder abgesaugt. Feines, fast weißes Pulver. In dünner Schicht auf Filterpapier ausgebreitet, ½—1 Stunde an der Luft Äther verdunsten lassen, dann 24 Stunden bei 37⁰ getrocknet. Ausbeute etwa 30% der abgepreßten Hefe. Vorschrift ist genau einzuhalten; Produkt in einer geschlossenen Flasche aufzubewahren. Wassergehalt etwa 5,5—6,5%.

Das Präparat ist bei sorgfältiger Herstellung frei von lebenden Hefezellen, behält seine Fähigkeit zur Zuckervergärung mehrere

---

[1] WIELAND und WILLE: A. **515**, 260 (1935); vgl. auch WIELAND und CLAREN: A. **492**, 183 (1932).

[2] LEBEDEW: Ann. Inst. Pasteur **26**, 8 (1912).

[3] ALBERT, BUCHNER und RAPP: B. **35**, 2376 (1902).

Monate, verliert sie aber dann allmählich. Oberhefe gibt meist weniger aktive Produkte. Zur Gewinnung von Hexosephosphaten usw. geeignet.

e) Macerationssaft[1]. 50 g Trockenhefe in einer Schale mit 150 ccm Wasser von 35⁰ gründlich angeteigt, in einen Kolben von etwa 750 ccm Inhalt gespült und 2 Stunden bei 35⁰ unter zeitweisem Umrühren stehen gelassen, starkes Schäumen. Sodann wird der Saft durch Zentrifugieren gewonnen.

B. Die alkoholische Gärung.

4. Übung:

Die alkoholische Gärung des Zuckers (erste Vergärungsform).

a) Kleingärmethode im hohlen Objektträger (von LINDNER[2]), insbesondere zur Prüfung der Gärfähigkeit verschiedener Zuckerarten geeignet. Man benutzt glykogenfrei gemachte Hefe (Stehenlassen von Hefe in sterilem Wasser, bis das Glykogen verschwunden ist, mikroskopische Kontrolle mit Jodlösung: es darf keine rotbraune Färbung mehr auftreten). Als Gärgefäß verwendet man einen hohlen Objektträger, dessen Höhlung nach dem Einfüllen der Gärprobe mit einem Deckgläschen bedeckt wird, das man dann mit einem Vaselinring zur Dichtung versieht. Gärprobe: 1 oder 2 Tropfen sterilen Wassers oder Hefewassers werden mit der milchig fein verteilten Hefe vermischt und eine kleine Menge der zu untersuchenden Zuckerart mittels eines vorn etwas breit geklopften Platindrahtes zugesetzt. Die Höhlung des Objektträgers muß vollständig ausgefüllt sein und überschüssige Flüssigkeit ist mittels sterilen Filtrierpapiers abzusaugen. Die Probe wird bei 25⁰ aufbewahrt und nach etwa 12 Stunden untersucht. Bei schwacher Gärung zeigen sich (manchmal erst nach schwachem Anwärmen mittels einer Mikroflamme) zahlreiche kleine CO_2-Bläschen; bei lebhafter Vergärung wird die Höhlung des Objektträgers fast ganz von einer großen CO_2-Blase ausgefüllt, die sofort zusammenschrumpft, wenn man einige Tropfen Lauge zufließen läßt.

b) Kleingärversuch im Gärröhrchen (vgl. Abb. 17)[3], nur für qualitative Zwecke. Einfüllung der Hefeprobe, suspendiert in 1—10%iger Zuckerlösung in der Weise, daß der lange Schenkel des Gärröhrchens völlig gefüllt ist. Aufbewahrung bei 18—37⁰.

---

[1] LEBEDEW: Ann. Inst. Pasteur **26**, 8 (1912).

[2] Vgl. LINDNER: Betriebskontrolle in den Gärungsgewerben, S. 207 (1930).

[3] Modifizierte Form des Einhorn-Gärröhrchens von NORD und WHITE: Amer. Soc. **49**, 2118 (1927) vgl. Abb. 17 b.

Nach kurzer Zeit ist lebhafte Gärung zu bemerken, Beobachtung der Gasentwicklung im geschlossenen Rohrteil. Modifizierte Gärröhrchen zur quantitativen Messung des Kohlendioxyds, z. B. zur Zuckerbestimmung mittels Saccharometern (z. B. das LOHN-STEINsche Präzisionsgärungssaccharometer, bei dem eine Skala direkt die Menge der vergorenen Glucose anzeigt). Hexosen geben 46,5% CO_2 (theoretisch 48,9%), 1 ccm CO_2 entspricht daher 4 mg Hexose (bezogen auf 0^0 und 760 mm Druck)[1].

c) Gärversuch im Eudiometerrohr (vgl. Abb. 18), zur quantitativen Bestimmung des entwickelten CO_2, z. B. zur Feststellung

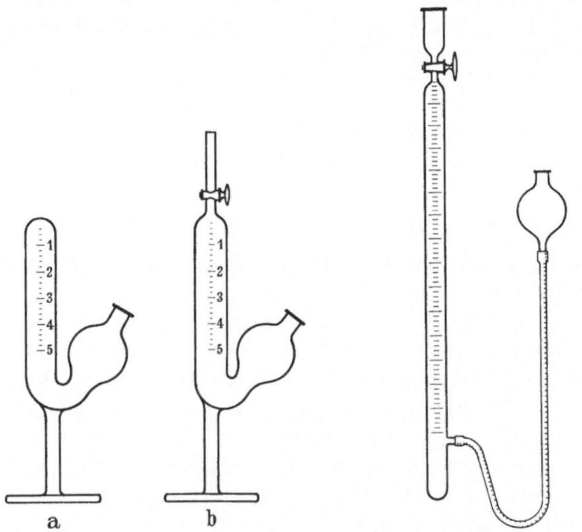

Abb. 17. Gärröhrchen.   Abb. 18. Eudiometerrohr.

des Gärvermögens verschiedener Hefezubereitungen usw.[2]. Das Eudiometerrohr wird zunächst vollständig mit trockenem Quecksilber gefüllt und sodann werden durch den Hahn unter Senken der Birne 10—20 ccm des frisch bereiteten Gärgemisches eingeführt.

---

[1] Eine eingehende Untersuchung über die Brauchbarkeit der Gärmethode zur quantitativen Bestimmung von Hexosen wurde von MEYERHOF und SCHULZ: Biochem. Z. **287**, 206 (1936) durchgeführt.

[2] In ähnlicher Weise wird die Triebkraft von Bäckerhefe bestimmt, z. B. mittels des Apparates von HAYDUCK oder von KUSSEROW: Messung des über Wasser aufgefangenen CO_2-Volumens [(vgl. LINDNER: Mikroskopische und biologische Betriebskontrolle in den Gärungsgewerben, S. 288 (1930)]. Ferner kann die Gärkraft auch durch die Bestimmung des Gewichtsverlustes des Gäransatzes nach 24 Stunden bestimmt werden (Gärverschluß mit Schwefelsäure gefüllt).

Gärgemisch z. B.: 2%ige Zuckerlösung mit 2% gut suspendierter Trockenhefe und 1—2% Toluol (eventuell noch Zusatz von frisch bereitetem Hefekochsaft[1]) oder Macerationssaft mit 10% Zucker und 1—2% Toluol versetzt. Durchführung der Gärung bei 18 bis 37°. Quantitative Verfolgung der CO_2-Entwicklung durch Ablesung in Intervallen von etwa 1 Stunde (nach vorsichtigem Aufschütteln des Ansatzes) unter Gleichstellung des Quecksilberniveaus im Rohr und in der Birne. Beendigung des Versuches, sobald das Gasvolumen konstant ist. Eventuelle Austreibung von CO_2 aus der Lösung durch Zusatz von 1 oder 2 ccm verdünnter Schwefelsäure (durch den Hahn unter vorsichtigem Senken der Birne). Prüfung auf CO_2 (zugleich Überprüfung der Dichtigkeit des Hahnes) durch Einsaugen von etwa 10—20 ccm 50%iger Kalilauge, die sogleich das ganze Gas absorbieren muß.

Ermittlung des Gewichtes des CO_2-Volumens: $G = v_0 d$, $d\,(CO_2) = 1,9768$ g/l unter Normalbedingungen. Umrechnung des gefundenen Volumens auf Normalbedingungen gemäß der Gleichung

$$v_0 = \frac{v \cdot p \cdot 273}{(273 + t)\,760}$$

bzw. mit Hilfe von Tabellen (vgl. Anhang II 1 d).

Zum *Arbeiten unter sterilen Bedingungen* dient der Apparat von VAN ITERSON und KLUYVER[2].

Zur *Verfolgung des Gärverlaufes in Kleinversuchen* (mit 0,5—2 ccm Lösung) sei auf die von MYRBÄCK und v. EULER beschriebene *Mikromethodik der CO_2-Bestimmung* hingewiesen[3].

Zwecks *Verfolgung des Gärverlaufes in größeren Versuchen* dient ein modifiziertes Eudiometerrohr, das an Stelle des einfachen Hahnes einen Zweiweghahn (Schwanzhahn) besitzt (vgl. dazu Abb. 18), wodurch ein Ablassen des Gases in bestimmten Zeitintervallen ermöglicht wird; oben wird ein Gärkölbchen mittels eines zweimal rechtwinklig gebogenen Rohres und Gummistöpseln angeschlossen (sinngemäß in analoger Weise wie in Abb. 22). Gäransatz prinzipiell wie zuvor, aber mit etwa 50 ccm Lösung, die bei Gärtemperatur mit CO_2 gesättigt sein soll. Vor der Ablesung des Volumens wird das Gärgemisch kräftig geschüttelt. Durch Drehen des Hahnes und gleichzeitiges Heben der Birne wird

---

[1] Herstellung des Hefekochsaftes: 2 Teile frische Unterhefe mit 1 Teil Wasser gut vermischt, im siedenden Wasserbad unter öfterem Umrühren auf etwa 80° erhitzt und dann unter direkter Erhitzung kurz aufgekocht. Sodann zentrifugiert oder filtriert.

[2] Vgl. KLEIN: Hdb. d. Pflanzenanalyse IV, 1259 (1933). Wien: Julius Springer. (KOBEL und NEUBERG: Untersuchung von Gärflüssigkeiten.)

[3] Vgl. MYRBÄCK und v. EULER in OPPENHEIMER-PINCUSSEN: Methodik der Fermente, S. 1297. Leipzig: Thieme 1929.

sodann das Gas aus dem Schwanzhahn entweichen gelassen, und hierauf der Hahn wieder in normale Stellung gebracht.

Statt über Quecksilber kann das Gas auch über mit CO_2 gesättigtem Wasser aufgefangen werden (allerdings weniger genau); durch etwa ½stündiges Verweilen im Gärraum wird dabei zunächst überschüssiges CO_2 entfernt. Gegebenenfalls kann bei der Ablesung die Dampfspannung des Wassers berücksichtigt werden.

d) Gärversuch mit analytischer Bestimmung des Alkohols. 10 *g* Rohrzucker, 0,2 *g* Ammonsulfat, 0,1 g Dinatriumphosphat, 0,025 g Magnesiumchlorid, 0,025 g Kaliumchlorid in 100 ccm Wasser gelöst und in einem 200 ccm-Rundkolben mit 2 g gewaschener und abgepreßter Bierhefe (aufgeschlämmt in einem Teil der Lösung) versetzt, mit Gäraufsatz (vgl. Abb. 7, S. 64) verschlossen und bei 20—35⁰ ausgären gelassen (Aufhören der CO_2-Entwicklung). Sodann mit Wasserdampf 100 ccm abdestilliert; und in Proben des Destillates wird der Alkohol qualitativ nachgewiesen sowie quantitativ bestimmt.

LIEBENsche *Jodoformprobe:* 2 ccm der Lösung auf 40—50⁰ erwärmt, etwa 6 Tropfen 10%iger Kalilauge zugesetzt und Jod-Jodkali-Lösung bis zur Braunfärbung, dann mit Kalilauge entfärbt und erkalten gelassen: Jodoformgeruch bzw. Abscheidung von charakteristischen Jodoformkrystallen.

Nachweis als p-Nitro-Benzoesäure-Äthylester[1]. 20 ccm der Lösung werden mit Hilfe einer WIDMER-Kolonne destilliert und der Alkohol angereichert; bei der ersten Destillation werden 10 ccm, bei der Destillation dieser Portion etwa 6 ccm aufgefangen, diese dann mit Pottasche versetzt und ausgeäthert. Der über geglühtem Natriumsulfat getrocknete ätherische Auszug wird mit absolutem Äther auf 20 ccm aufgefüllt und mit etwa 4 g p-Nitrobenzoylchlorid versetzt. Im Schliffkolben unter Rückfluß 24 Stunden zur Reaktion gebracht. Reaktionsflüssigkeit dann im Scheidetrichter mit n-Sodalösung gewaschen, bis die gesamte p-Nitro-Benzoesäure entfernt ist (beim Ansäuern des alkalischen Auszuges mit Salzsäure darf keine Trübung mehr eintreten). Ätherische Lösung dann über Natriumsulfat getrocknet, Äther im Vakuum verdampft. Rückstand aus Methanol und dann aus Petroläther umkrystallisiert. Schmelzpunkt 57⁰.

Oxydation zu Acetaldehyd: 10 ccm der erhaltenen etwa 5%igen alkoholischen Lösung in einem 100 ccm-Rundkolben mit der berechneten Menge Kaliumbichromat (fein gepulvert; für 100 mg Alkohol etwa 220 mg Kaliumbichromat) und 5 ccm verdünnter Schwefelsäure (etwa 10%ig) versetzt, mit einem absteigenden

---

[1] Vgl. MEISENHEIMER und SCHMIDT: A. **475**, 157 (1929).

Schlangenkühler verbunden, Vorlage mit Eis gekühlt. 1 Stunde bei Zimmertemperatur stehen gelassen, dann langsam 10 ccm abdestilliert. Nachweis des Acetaldehyds im Destillat mittels Nitroprussidnatrium und Piperidin, Identifizierung als p-Nitrophenylhydrazon (vgl. S. 93).

Quantitative Bestimmung des Alkohols: Äthoxylbestimmung in üblicher Weise nach ZEISEL-FANTO (mit 1 ccm einer etwa 5%igen Lösung, etwa 50 *mg* Alkohol) oder durch Oxydation zu Essigsäure und Titration dieser im Destillat der Halbdestillation (vgl. Übung 22). Für viele Zwecke genügt auch die pyknometrische Bestimmung des Alkoholgehaltes im Destillat. Hinsichtlich einer Mikromethode zur Bestimmung des Alkohols vgl. MEYERHOF und KIESSLING[1].

e) **Präparativer Gärversuch.** Rundkolben von 10 l Inhalt mit 8 l einer 20%igen Rohrzuckerlösung (1600 g roher Zucker). Zusatz von 80 g gut ausgewaschener und abgepreßter Bierhefe (untergäriger Hefe) nach gutem Anrühren mit einem Teil der Lösung. Mit Rückflußkühler und großem Gärverschluß verbunden (vgl. Abb. 8, S. 64). In einem Gärraum bei 30—35° unter öfterem Umschütteln ausgären lassen. Entnahme einer kleinen Probe (2—5 ccm) und Feststellung, ob der Zucker verschwunden ist (bei positivem Ausfall nochmaliger Zusatz von etwa 40 g wie oben vorbereiteter Hefe und dann ausgären lassen).

Aufarbeitung: Kolben an eine WIDMER-Kolonne angeschlossen und aus einem Luftbad (BABO-Trichter) destilliert[2]: 2000 ccm Destillat aufgefangen, sodann noch eine Fraktion von 100 ccm, Ermittlung des spezifischen Gewichtes ergibt, ob noch erhebliche Alkoholmengen zurückgeblieben sind. Eventuell weitere Destillation. Vereinigte Destillate aus analoger, aber kleinerer Apparatur nochmals destilliert und etwa 1000 ccm aufgefangen. Ermittlung des spezifischen Gewichtes im Destillat und Rückstand. Durch nochmalige Destillation wird der Alkohol angereichert. Feststellung des Alkoholgehaltes im Destillat und Rückstand mittels eines Alkoholometers (Ermittlung des spezifischen Gewichtes).

Anhang I. Technologie der alkoholischen Gärung.

a) Spirituserzeugung. Darstellungsweisen verschieden, und zwar je nach den Rohstoffen.

---

[1] MEYERHOF und KIESSLING: Biochem. Z. **267**, 313 (1933); **281**, 250 (1935).

[2] Ein Luftbad von besonderer Form zum Anheizen der Destillationskolben bei der Destillation von extraktreichen oder treberhaltigen Flüssigkeiten wurde von LAMPE und DEPLANQUE (Z. f. Spiritusindustrie **57**, 322, 1934) beschrieben.

a) Stärkehaltige Rohstoffe (Kartoffel, Getreidearten, ferner Mais, Reis, Hirse, Buchweizen, Kastanien, Erbsen, Manioka, Topinambur usw.). Verzuckerung derselben mittels Diastase (Malz oder Pilze) oder durch Säurehydrolyse. Hefebereitung (obergärige Hefe) in der Regel nach dem System der natürlichen Reinzucht (vgl. S. 40). Vorbereitung der Rohstoffe: Reinigung, sodann Dämpfung (im Henze) zwecks Stärkeverkleisterung. Die nachfolgende Verzuckerung mit Malz (gequetschtes Grünmalz oder geschrotetes Darrmalz) wird als Maischprozeß bezeichnet (für 100 kg Kartoffeln etwa 2 kg Malz). Dieser wird bei $50-55^0$, zum Schluß bei $60-62^0$ unter gutem Mischen durchgeführt. Entfernung der gröbsten Anteile während des Überpumpens der Maische in den Gärbottich mittels des Entschalers. Gärung der Hauptmaische: Angärung, Hauptgärung und Nachgärung. Hefevermehrung hauptsächlich während der Angärung; dieselbe kommt bald zum Stillstand (5% Alkohol wirken bereits hemmend). Kühlung während der Hauptgärung ($28-29^0$ sollen nicht überschritten werden). Gärdauer bei warmer Anstellung etwa 2 Tage.

Kartoffelbrennerei dient hauptsächlich zur Spiritusfabrikation, Kornbrennerei fast ausschließlich zur Branntweinerzeugung (neben der Branntweingewinnung aus Wein wohl die älteste Art der Alkoholerzeugung). Rohstoffe meist Roggen und Gerste; Gewinnung des Branntweins durch einfache Destillation.

Amyloverfahren: Meist in Mais- und Reisbrennereien. Mais wird nach dem Dämpfen im Gärbottich mit der Pilzkultur (Mucorarten) geimpft; bei 39^0 hat nach $25-30$ Stunden bereits starke Pilzvermehrung und Verzuckerung stattgefunden. Nun wird mit Hefe geimpft und vergoren (Temperatur nicht über 38^0). Dauer des ganzen Prozesses etwa 4 Tage. Größere Verbreitung des Amyloverfahrens hauptsächlich in Frankreich und Belgien, ferner in einigen Überseeländern.

β) Zuckerhaltige Stoffe (Zuckerrüben, Zuckerrohr, Melasse, zuckerhaltige Früchte und Pflanzenteile); direkte Vergärung. *Rübenbrennerei* (hauptsächlich in Frankreich und Ungarn): Benutzung der Zuckerrübensäfte (Herstellung wie bei der Zuckerfabrikation), Ansäuerung auf $0,16-0,18^0$, Konzentrierung auf $9-12^0$ Bllg. Vergärung kontinuierlich, indem 1 Teil der vorhergehenden Maische zum Anstellen der nächsten verwendet wird. *Melassebrennerei;* Vorbereitung der Melasse (Ansäuern mit Schwefelsäure und Kochen), Verdünnen, Anstellen mit Hefe, Vergären. Zuckerrohrmelasse vielfach zur Herstellung von Whisky in USA., auch zur Erzeugung von Rum und Arrak. *Obstbrennerei* (insbesondere Zwetschen und Kirschen); Selbstgärung der Früchte oder Anwendung besonderer Weinhefen. *Weinbrennerei* (besonders in Frankreich und Italien) zur Kognakerzeugung (Branntweinbereitung aus Wein ist die älteste bekannte Alkoholgewinnung).

γ) Cellulosehaltige Rohstoffe. Das Hauptproblem ist die Überführung der Cellulose in Zucker: Anwendung hochprozentiger Salzsäure (BECHAMP 1856, WILLSTÄTTER und ZECHMEISTER 1914, HÄGGLUND u. a.; Problem schließlich vor wenigen Jahren durch BERGIUS technisch gelöst). Die zunächst entstehenden polymeren Zucker werden sodann durch Erhitzen mit verdünnter Salzsäure vollständig hydrolysiert. (Bei der Aufschließung von Tannenholz entsteht ein Zuckergemisch von folgender Zusammensetzung: 61,9% Glucose, 24,7% Mannose, 4% Galaktose, 1,4% Fructose, 8% Xylose; vor allem die Xylose wird nicht vergoren.)

Alkoholerzeugung aus Sulfitablauge. Fichtenholz enthält neben 30—39% Ligninsubstanzen, 50—53% Cellulose und 14—16% Kohlehydrate, die jene Zuckermenge enthalten, die vergoren wird. Vorbehandlung der Sulfitlauge (Neutralisierung mit CaO und $CaCO_3$), Wahl einer widerstandsfähigen Hefe (durch besondere Züchtung resistent gemacht). Der Rohsprit enthält etwa 3% Methanol und etwas Acetaldehyd (infolge des Sulfits). 1 cbm Sulfitablauge liefert etwa 10 l 100%igen Alkohol.

Alkoholerzeugung aus Torf; Aufschluß mit starker Schwefelsäure. Aus 1000 kg entwässertem Torf 50—60 l Alkohol. Rest gibt Briketts. Industrielle Verwertung noch nicht vorgenommen.

Destillation des Alkohols aus der vergorenen Maische (bei allen Verfahren). Anwendung einer Apparatur, die eine Rektifikation und Dephlegmation ermöglicht; man erhält so den Rohspiritus (Gehalt 50—80%, der einer Rektifizierung und Raffination in Kolonnenapparaten unterworfen wird, zur Entfernung von Beimengungen, unerwünschten Geruchs- und Geschmackstoffen. Manchmal auch Filtration über aktive Kohle. Prüfung des rektifizierten Sprits auf Aldehyde, Furfurol, Säuren, Fuselöle usw. Herstellung von absolutem Alkohol (für dessen Verwendung als Kraftstoff) durch ein Destillationsverfahren mit Benzol (YOUNG 1902, später verbessert, z. B. v. KREUSZLER, Druckdestillation usw.); zunächst geht ein azeotropes (ternäres) Gemisch der Komponenten über, bis alles Wasser entfernt ist, dann ein binäres Gemisch von Alkohol und Benzol, während wasserfreier Alkohol zurückbleibt.

Fuselöl: Etwa 0,4% im Rohspiritus; wird bei dessen Raffination (im Nachlauf) als Abfallprodukt gewonnen (Abscheidung im Lutter). Branntweine (durch nur einmalige Destillation gewonnen) haben meist einen ziemlich hohen Gehalt an Fuselölen, zum Teil in Esterform. Bestandteile des Fuselöls: 65—80% Amylalkohole (Isobutylcarbinol und sekundäres Butylcarbinol), 15—25% Isobutylalkohol, 4—7% n-Propylalkohol, ferner sehr geringe Mengen n-Butylalkohol, n-Amylalkohol, Hexyl- und Heptylalkohol, weiterhin Aldehyde wie Isobutyr- und Valeraldehyd, Furfurol; auch Basen wie Derivate des Pyridins, Pyrazins und Piperazins und schließlich verschiedene Fettsäuren wie Ameisensäure, Essig-, Butter-, Valerian-, Capron- bis Caprinsäure, teils frei, teils in Esterform. Fuselöle und Ester tragen wesentlich zur Bildung des Gäraromas bei. Entstehungsweise der Fuselöle bei der Gärung vgl. S. 92.

b) Bierbrauerei. *Ausgangsstoffe:* Gerste (von besonderer Qualität hinsichtlich Extraktgehalt und Keimfähigkeit), Hopfen (Fruchtstand, Träger der Aroma- und Bitterstoffe; Drüsensekret, Lupulin), Brauwasser (für helle, mittelprozentige, stärker gehopfte Biere, am besten ein weiches, salzarmes Wasser, z. B. beim Pilsner Bier: Filtriertes Flußwasser).

Phasen der Bierbereitung: 1. *Malzgewinnung* aus Gerste: Reinigung und Sortierung, Weichen in Quellstöcken unter planmäßiger Luftzuführung, Keimung (Herstellung des Grünmalzes) auf der Tenne oder in Keimapparaten (Mobilisierung und Bildung von Enzymen, besonders Diastase), Darren des Grünmalzes (Trocknen und Rösten desselben) unter allmählicher Erhöhung der Temperatur (Wassergehalt sinkt von 40—45% auf 1—3%); Erzeugung von hellem oder dunklem Malz abhängig von der Temperatur. 2. *Würzebereitung:* Schroten des Malzes, Maischung desselben unter intensivem Rühren (Temperatur allmählich bis auf 75—78⁰), dabei findet Extraktion und Stärkeverzuckerung (auch Eiweißabbau) statt; Entfernung der Treber im Läuterprozeß (Läuterbottich oder Maischefilter), Kochen der Würze mit Hopfen (dabei erfolgt auch Ausfällung gerinnbarer Eiweißstoffe, Konzentrierung und Sterilisierung), Filtration über den Hopfenseiher und Abkühlung im Kühlschiff (Absetzen der Eiweißstoffe, Phosphate usw. als Trub). 3. *Vergärung der Würze:* Insbesondere Untergärung; Hefezusatz im Anstellbottich (etwa 0,5 l dickbreiige Hefe auf 1 hl Würze), Hauptgärung im Gärkeller in offenen Bottichen (bei 5—9⁰, 10 bis 14 Tage), Nachgärung im Lagerkeller in Fässern oder Lagertanks (6—17 Wochen). Aus den Gärbottichen wird die mittlere Hefeschicht für weitere Gäransätze benutzt. Herstellung obergäriger Biere sehr verschieden (z. B. Weißbiere, englische Biere, belgische Spezialbiere).

Alkoholgehalt und Extraktgehalt einiger Biere (in %): Pschorr (München): 3,62 und 6,47; Märzenbier (Berlin): 4,07 und 5,49; Pilsner Urquell: 3,61 und 5,0; Berliner Weißbier: 3,07 und 3,19; Porter: 6,72 und 8,68 usw.

c) Weingewinnung. *Ausgangsstoffe:* In erster Linie Trauben (Traubenweine), ferner auch verschiedene Obst- und Beerenfrüchte u. a. (z. B. Apfelwein, Johannisbeer- und Stachelbeerwein, ferner Palmweine aus den Säften von Zuckerpalmen, Saké aus Reis in Japan usw.).

Phasen der Weinbereitung: 1. *Gewinnung des Mostes* durch Maischen der Trauben (Zerkleinerung derselben); bei Weißwein Abpressen („Keltern") und Entfernung der Weintrester, bei Rotwein nur Entfernung der Stiele. Zuckergehahlt des Traubensaftes 10—30%. 2. *Vergärung:* Meist spontan beim Stehen des Mostes oder unter Benutzung besonderer Kulturweinhefen. Gärung meist als Obergärung bei 15—30⁰ (am Rhein als Untergärung bei 10—12⁰ im Keller). Hauptgärung in 3—14 Tagen beendet; Nachgärung („stille Gärung") dauert mehrere Wochen, unter Klärung des Weins. 3. *Lagern und Reifen des Weins* nach dem Abziehen in große hölzerne Lagerfässer, Lagerung mit verschlossenem Spund in kühlen Kellern; Ausbildung von Geschmacks- und Geruchsstoffen.

Alkoholgehalt: Reine Naturweine 7—10%, selten 12%; südländische Exportweine bis 20—24% (ein Alkoholgehalt von über 17% ist stets durch künstlichen Zusatz von Sprit bewerkstelligt). Gehalt an Extraktstoffen (Gesamttrockenrückstand) bei Naturweinen meist 1,8—2,5%. Wertvolles Nebenerzeugnis der Weingewinnung ist die Weinsäure, die sich insbesondere in Form ihres sauren Kaliumsalzes (Weinstein) beim Lagern des Weins in den Fässern absetzt.

Anhang II: Theoretisches.

Die normale Vergärung des Zuckers (erste Vergärungsform) verläuft nach der auch heute noch gültigen GAY-LUSSACschen Gleichung:

$$C_6H_{12}O_6 = 2\,CH_3 . CH_2OH + 2\,CO_2.$$

Theoretisch entstehen daher aus 1 Mol Hexose (180), 2 Mol Alkohol (92) und 2 Mol CO_2 (88), die theoretische Alkoholausbeute beträgt daher 51,1% der Hexose (oder 53,8% des Rohrzuckers). Der Abbau des Zuckers zu Alkohol und CO_2 geht dabei stufenweise vor sich, es wird eine große Anzahl von Zwischenprodukten durchlaufen, wobei miteinander gekuppelte oxydoreduktive Reaktionen stattfinden (vgl. Anhang zu Übung 11).

Vergärbare Zucker (Zymohexosen): d-Glucose, d-Fructose, d-Mannose, d-Galaktose; und zwar vergären Glucose und Fructose gleich schnell, während Mannose und besonders Galaktose langsamer vergoren werden. Die anderen Hexosen sowie die Pentosen sind unvergärbar. Dioxyaceton wird vergoren, wobei allerdings intermediär Hexose (in phosphorylierter Form, vgl. S. 110) gebildet wird. Von Disacchariden werden vergoren: Rohrzucker, Trehalose, Maltose, Milchzucker, dabei scheint die Vergärung durch spezielle Hefen ohne Hydrolyse zu erfolgen (hinsichtlich des Verhaltens verschiedener Hefen zu Disacchariden vgl. S. 51).

Gärungshemmende Stoffe: Antiseptica wirken auf lebende Hefe hemmend, nicht aber auf die zellfreie alkoholische Gärung. Hinsichtlich der hemmenden Wirkung verschiedener Stoffe auf die Einzelprozesse der alkoholischen Gärung vgl. S. 112.

Alkoholische Gärung der Aminosäuren. Dieselbe verläuft neben der Äthanolgärung im normalen Eiweißstoffwechsel der Hefe und führt zur Bildung der Fuselöle und anderen Produkten; und zwar nach EHRLICH[1] in der Weise, daß zunächst aus den Aminosäuren die α-Ketosäuren gebildet und diese decarboxyliert werden; durch Reduktion der Aldehyde entstehen sodann die zugehörigen Alkohole:

$$\begin{array}{ccccccc}
COOH & & COOH & & CO_2 & & \\
| & & | & & & & \\
CHNH_2 & \longrightarrow & CO & \longrightarrow & CHO & \longrightarrow & CH_2OH \\
| & & | & & | & & | \\
R & & R & & R & & R
\end{array}$$

So entsteht Isobutylcarbinol aus l-Leucin, sekundäres Butylcarbinol aus d-Isoleucin, Isobutylalkohol aus d-Valin usw. (z. B. auch Tyrosol aus Tyrosin[2] oder Tryptophol aus Tryptophan[3]), ferner auch Bernsteinsäure aus Glutaminsäure.

C. Die Glyceringärungen und die Gewinnung sowie Umwandlung von Zwischenprodukten.

5. Übung:

Acetaldehyd-Glycerin-Gärung (zweite Vergärungsform).

a) Kleinversuch (Demonstrationsversuch)[4], mit qualitativem Acetaldehydnachweis. 20 ccm einer 10%igen Rohrzuckerlösung (in einem kleinen Kölbchen oder weitem Reagensrohr) mit 2 g frisch gefälltem Ca-Sulfit ($CaSO_3 + 3\,H_2O$) versetzt, 2 g abgepreßte Hefe (Brauerei- oder Brennereihefe oder gärkräftige

---

[1] EHRLICH: Biochem. Z. **2**, 52 (1906).

[2] EHRLICH: B. **44**, 139 (1911). — Biochem. Z. **79**, 232 (1917).

[3] EHRLICH: B. **45**, 883 (1912).

[4] Vgl. KOBEL und NEUBERG in KLEIN: Hdb. d. Pflanzenanalyse, IV. Bd., 1263. Wien: Julius Springer 1933.

Bäckerhefe) in der Flüssigkeit gut aufgeschwemmt (kräftig durchgeschüttelt) und in ein Gärröhrchen eingefüllt, dessen kurzer,
offener Schenkel durch eine Schlauchverbindung mit einem Glasrohr verlängert ist (Probe A). Zugleich Ansatz einer analogen
Kontrollprobe, aber ohne Sulfit (B). Beide Gefäße werden in
einem Wasserbad von 38—40⁰ belassen. CO_2-Entwicklung setzt
bald ein. Nach 10 bis 15 Minuten (eventuell nach 30 Minuten)
erfolgt der Nachweis des Acetaldehyds in Probe A: 3 ccm des
Inhalts mittels einer Pipette entnommen, ohne zu filtrieren mit
0,5 ccm 4%iger Nitroprussidnatriumlösung und 2—3 ccm einer
3%igen Piperidinlösung versetzt: charakteristische tiefe Blaufärbung. Probe B gleich behandelt, Reaktion negativ.

**b) Gärversuch mit analytischer Bestimmung von Acetaldehyd
und Glycerin.** (Ansatz wie in Übung 4c): 10 g Rohrzucker, 0,2 g
Ammonsulfat, 0,1 g Dinatriumphosphat, 0,025 g Magnesiumchlorid und 0,025 g Kaliumchlorid in 50 ccm Wasser gelöst und
in einem 200 ccm-Kölbchen mit 2 g gewaschener und abgepreßter
Brennereihefe (obergärige Hefe) in üblicher Weise versetzt (in
aufgeschlämmtem Zustand), mit Gäraufsatz verschlossen und
bis zur gerade deutlich einsetzenden Gärung bei 30—35⁰ stehen
gelassen. Sodann Zusatz von 5 g Natriumsulfit (Na_2SO_3, wasserfrei, oder 10 g $Na_2SO_3 . 7 H_2O$) in 50 ccm Wasser (frisch gelöst).
Nach 6—10 Stunden setzt die Gärung wieder ein; täglich des
öfteren Umschütteln. Gärung nach etwa 6 Tagen beendet. Ausgegorene Maische unter Eiskühlung mit einem Überschuß von
eisgekühlter 25%iger $BaCl_2$-Lösung versetzt; Ausfällung des
$BaSO_3$ sowie $BaCO_3$, Mitreißen der Hefe. Schaumbildung durch
Zusatz von etwas aldehydfreiem Alkohol beseitigt; etwa ½ Stunde
in gut verschlossenem Gefäß im Eiskasten stehen gelassen.
Filtration und Auswaschen im Eiskasten. Filtrat auf 250 ccm
aufgefüllt (enthält neben Salzen und Glycerin das lösliche acet-
aldehydschwefligsaure Barium).

Destillation und Bestimmung des Acetaldehyds. Ein aliquoter Teil
des Filtrates (25 ccm, enthaltend etwa 100 mg Acetaldehyd) wird
in den Destillierkolben (Abb. 19) eingefüllt, in dem sich 5 g $CaCO_3$
befinden. Die PELIGOT-Röhre I ist mit 30—50 ccm n/10 Natriumbisulfitlösung gefüllt (hergestellt durch Lösen von Natrium-
metabisulfit in Wasser, gestellt gegen n/10 Jodlösung; Titer stets
vor Benutzung der Lösung frisch ermitteln). Die PELIGOT-Röhre II
enthält Wasser (um eventuell SO_2 aus I aufzunehmen). Beide
PELIGOT-Röhren befinden sich in einem mit Eis gefüllten Becken.
Kolben auf einem BABO-Trichter zum Sieden erhitzt. Innerhalb

30 Minuten ist der gesamte Acetaldehyd übergegangen. Inhalt beider PELIGOT-Röhren vereinigt und mit n/10 Jodlösung in üblicher Weise titriert. Man subtrahiert die verbrauchten ccm n/10 Jodlösung von den vorgelegten ccm n/10 Natriumbisulfitlösung und multipliziert mit 4,4032; dies ergibt mg Acetaldehyd in der destillierten Probe[1].

Bestimmung des Glycerins[2]. Ein aliquoter Teil des Filtrates (25 ccm, enthaltend etwa 200 mg Glycerin) im FAUST-HEIMschen

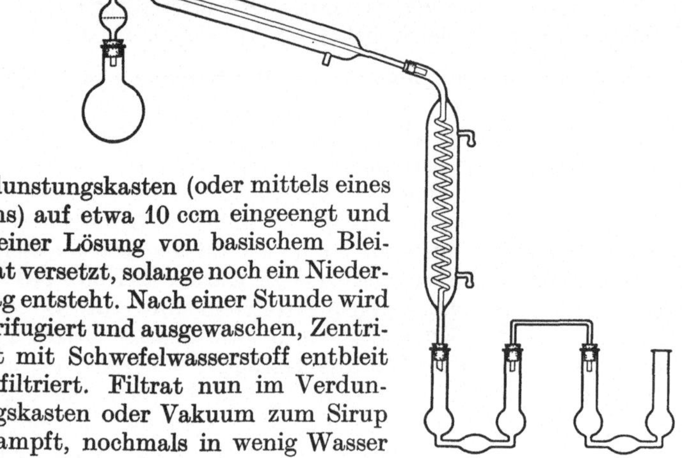

Verdunstungskasten (oder mittels eines Föhns) auf etwa 10 ccm eingeengt und mit einer Lösung von basischem Bleiacetat versetzt, solange noch ein Niederschlag entsteht. Nach einer Stunde wird zentrifugiert und ausgewaschen, Zentrifugat mit Schwefelwasserstoff entbleit und filtriert. Filtrat nun im Verdunstungskasten oder Vakuum zum Sirup verdampft, nochmals in wenig Wasser aufgenommen, filtriert und wieder verdampft. In Wasser aufgenommen, eventuell nochmals filtriert und auf 10 ccm

Abb. 19. Apparatur zur Bestimmung von Acetaldehyd.

aufgefüllt. Eine kleine Menge davon kann zum qualitativen Nachweis des Glycerins verwendet werden (vgl. S. 97, Note 1), weitere Proben (2—5 ccm) zur Glycerinbestimmung (nach dem Prinzip von ZEISEL-FANTO-STRITAR, Apparatur nach H. MEYER, unter Benutzung eines Heizmantels[3]), Vorlagen mit Pyridin gefüllt (wegen eventuell vorhandener, nicht entfernbarer Schwefelverbindungen). Probe

---

[1] Falls auch Alkohol neben dem Acetaldehyd bestimmt werden soll, muß der letztere erst entfernt werden, und zwar entweder mittels HgO [vgl. GORR und WAGNER: Biochem. Z. **161**, 488 (1925)] oder mittels Dinitrophenylhydrazin; vgl. NEUBERG: Biochem. Z. **232**, 479 (1931). — Vgl. auch MEYERHOF und KIESSLING: Biochem. Z. **267**, 317 (1933).

[2] Vgl. KOBEL und TYCHOWSKY: Biochem. Z. **199**, 218 (1928).

[3] Vgl. H. MEYER: Analyse und Konstitutionsermittlung organischer Substanzen, Berlin: Julius Springer 1931.

im Kölbchen mit 15 ccm Jodwasserstoffsäure (d 1,91) versetzt, in üblicher Weise unter Wasserstoffdurchleitung $2\frac{1}{2}$ Stunden im schwachen Sieden erhalten. Drei Vorlagen mit je 20,20 und 10 ccm wasserfreiem Pyridin beschickt. Nach dem Abkühlen in Wasserstoffatmosphäre wird die Flüssigkeit aus den Vorlagen (enthaltend das Pyridin-isopropyljodid) mit Alkohol in einen $1\frac{1}{2}$ l-ERLEN-MEYER-Kolben übergespült, mit 30—50 ccm n/10 Silbernitratlösung versetzt, sodann mit 750 ccm Wasser verdünnt und mit konzentrierter Salpetersäure angesäuert. Abscheidung von Silberjodid, 2—3 Stunden auf dem Wasserbad erhitzt. Nach dem Erkalten Überschuß des Silbernitrates mit n/10 Ammonrhodanidlösung gegen Ferriammonsulfat als Indicator zurücktitriert. Differenz ergibt die dem Glycerin entsprechende Menge. 1 ccm n/10 Silberlösung entspricht 9,2 mg Glycerin.

c) Präparativer Gärversuch. In einer 15 l fassenden Flasche werden 5 l einer 20%igen Zuckerlösung (1 kg Zucker), enthaltend die üblichen Nährsalze (0,2% Ammonsulfat, 0,1% Dinatrium-phosphat und 0,025% Magnesiumsulfat)[1] mit 100 g frischer abgepreßter Brennereihefe in üblicher Weise versetzt und bei 30—35° schwach angären gelassen (Gärverschluß usw. wie in Übung 4 e); sodann Zusatz von 1 kg Natriumsulfit $(NaSO_4 . 7 H_2O)$[2] in 5 l Wasser (allmählich unter gutem Umschütteln). Nach 6—10 Stunden setzt die Gärung wieder ein[3] und ist nach 5 bis 6 Tagen beendet. Die Prüfung auf Reduktionsvermögen mittels OSTscher Lösung[4] soll nur noch sehr schwach oder negativ sein. Bei stärker positivem Ausfall der Reaktion wird noch Hefe zugesetzt und dann ausgären gelassen.

Destillation von Acetaldehyd und Alkohol. Die vergorene Flüssigkeit wird unter Eiskühlung mit einer konzentrierten Lösung von 900 g Calziumchlorid $(CaCl_2 . 6 H_2O)$ versetzt; Fällung von Calciumcarbonat; dadurch wird einerseits das bei der Gärung erzeugte Natriumcarbonat und -bicarbonat entfernt (das den Aldehyd beim Erhitzen verharzen würde) und andererseits der Acetaldehyd frei gesetzt; nach weiterem Zusatz von 200 g Kreide

---

[1] Der Zusatz von Nährsalzen ist nicht unbedingt erforderlich, da Vermehrung der Hefe in dem alkalischen Milieu kaum stattfindet.

[2] Von technischem Salz ist entsprechend mehr zu nehmen.

[3] Das vorübergehende Aussetzen der Gärung ist nicht nur auf die Schädigung der Hefezellen, sondern auch auf die Bindung von CO_2 als $NaHCO_3$ im alkalischen Milieu zurückzuführen.

[4] Zusammensetzung derselben: 250 g wasserfreies Kaliumcarbonat und 100 g Kaliumbicarbonat in Wasser gelöst, langsam mit einer Lösung von 17,5 g Kupfersulfat versetzt und das Ganze auf 1 l aufgefüllt. Reduktion beim Erwärmen der Lösung mit der Probe.

wird destilliert (wie in Übung 4 e) und 2500 ccm Destillat aufgefangen. Durch weitere Destillation dieses können Acetaldehyd und Alkohol angereichert werden.

Glycerindestillation. Der Rückstand nach der Aldehyd-Alkohol-Destillation wird filtriert und allmählich aus dem 3 l fassenden Kolben der Destillationsapparatur (Abb. 20) mit überhitztem Wasserdampf im Vakuum destilliert[1]. Die Apparatur ermöglicht auch gleich eine Konzentrierung des Glycerins in der Vorlage V_1. Handhabung: Das ganze System zwischen dem Schraubenquetschhahn H_2 und der Pumpe wird auf 10—12 mm evakuiert, dann das Ölbad, in dem sich der Destillierkolben befindet, auf 200° erhitzt

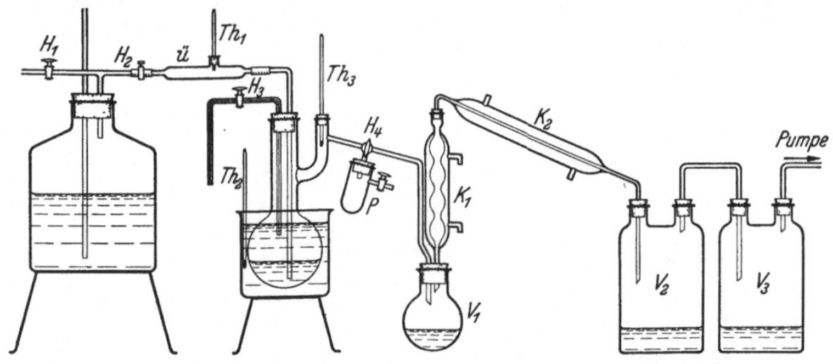

Abb. 20. Apparatur zur Glycerindestillation.

und durch Öffnen des Hahnes H_2 Wasserdampf eingeleitet[2], der Überhitzer (Ü) auf 220—230° angeheizt (Th_1) und die Ölbadtemperatur (Th_2) auf 240—250° gesteigert. Durch den Kühler K_1 wird warmes Wasser geleitet, durch den Kühler K_2 kaltes Wasser. Das Rohglycerin sammelt sich in der Vorlage V_1 an und wird hier gleichzeitig konzentriert, während wäßrige Anteile nach V_2 und V_3 übergehen. Durch den Capillarhahn H_3 wird von Zeit zu Zeit frische Lösung nachgefüllt. Der Zweiweghahn H_4 dient zur Probeentnahme, und zwar zur Feststellung des Zeitpunktes, wann die Destillation beendet ist; man schaltet den Hahn so, daß die Verbindung mit dem gleichfalls evakuierten und mit der Pumpe verbundenen Proberohr P hergestellt und zugleich die Verbindung

---

[1] Vgl. NEUBERG und REINFURTH: Biochem. Z. **92**, 234 (1918). Siehe auch die von GRÜN beschriebene Apparatur (Analyse der Fette und Wachse 1. Bd., S. 531, Berlin: Julius Springer 1925).
[2] Zur Regulierung des Dampfdruckes dient der Hahn H_1 unter Beobachtung des Wasserstandes im Steigrohr.

mit der übrigen Apparatur gesperrt wird, fängt nun etwas Destillat in P auf und prüft dieses auf Glycerin[1]. Bilanz: Aus 1 kg Zucker erhält man etwa 200—250 g Glycerin, 200—300 g Alkohol und 50—100 g Acetaldehyd.

Anhang I: Technologie der Glyceringärung.

Die Erzeugung von Glycerin auf dem Gärungswege bildete in den Jahren 1916—1918 die Grundlage der Nitroglycerinerzeugung der Mittelmächte (in Friedenszeiten ist das Verfahren nicht rentabel, da ausreichende Glycerinmengen zur Verfügung stehen[2]). Durchführung in Melassebrennereien, deren Apparatur direkt benutzt werden kann. Die Gärung wurde in Gärbottichen von über 1000 cbm Inhalt mit gutem Erfolg vorgenommen; Gärdauer bis 90 Stunden; Temperatur 30—35°. Die normale vergorene Maische enthielt 3% Glycerin, 2% Alkohol und 1% Acetaldehyd, gebunden an Sulfit. Die technische Ausbeute an fertigem Glycerin, bezogen auf Zucker, betrug 20—25%. Die abfallende Hefe kann nach einer jedesmaligen Regenerierungsgärung bei schwach saurer Reaktion wiederholt benützt werden. Nach späteren Verfahren[3] wird eine höherprozentige Glycerinlösung dadurch erhalten, daß die flüchtigen Gärprodukte aus der Maische abdestilliert werden und diese unter neuerlichem Hefe- und Zuckerzusatz vergoren wird. Ferner soll man mit einem geringeren Salzzusatz auskommen[4], wenn man ein Gemisch von Sulfit und Bisulfit verwendet, das ungefähr lackmusneutral gehalten wird. Die Ausbeute an Glycerin soll dadurch erheblich gesteigert werden, und zwar auf 42 Teile Glycerin 21,8 Teile Acetaldehyd und 4,5 Teile Alkohol aus 100 Teilen Zucker.

Als Nebenprodukte der gärungstechnischen Glycerinerzeugung treten 1,3-Propandiol (Trimethylenglykol)[5] und 1,2-Propandiol (Propylenglykol)[6] auf. Diese entstehen wohl erst durch eine nach der Glycerinbildung einsetzende Nebengärung (Reduktion von Glycerin). WERKMAN und GILLEN[7] konnten auch Bakterien isolieren, die zur Bildung von Trimethylenglykol aus Glycerin befähigt sind.

---

[1] Z. B. nach der Probe von MANDEL und NEUBERG [Biochem. Z. 71, 214 (1915)]. Einige Tropfen des Destillates werden verdünnt; 2—3 ccm der 0,1—1%igen Lösung versetzt man mit genau 3 Tropfen n-NaOCl und kocht 1 Min. Dieser Vorgang wird nochmals wiederholt, dann 3 Tropfen konz. Salzsäure hinzugefügt und $^1/_2$—1 Min. gekocht (Austreiben von Chlor). Die völlig farblose Lösung versetzt man mit dem gleichen Volumen konz. Salzsäure und einer kleinen Messerspitze Orcin. Beim Kochen färbt sich die Mischung violett bis grünblau. Reiner Amylalkohol färbt sich beim Ausschütteln blaugrün.

[2] Ausarbeitung des Verfahrens von CONNSTEIN und LÜDECKE [vgl. B. 52, 1386 (1919); Seifenfabrikant 1919, 310] unabhängig von NEUBERG und FÄRBER [Biochem. Z. 78, 264 (1916)]. — Vgl. ferner DRP. 298593-6 der Vereinigten Chem. Werke Charlottenburg.

[3] K. und N. LÜDECKE: E. P. 278086 (1926).

[4] COCKING und LILLY, England: DRP. 472870.

[5] RAYNER: C. 1926, II 2509.

[6] SCHUTT: Oe. Chem. Ztg. 30, 170 (1927).

[7] WERKMAN und GILLEN: J. Bact. 23, 167 (1932).

Anhang II: Theoretisches.

Chemismus der zweiten Vergärungsform; Gärungsgleichung:

$$C_6H_{12}O_6 = CH_2OH \,.\, CHOH \,.\, CH_2OH + CH_3 \,.\, CHO + CO_2.$$

Der Acetaldehyd wird dabei durch das Natriumsulfit gebunden, das als Abfangmittel wirkt. Neben der spezifischen abfangenden Wirkung des Sulfits ist aber auch noch eine allgemeine Salzwirkung zu berücksichtigen, indem auch in Gegenwart größerer Mengen anderer Salze die Glycerinbildung wesentlich gefördert wird; z. B. in Gegenwart großer Mengen $(20-100\%)$ Calciumchlorid, Natriumchlorid, Natriumsulfat, Ferrosulfat, Aluminiumsulfat und andere (Erhöhung der Glycerinausbeute vielfach auf über 10% des Zuckers[1]).

Sonstige Verfahren zur Acetaldehydabfangung:

a) Dimedon (Dimethon = Dimethylhydroresorcin, Dimethylcyclohexandion); Zusatz zum Gäransatz. Abscheidung des wasserunlöslichen Kondensationsproduktes Aldomedon (Aldomethon), bestehend aus 1 Mol Acetaldehyd und 2 Mol Dimethon. Isolierung und Identifizierung des Kondensationsproduktes (Schmelzpunkt $139-140^0$, Überführung in das Anhydrid vom Schmelzpunkt $173-175^0$)[2].

b) Säurehydrazide als Abfangmittel: Mittels Semicarbazid sowie Thiosemicarbazid können bis 15% Acetaldehyd und die äquivalente Menge Glycerin erhalten werden[3], weniger geeignet sind Benzhydrazid und Phenylessigsäurehydrazid[4].

6. Übung:

Decarboxylierung der Brenztraubensäure.

a) Kleinversuch mit frischer Hefe (Demonstrationsversuch[5] mit qualitativem Acetaldehydnachweis). 20 ccm einer 1%igen Brenztraubensäurelösung mit 3 g abgepreßter Hefe (wie in Übung 5 a) versetzt, in ein Gärröhrchen eingefüllt und genau so weiter behandelt wie in Übung 5a. Ebenso eine Kontrollprobe mit der Hefe und Leitungswasser allein. Schon nach wenigen Minuten ist in der Hauptprobe Gärung feststellbar, nach 20—25 Minuten ist das Gärröhrchen schon ziemlich mit CO_2 gefüllt. Probe auf CO_2: Einführung von konzentrierter Kalilauge mittels einer hakenförmig gebogenen Pipette in den langen Schenkel des Gärröhrchens; Absorption des Gases bis auf ein kleines (der Hefe entstammendes Luftbläschen. Nachweis des Acetaldehyds in einer Probe in üblicher Weise (vgl. S. 93).

b) Demonstrationsversuch mit Trockenhefe[6]. 14 ccm n/10 Brenztraubensäurelösung (100 ccm enthalten $0{,}88\,g = 0{,}7$ ccm

---

[1] Vgl. CONNSTEIN und LÜDECKE: B. **52**, 1386 (1919).

[2] NEUBERG und REINFURTH: Biochem. Z. **106**, 281 (1920).

[3] NEUBERG und KOBEL: Biochem. Z. **188**, 211 (1927). — KOBEL und TYCHOWSKY: Biochem. Z. **199**, 218 (1928).

[4] KLEIN und FUCHS: Biochem. Z. **213**, 40 (1929).

[5] NEUBERG und KARCZAG: Biochem. Z. **36**, 76 (1911).

[6] NEUBERG: Biochem. Z. **152**, 203 (1924).

frisch destillierter Brenztraubensäure) und 1,5 ccm 2 m-Kaliumacetatlösung (19,6 g K-Acetat in 100 ccm) langsam unter Schütteln mit 2 g Trockenhefe oder Acetonhefe versetzt. Hefe gut verteilen, Gemisch in ein Gärröhrchen einfüllen. Im übrigen wie zuvor weiter behandeln. Sofortiger Gärungsbeginn, in wenigen Minuten ist der lange Schenkel des Gärröhrchens mit CO_2 gefüllt. Nachweis der Reaktionsprodukte wie zuvor.

c) Brenztraubensäurespaltung in Gegenwart von Natriumsulfit[1]. 2 ccm m-Brenztraubensäurelösung, 2 ccm m-Natriumsulfitlösung, 2 ccm Essigsäure-Acetatpuffer (6 g Eisessig und 27,2 g krystallisiertes Na-Acetat in 100 ccm) und 14 ccm Wasser mit 2 g untergäriger oder obergäriger Trockenhefe (oder 3 g frischer Hefe) versetzt, gut verteilt, ins Gärröhrchen gebracht und wie zuvor weiter behandelt. Stürmische CO_2-Entwicklung. Nachweis der Reaktionsprodukte wie zuvor.

d) Gärversuch mit quantitativer Bestimmung der Reaktionsprodukte (Versuchsanordnung wie in Übung 4c) in Gegenwart von Natriumsulfit. Gäransatz 200 ccm (zehnfach größer als in Versuch c). Ablesung der gebildeten CO_2-Menge wie in Übung 4c. Bestimmung des Acetaldehyds nach Zerlegung des Sulfitkomplexes und Destillation über $CaCO_3$ vgl. Übung 5b.

Anhang: Theoretisches.

Die Brenztraubensäurespaltung wird durch die Carboxylase bewirkt, ein Teilferment der Zymase, und zwar durch lebende Organismen, Trockenpräparate sowie Fermentlösungen (z. B. dialysierter Hefesaft[2], Macerationssäfte obergäriger Hefen[3], auch durch gelagerte Säfte[4]), und zwar ohne Co-zymase[4], dagegen in Gegenwart der Cocarboxylase[5], die aus Trockenhefe auswaschbar ist. Die Carboxylase ist gegenüber verschiedenen Einflüssen sowie Zusätzen recht unempfindlich; z. B. lebende Hefen in Gegenwart von Toluol, Chloroform, Phenol, Sublimat und anderen Zellgiften, durch die wohl die Zuckervergärung, nicht aber die Carboxylasetätigkeit gehemmt wird.

Wirkung der Carboxylase auf verschiedene andere α-Ketosäuren: z. B. α-Ketobuttersäure, α-Keto-isovaleriansäure, α-Keto-n-capronsäure, α-Keto-glutarsäure, Oxalessigsäure (dabei auch β-Decarboxylierung) u. v. a.

Reine carboxylatische Spaltung der verschiedenen Ketosäuren stets in Gegenwart von sekundärem Sulfit, indem der abgefangene Aldehyd vor der weiteren biochemischen Umsetzung geschützt wird (z. B. vor der Reduktion oder Acyloinkondensation).

---

[1] NEUBERG und REINFURTH: B. **53**, 1046 (1920).
[2] NEUBERG: Biochem. Z. **71**, 1 (1915).
[3] NEUBERG und CZAPSKI: Biochem. Z. **67**, 9 (1914).
[4] NEUBERG und ROSENTHAL: Biochem. Z. **51**, 128 (1913).
[5] AUHAGEN: H. **204**, 149 (1932).

7. Übung:

Alkalische Gärung (dritte Vergärungsform).

Gärversuch mit analytischer Bestimmung der Gärprodukte.
10 g Rohrzucker, 18 g Dikaliumphosphat (einer etwa molaren
Lösung entsprechend) oder 13 g Natriumbicarbonat (einer etwa
$1\frac{1}{2}$-molaren Lösung entsprechend) in 100 ccm Wasser gelöst und
mit 10 g abgepreßter Brennereihefe in üblicher Weise versetzt.
Die Gärung ist nach etwa drei Tagen bei 30—35° beendet. Reduktion von FEHLINGscher Lösung[1] nur noch sehr schwach. Aufarbeitung: Abfiltrieren der Hefe, Auswaschen, Auffüllen auf
150 ccm. Verwendung aliquoter Teile für die Bestimmungen (Essigsäure und Glycerin). Acetaldehyd ist bei vollendeter Gärung meist
nur in geringer Menge vorhanden (qualitative Prüfung einer
Probe), Äthanol ist meist reichlich vorhanden (und zwar entsteht
nicht nur der der Essigsäure äquivalente Anteil, sondern eine
weitere Menge entsteht auch gemäß der ersten Vergärungsform).

Essigsäure. 25 ccm Filtrat werden durch Zusatz von 2 n-
Schwefelsäure kongosauer gemacht, unter Rückflußkühlung
5 Minuten gekocht (Entfernung von CO_2) und sodann mit Wasser-
dampf destilliert, solange noch saure Reaktion nachweisbar ist.
Titration des Destillates mittels n/10 Lauge[2]. 1 ccm entspricht 6 mg
Essigsäure = 9 mg Glucoseäquivalente.

Glycerin. 25 ccm des Filtrates (enthaltend etwa 200 mg
Glycerin) genau so behandelt wie in Übung 5 b.

Ausbeuteberechnung: Es werden insgesamt z. B. 1,2 g Glycerin
gefunden (entsprechend 1,17 g-Äquivalenten Glucose) sowie die
äquivalente Menge Essigsäure (gemäß der Gärungsgleichung; vgl.
unten), so daß insgesamt etwa 2,4 g Glucose (bzw. Rohrzucker)
gemäß der dritten Vergärungsform abgebaut wurden, der Rest
nach der ersten Vergärungsform.

Anhang: Theoretisches.

Chemismus der dritten Vergärungsform; Gärungsgleichungen:

$a)\ \ 2\,C_6H_{12}O_6 = 2\,CH_2OH\,.\,CHOH\,.\,CH_2OH + 2\,CH_3\,.\,CHO + 2\,CO_2,$

$\beta)\ \ 2\,CH_3\,.\,CHO + H_2O = CH_3\,.\,CH_2OH + CH_3\,.\,COOH.$

Die Zuckerspaltung findet demnach zunächst nach der zweiten
Vergärungsform statt, doch wird der Acetaldehyd nicht angehäuft,
sondern er unterliegt einer Dismutation unter Bildung von Äthanol
und Essigsäure. Im Anfangsstadium der Gärung lassen sich auch
stets größere Acetaldehydmengen nachweisen. Endgleichung:

$$2\,C_6H_{12}O_6 + H_2O = 2\,C_3H_8O_3 + 2\,CO_2 + C_2H_6O + C_2H_4O_2.$$

[1] Vgl. S. 128.

[2] Bei genauen Bilanzversuchen muß noch ein paralleler Gärversuch
ohne Zusatz von Alkali vorgenommen und in gleicher Weise die entstandene Säure bestimmt werden; der gefundene Wert ist dann von
dem im Hauptversuch ermittelten abzuziehen.

Neben der dritten Vergärungsform findet stets auch normale Zuckervergärung statt; und zwar erfolgt Umsetzung nach der dritten Vergärungsform maximal bis zu 35,4%, der Rest nach der ersten Vergärungsform. Die Tätigkeit der Invertase wird im alkalischen Milieu nicht gestört. Die Umwandlung des Acetaldehyds erfolgt unter der Wirkung einer Oxydo-Reduktase.

8. Übung:
Darstellung der Hexosephosphate.

a) Darstellung des Hexosediphosphats [1]. Gewinnung des Ca-Salzes, $C_6H_{10}O_4(PO_4Ca)_2 . H_2O$. 400 g Rohrzucker und 83 g Mononatriumphosphat ($NaH_2PO_4 . 2 H_2O$) in einer 8 l-Flasche in 2 l Wasser von 40^0 gelöst, mit 22 g Natriumbicarbonat versetzt (p_H-Optimum zwischen 6,2 und 6,6), 600 g Unterhefe gut suspendiert, 100 ccm Toluol zugesetzt, unter häufigem Umschwenken bei 37^0 aufbewahrt. CO_2-Entwicklung und Veresterung beginnen bald. Entnahme von Proben und Prüfung auf anorganisches Phosphat: je 2 ccm entnommen, 4 ccm $2\frac{1}{2}$%ige Ammoniaklösung zugefügt, durch ein trockenes Filter gegossen, 2 ccm des klaren Filtrates mit 3 ccm Magnesiamixtur versetzt. Nach 5—7 Stunden (bei manchen Hefen auch früher) ist der Prozeß beendet. Der Zeitpunkt der vollständigen Veresterung darf nicht überschritten werden, da später wieder Zerlegung stattfindet.

A u f a r b e i t u n g : Reaktionsgemisch mit 2 n-Natronlauge gegen Lackmus neutralisiert und etwa 20 Minuten im siedenden Wasserbad erhitzt; dann zentrifugiert oder filtriert. Das Filtrat enthält hauptsächlich hexosediphosphorsaures Natrium, neben geringen Mengen des Monophosphats. — Filtrat in einem Rundkolben im Wasserbad auf etwa 95^0 erwärmt und mit einer siedenden Lösung von 108 g krystallisiertem Calciumchlorid in 100 ccm Wasser gefällt. Möglichst heiß durch eine angewärmte Nutsche abgesaugt, mit wenig siedendem Wasser nachgewaschen. Umfällung: der feuchte Niederschlag in etwa 500 ccm 2 n-Essigsäure unter Zusatz von etwa 250 ccm Wasser gelöst, klar filtriert und Filtrat mit 2 n-Natronlauge gegen Lackmus genau neutralisiert. 15 Minuten im siedenden Wasserbad erhitzt, möglichst heiß abgesaugt und mit wenig siedendem Wasser nachgewaschen. Nach dem Trocknen erhält man ein technisch reines Produkt (analog dem Candiolin des Handels).

R e i n i g u n g [1]: 10 g Candiolin in 64 ccm 2 n-Salzsäure unter Zusatz von 50 ccm Wasser in der Kälte gelöst. Ohne zu filtrieren unter Eiskühlung 65—66 ccm 2 n-NaOH tropfenweise zugefügt. Ausfällung anorganischer Phosphate neben kleinen Mengen

---

[1] Vgl. NEUBERG und KOBEL, in OPPENHEIMER und PINCUSSEN, Methodik der Fermente, Thieme, Leipzig, S. 406, 1929.

Ca-hexosediphosphat. Rasch absaugen, mit Salzsäure gegen Lackmus genau neutralisieren. Die klare Lösung wird auf dem Wasserbad bis auf 90° erhitzt: Abscheidung des Ca-Salzes (in Form mikroskopischer Kügelchen). Reinheitsprüfung: Die eisgekühlte Lösung in verdünnter Säure (vgl. oben), nach Verdünnung und Neutralisation mit Ammoniak darf mit Magnesiamixtur keine Fällung geben. Andernfalls muß die Prozedur nochmals wiederholt werden.

Herstellung der löslichen Modifikation des Ca-Salzes[1]: Das reine Ca-Salz in möglichst wenig verdünnter Milchsäure gelöst, mit Ammoniak unter Eiskühlung gegen Lackmus deutlich alkalisch gemacht, klar filtriert und mit Alkohol gefällt; amorphe, voluminöse Masse, auf der Nutsche gewaschen (Ammoniak und Ammonlactat entfernt), schließlich mit Äther gewaschen und an der Luft getrocknet. Produkt löst sich glatt in Eiswasser, beim Erhitzen scheidet sich wieder die schwer lösliche Modifikation ab. Herstellung des Mg-Salzes und der Alkalisalze aus dem Ca-Salz durch Umsetzung (z. B. mit Na- oder K-Carbonat).

b) Darstellung des Hexosemonophosphates (ROBINSON-Ester). Gewinnung des Ba-Salzes[2]. 100 g Rohrzucker in 1 l Macerationssaft (aus Unterhefe) bei Zimmertemperatur zur Angärung gebracht; dann 300 ccm einer 20%igen Lösung von Dinatriumphosphat (Na_2HPO_4 . 12 H_2O) in kleinen Portionen zugesetzt (Tropftrichter), wobei dauernd kräftige CO_2-Entwicklung stattfinden soll (Gäraufsatz mit Blasenzähler); sodann nochmals 100 g Zucker zugesetzt und so lange Phosphatlösung, bis eine Abnahme der CO_2-Entwicklung beim Umschütteln bemerkbar ist. Gesamtzusatz von etwa 100—150 g krystallisiertem Dinatriumphosphat. Versuchsdauer vom Beginn der Phosphatzugabe an etwa 1½—2 Stunden.

Isolierung des Monoesters: Ansatz mit heiß gesättigter Barytlösung genau neutralisiert, zur Koagulation des Hefeeiweißes 20—25 Minuten im kochenden Wasserbad erhitzt, zentrifugiert oder filtriert; die klare Lösung mit der dem zugegebenen Phosphat äquivalenten Menge konzentrierter Bariumacetatlösung versetzt: Ausfällung der Reste anorganischen Phosphats und des Hexosediphosphats, möglichst heiß abgesaugt, mit wenig siedendem Wasser nachgewaschen; Filtrat im Verdunstungskasten oder Vakuum bei 37° auf etwa 800 ccm eingeengt. Probe der filtrierten und abgekühlten Lösung mit normalem Bleiacetat versetzt (es soll nur geringe Trübung durch hexosediphosphorsaures Blei ein-

---

[1] Vgl. NEUBERG und KOBEL, in OPPENHEIMER und PINCUSSEN, Methodik der Fermente, Thieme, Leipzig, S. 406, 1929.

[2] NEUBERG und LEIBOWITZ: Biochem. Z. 184, 489 (1927).

treten). Falls ein Niederschlag entsteht, wird das Ganze mit der gerade erforderlichen Menge Bleiacetat gefällt (Überschuß vermeiden), abgesaugt und Filtrat (bzw. direkt die eingeengte Lösung, falls kein Niederschlag entstanden war) durch Zusatz von Bleiessig gefällt, unter Vermeidung eines zu großen Überschusses (infolge Wiederauflösung). Nach einigen Stunden abzentrifugiert, in den Zentrifugenbechern dreimal mit destilliertem Wasser gewaschen. Zersetzung des Bleisalzes: In einer Schale mit Wasser fein angerieben, Suspension mit Schwefelwasserstoff behandelt, nach etwa 4 Stunden Bleisulfid abgesaugt, Rückstand nochmals in gleicher Weise mit Schwefelwasserstoff behandelt. Klare Filtrate vereinigt, Luft durchgesaugt, dann genau mit Baryt neutralisiert, filtriert. Im Verdunstungskasten auf 600—800 ccm eingeengt, eventuell filtriert. Probe mit normalem Bleiacetat geprüft; falls ein Niederschlag ausfällt, wird die gesamte Menge mit Bleiacetat behandelt und filtriert. Weitere Reinigung durch Wiederholung der ganzen Operation: Fällung des Monophosphats mit Bleiessig usw. wie zuvor. Die sodann erhaltene Lösung mit alkalifreiem Barytwasser gegen Phenolphthalein neutralisiert und mit Alkohol (etwa gleiches Volumen) gefällt; nach dem Stehen auf der Nutsche abgesaugt, mit 50%igem und schließlich mit absolutem Alkohol nachgewaschen. Reinheitsprüfung: Das Ba-Salz soll in kaltem Wasser klar löslich sein, Lösung darf weder in konzentriertem, noch verdünntem Zustand beim Erwärmen Trübung geben; dieselbe darf auch in 20%iger Lösung nicht mit normalem Bleiacetat fällbar sein. Falls Diphosphat noch vorhanden ist, muß nochmals aus verdünnter Lösung umgefällt werden. Ausbeute an reinem Ba-Salz je nach der Güte des Macerationssaftes 50—90 g.

Anhang: Theoretisches.

a) Chemische Konstitution der Hexosephosphorsäureester:

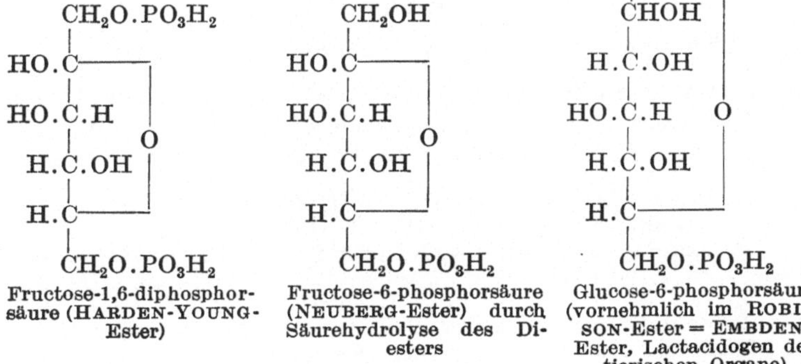

Fructose-1,6-diphosphorsäure (HARDEN-YOUNG-Ester)

Fructose-6-phosphorsäure (NEUBERG-Ester) durch Säurehydrolyse des Diesters

Glucose-6-phosphorsäure (vornehmlich im ROBIN-SON-Ester = EMBDEN-Ester, Lactacidogen der tierischen Organe)

Der ROBINSON-Ester besteht zu etwa 70% aus Glucosemono-phosphorsäure und zu 30% aus Fructosemonophosphorsäure; derselbe stellt eine Gleichgewichtsform der beiden Komponenten vor[1], die unter der Einwirkung eines Ferments von beiden reinen Körpern aus in wenigen Sekunden entsteht; ebenso bei der enzymatischen Spaltung des Di-phosphats.

b) Bildungsweise der Hexosediphosphorsäure bei der Gärung. Beginn der Zuckergärung im Macerationssaft mit der Bildung des Mono-esters (Gleichgewichtsform), allmähliche Umlagerung desselben in den HARDEN-YOUNG-Ester während des Gäranstieges[2]. Unmittelbare Bildung des Hexosediphosphats aus Triosephosphorsäure[3]; und zwar handelt es sich um eine Gleichgewichtsreaktion, nach MEYERHOF katalysiert durch die „Zymohexase":

$$
\begin{array}{ccc}
\begin{array}{l}
CH_2O.PO_3H_2 \\
|\\
HO.C\!\!-\!\!\rule{0pt}{1em} \\
|\\
HO.C.H \\
|\qquad O\\
H.C.OH \\
|\\
H.C\!\!-\!\! \\
|\\
CH_2O.PO_3H_2
\end{array}
&
\begin{array}{l}
CH_2O.PO_3H_2 \\
|\\
CO \\
|\\
CH_2OH \\
\\
CHO \\
|\\
H.C.OH \\
|\\
CH_2O.PO_3H_2
\end{array}
&
\begin{array}{l}
\\
\\
\\
\\
\\
CH_2OH \\
|\\
CO \\
|\\
CH_2O.PO_3H_2
\end{array}
\end{array}
$$

Die Glycerinaldehydphosphorsäure ist dabei nicht faßbar; beim Zusatz zum Enzymextrakt geht sie sofort in Dioxyacetonphosphorsäure über[4]. Das oben dargestellte Gleichgewicht stellt sich sehr rasch ein (etwa in ½ Minute ist es schon fast vollständig erreicht); Lage desselben abhängig von der Temperatur, und zwar bei höherer Temperatur zugunsten der Triosephosphorsäure verschoben, bei tieferer Temperatur zugunsten der Hexosediphosphorsäure (das Verhältnis Triosephosphorsäure:Hexosediphosphorsäure ist bei 60° etwa 70:30, bei 20° etwa 40:60, bei − 7° etwa 15:85. Störung des Gleichgewichtes und Verschiebung desselben durch Festlegung der Triosephosphorsäure mittels Sulfit als Abfangmittel; auf diese Weise erfolgt restlose Umwandlung von Hexosediphosphorsäure in Dioxyacetonphosphorsäure (mittels Enzymextrakten aus tierischen Geweben)[5].

9. Übung:

Bildung von Methylglyoxal (fünfte Vergärungsform).

a) Demonstrationsversuch[6]. 30 ccm einer 8%igen Lösung von Mg-Hexosediphosphat (2,4 g exsiccatortrockenes, etwa 1,6 g wasserfreies Salz), 0,5 g frische Bäckerhefe, 1—2 ccm Toluol, in

[1] LOHMANN: Biochem. Z. **262**, 137 (1933).

[2] MEYERHOF: Biochem. Z. **273**, 80 (1934).

[3] MEYERHOF und LOHMANN: Naturw. **22**, 134, 220 (1934); — Biochem. Z. **271**, 90 (1934).

[4] MEYERHOF und KIESSLING: Biochem. Z. **279**, 40 (1935).

[5] MEYERHOF und LOHMANN: Biochem. Z. **273**, 413 (1934).

[6] NEUBERG und KOBEL: B. **63**, 1986 (1930).

einer Glasstöpselflasche gut durchgeschüttelt. Unter öfterem Umschütteln und Lüften des Stöpsels (besonders im Anfang) 1—2 Tage bei 37⁰ stehen lassen. Erste Probe von 10 ccm nach 24 Stunden entnommen, falls nur geringe Mengen Reaktionsprodukt erhältlich, nach weiteren 24 Stunden wiederholt.

Nachweis des Methylglyoxals als 2,4-Dinitrophenylosazon[1]: 10 ccm Probe durch Zusatz von 2 ccm 20%iger Trichloressigsäure enteiweißt, und durch ein mit Kieselgur imprägniertes MACHEREY-Filter (oder auch durch ein Barytfilter) filtriert; völlig klares Filtrat mit 2 ccm einer 1,6%igen Lösung von 2,4-Dinitrophenylhydrazin in 2 n-Salzsäure versetzt: Trübung der Flüssigkeit, beim Umschütteln flockiger, orangefarbiger Niederschlag. Nach 1½ Stunden filtriert oder zentrifugiert, zunächst mit n/2 HCl, dann mit Wasser ausgewaschen, mit 3—5 ccm 25%iger Sodalösung (am Filter oder im Zentrifugenröhrchen) behandelt. (Im Sodafiltrat befindet sich eventuell gebildetes Brenztraubensäure-2,4-dinitrophenylhydrazon in Lösung.) Rückstand mit Wasser ausgewaschen. Man erhält praktisch reines Methylglyoxal-bis-2,4-Dinitrophenylhydrazon. Nachweis: In 0,5%iger alkoholischer Kalilauge lösen sich schon Spuren der Substanz sofort mit tief blauvioletter Farbe.

b) Gäransatz mit quantitativer Bestimmung des Methylglyoxals. Hauptversuch (Ansatz I): 600 ccm 4,5%ige Magnesiumhexosediphosphatlösung, 10 g frische Bäckerhefe und 20 ccm Toluol. Vergleichsversuch (Ansatz II): 300 ccm Wasser, 5 g frische Bäckerhefe und 10 ccm Toluol. Beide Versuche mit Gäraufsatz verschlossen und bei 35—37⁰ aufbewahrt[2]. Nach 24 Stunden 100 ccm Probe entnommen, durch Zusatz von 10—20 ccm 10—20%iger Trichloressigsäure enteiweißt, klares Filtrat mit 20 ccm einer heißen salzsauren Lösung von 2,4-Dinitrophenylhydrazin (1 g der Base gelöst in 60 ccm siedender 2 n-Salzsäure) versetzt. Trübung,

---

[1] Hinsichtlich der Methylglyoxalabscheidung als Dioxim vgl. NEUBERG und SCHEUER [M. 53/54, Wegscheider Festschr. 1031 (1929)], als Methylnaphthopyrazin vgl. NEUBERG und SCHEUER: B. **63**, 3068 (1930).

[2] Da ein Teil des entstehenden Methylglyoxals wegen nicht vollständiger Hemmung der Cozymasewirkung stets weiter verarbeitet wird, kann man diesen Anteil in Vergleichsversuchen ermitteln, indem man Methylglyoxallösungen mit der analogen Menge Hefe behandelt, und zwar: Ansatz III: 120 ccm 0,05—0,1%ige Methylglyoxallösung, 2 g frische Bäckerhefe und 4 ccm Toluol; Ansatz IV: 120 ccm Methylglyoxallösung (wie zuvor) mit 4 ccm Toluol; beide Versuche bei 35—37⁰. Probeentnahme und Bestimmung des Methylglyoxalgehaltes ergibt die Menge des durch die Hefe verarbeiteten Methylglyoxals.

später flockiger Niederschlag; nach etwa 2stündigem Stehen abgetrennt, wie oben mit Sodalösung von eventuell mit gebildetem Brenztraubensäure-2,4-Dinitrophenylhydrazon befreit, einmal mit etwa n/2-HCl, dann mit Wasser, schließlich mit etwas Alkohol gewaschen, nach dem Trocknen im Exsiccator gewogen[1]. Weitere Probeentnahme und Bestimmung des Methylglyoxalgehaltes etwa alle 6 Stunden. Später findet Wiederabnahme der Methylglyoxalmenge statt. Im Vergleichsversuch überzeugt man sich, daß in Abwesenheit von Hexosediphosphat kein Methylglyoxal entsteht.

Anhang: Theoretisches.

Gärungsgleichung für die fünfte Vergärungsform:

$$C_6H_{12}O_6 = 2\ CH_3 . CO . CHO + 2\ H_2O.$$

Verwirklichung der fünften Vergärungsform auf Grund der Differenzierung des komplexen Fermentsystems der Hefe, indem cozymasefreie oder daran arme Apozymase auf hexosediphosphorsaures Salz einwirken gelassen wird.

Nach MEYERHOF soll das Methylglyoxal allerdings nicht selbst ein Durchgangsprodukt des Kohlehydratabbaues sein, sondern es soll aus Triosephosphorsäure auf rein chemischem Wege entstehen, wenn die normale Dismutation derselben bei Mangel an Co-Ferment oder durch Schädigung des Fermentsystems ausbleibt. Falls dies richtig ist, würde das Auftreten von Methylglyoxal die primäre Bildung der MEYERHOFschen Dioxyacetonphosphorsäure anzeigen (vgl. S. 15).

Hinsichtlich der Frage, wie weit eine Zuckerphosphorylierung für die Vergärung erforderlich ist, sind auch die Beobachtungen von Interesse, daß Fusarium lini sowohl lebend als auch in Form von Trockenpräparaten imstande ist, Hexosen wie Pentosen in einer mit der Hefegärung übereinstimmenden Weise abzubauen, ohne daß dieser Vorgang durch eine Veresterung mit organischem Phosphat in der lebenden Zelle eingeleitet wird, jedoch später von ihr begleitet sein kann[2].

10. Übung:

Bildung von Brenztraubensäure und Glycerin
(vierte Vergärungsform).

a) Demonstrationsversuch mit Hexosediphosphat[3]. Ansatz und Durchführung genau wie in Übung 9a, aber mit 3 g frischer Bäckerhefe.

Nachweis der Brenztraubensäure als 2,4-Dinitrophenylhydrazon. 10 ccm Probe wie in Übung 9a vorbehandelt; nach dem Zusatz

---

[1] Zur weiteren Reinigung kann aus wenig Pyridin, dann aus Nitrobenzol umkrystallisiert werden; Fp. 298°.

[2] NORD und Mitarbeiter: Biochem. Z. **285**, 241 (1936).

[3] NEUBERG und KOBEL: B. **63**, 1986 (1930).

des 2,4-Dinitrophenylhydrazins und Umschütteln: Abscheidung eines hellgelben Niederschlages, der sich rasch als gelbes Pulver absetzt. Nach 1 Stunde genau so weiter behandelt wie in Übung 9a. Sodafiltrat (dunkelbraun) mit HCl bis zum Farbumschlag nach hellgelb versetzt: Fällung des Brenztraubensäure-2,4-Dinitrophenylhydrazons als hellgelber Niederschlag; nach dem Absetzen filtriert, oder zentrifugiert, mit n/2-Salzsäure und Wasser nachgewaschen. Nachweis: In 0,5%iger alkoholischer Kalilauge lösen sich schon Spuren der Substanz mit roter, ins Bräunliche spielender Farbe[1].

b) Gäransatz mit Zucker unter quantitativer Bestimmung der Endprodukte[2] (zugleich unter Verfolgung der Brenztraubensäurebildung). Hauptversuch (I): 200 ccm 18,5%ige Glucoselösung, 200 ccm m/8-Dinatriumphosphatlösung und 10 g frische Oberhefe[3] (Anfangs-p_H 7—8, End-p_H 5—7); Vergleichsversuch (II): 200 ccm 9,25%ige Glucoselösung, 5 g frische Oberhefe (Anfangs-p_H etwa 6, End-p_H etwa 3,1); beide Ansätze mit Gäraufsatz verschlossen. Je 4 ccm Probe aus I sowie II (nach vollständiger Suspendierung der Hefe) zwecks Bestimmung der entstehenden Kohlensäure in Eudiometer eingefüllt (am Ende des Versuches saugt man in diese etwas verdünnte Schwefelsäure ein, um alles CO_2 frei zu setzen). Zur Ermittlung der Selbstgärung werden 10 ccm Wasser mit 0,25 g der gleichen Hefe in ein Eudiometer eingefüllt. Gärtemperatur 37°. Verfolgung der Brenztraubensäurebildung: Entnahme von je 20 ccm Probe (aus Ansatz I) von der 10. Stunde an alle 2 Stunden; über Kieselgur filtriert, Filtrat für die analytische Bestimmung der Brenztraubensäure verwendet. Versuchsabbruch, sobald das Maximum erreicht ist (später findet wieder Abnahme der Brenztraubensäuremenge statt).

Bestimmung der Brenztraubensäure[4]: 20 ccm Filtrat werden mit 1 ccm Eisessig versetzt und sodann mit 5 ccm einer 0,5-molaren Bleiacetatlösung gefällt. Niederschlag über Kieselgur abfiltriert, überschüssiges Blei durch Schwefelwasserstoff entfernt. Im völlig klaren Filtrat wird die Brenztraubensäure oxydimetrisch titriert: Zwei ERLENMEYER-Kolben (50 ccm Inhalt) mit je 15 ccm Cerisalzlösung (gesättigte Lösung von Cerisulfat in n-Schwefel-

---

[1] Die Färbung kann auch für quantitative colorimetrische Zwecke verwertet werden: Vgl. CASE: Biochemic. J. **26**, 753 (1932).

[2] In Anlehnung an NEUBERG und KOBEL: Biochem. Z. **229**, 446 (1930).

[3] Diese ist gegen alkalische Reaktion weniger empfindlich als Unterhefe.

[4] Nach FROMAGEOT und DESNUELLE: Biochem. Z. **279**, 174 (1935).

säure); in den einen Kolben fügt man 10 ccm Probe, die mit Schwefelsäure deutlich angesäuert ist[1] (enthaltend 4—20 mg Brenztraubensäure); es wird 5 Minuten bei Zimmertemperatur stehen gelassen[2]. Inzwischen titriert man die Kontrollprobe mittels n/10-Ferrosulfatlösung (MOHRsches Salz, gegen $KMnO_4$ gestellt) unter Anwendung von Kaliumferricyanidlösung als Indikator (2 Tropfen Lösung)[3]. Sodann wird die Hauptprobe zurücktitriert[4]. Titrationsverlauf: Entfärbung der gelben Flüssigkeit, Umschlagspunkt grün; weiterer Zusatz von 1 Tropfen Ferrosulfatlösung erzeugt intensive Blaufärbung. Berechnung: mg Brenztraubensäure $= 44 . (N—n)t$; $N = ccm$ Ferrosulfatlösung in der Kontrollprobe, n in der Hauptprobe, $t =$ Titer der Ferrosulfatlösung.

Bestimmung der sonstigen Reaktionsprodukte im Filtrat (bei Versuchsabbruch): Zucker, Alkohol, Acetaldehyd und Glycerin in üblicher Weise, auch im Vergleichsversuch. Das Ausmaß, in dem nebstbei die erste Vergärungsform vor sich gegangen ist, ergibt sich aus den Werten für Alkohol und CO_2; falls auch Acetaldehyd vorhanden ist, so ist nur der Alkoholwert maßgebend.

Anhang: Theoretisches.

Gärungsgleichung: $C_6H_{12}O_6 = CH_3 . CO . COOH +$
$$+ CH_2OH . CHOH . CH_2OH.$$
Bildung der Reaktionsprodukte daher in äquivalenten Mengen; bei Anwendung frischer Hefen überwiegt Glycerin, da die Brenztraubensäure teilweise im internen Hefestoffwechsel verwendet wird. Neben der vierten Vergärungsform findet bei Anwendung von freiem Zucker stets auch normale Vergärung statt (vgl. Übung 10b).

Substrate: Hexosediphosphat wie auch freier Zucker. Ob die Spaltung des Hexosediphosphats über Phosphoglycerinsäure und Glycerinphosphorsäure und Hydrolyse dieser führt, ist nicht entschieden.

Fermentmaterialien: Frische Hefen, Trockenhefen, Alkohol-Äther-Trockenpräparate sowie Macerationssäfte von Unterhefen.

---

[1] Die Ansäuerung ist notwendig, um die Brenztraubensäure völlig in die Ketoform überzuführen.

[2] Reaktionsverlauf:
$$CH_3 . CO . COOH + 2 Ce\cdots + H_2O \longrightarrow CH_3 . COOH +$$
$$+ 2 Ce\cdots + 2 H\cdot + CO_2.$$
In derselben Weise reagieren auch andere α-Ketosäuren.

[3] Die Indikatorlösung muß frisch bereitet werden, und zwar durch Lösen eines stecknadelkopfgroßen Krystalls in 5 ccm destilliertem Wasser.

[4] Mikrobestimmung: Probe mit 0,4—2 mg Brenztraubensäure. Cerisalzlösung wie oben bereitet, aber unmittelbar vor Verwendung mit n-Schwefelsäure auf das zehnfache verdünnt; Titration mit einer Mikrobürette (Graduierung 0,01 ccm).

Bedingungen für die Verwirklichung der vierten Vergärungsform: Abtönung der Wasserstoffionenkonzentration (pH etwa $7-8$, Zusatz von Trimagnesiumphosphat, Dinatriumphosphat oder MgO), Verringerung der Fermentmenge und eventuell Verkürzung der Gärdauer. Bei Anwendung von verdünntem Hefemacerationssaft und Hexosediphosphat verläuft die Spaltung nach der vierten Vergärungsform bis zu 100% d. Th.[1]. Einfachste Art der Brenztraubensäurebildung: Einwirkung von frischer Bäckerhefe auf Hexosediphosphat in Gegenwart von plasmolytischen Mitteln (vgl. Übung 10a).

11. Übung:

Darstellung der Phosphoglycerinsäure.

Ansatz[2]: 700 ccm $^2/_3$ mol. Phosphatlösung (pH 6,6), 560 ccm 3%ige Na-Hexosediphosphatlösung, 840 ccm 2%ige Acetaldehydlösung, 560 ccm 20%ige Zuckerlösung, 140 ccm 0,2 mol. Natriumfluoridlösung, 700 g frische Unterhefe und 70 ccm Toluol. In einem 5 l-Kolben gemischt, mit Gäraufsatz verschlossen und bei 37^0 unter öfterem Umschütteln etwa $3\frac{1}{2}$ Stunden belassen (falls Gärung eintritt, muß mehr Toluol zugesetzt werden).

Aufarbeitung: Nach dem Abtrennen der Hefe (durch Absaugen oder besser durch Zentrifugieren) wird die Flüssigkeit mit Ammoniak schwach alkalisch gemacht, und mit der erforderlichen Menge 20%iger Mg-Acetatlösung das anorganische Phosphat gefällt. Filtrat mit Essigsäure neutralisiert, mit 370 ccm Eisessig und 175 ccm 50%iger Ba-Acetatlösung versetzt, von einem rasch entstehenden flockigen Niederschlag abfiltriert. Lösung nach kräftigem Anreiben $1\frac{1}{2}$ Tage im Eisschrank aufbewahrt, wobei Krystallisation stattfindet; man erhält etwa 30 g Rohprodukt. Filtrat mit der gleichen Menge vergälltem Alkohol versetzt (falls im Eisschrank keine Krystallisation stattfindet, wird gleich mit Alkohol gefällt). Nach 24 Stunden Niederschlag abgetrennt und mit 700 ccm Wasser unter Umrühren gewaschen. *Reinigung des Ba-Salzes*: Rückstand mit 2 n-Salzsäure digeriert (bis zur kongosauren Reaktion), unlöslicher Anteil abgesaugt, mit Alkohol gewaschen und getrocknet (etwa 2 g) (man erhält 3-phosphoglycerinsaures Ba); salzsaure Lösung mit Natronlauge abgestumpft (schwach kongosauer), mit 25% des Volumens an Alkohol versetzt: Abscheidung des reinen Ba-Salzes (aus $18-19$ g Rohprodukt erhält man dabei 15 g reines Ba-Salz). Gesamt-

---

[1] KOBEL und SCHEUER: Biochem. Z. **229**, 238 (1930).
[2] Nach VERCELLONE und NEUBERG: Biochem. Z. **280**, 161 (1935).

ausbeute 35—45 g an reinem 3-phosphoglycerinsaurem Barium[1]. Das isomere Ba-Salz[2] bleibt dabei in Lösung.

Anhang: Bildungsweise der Phosphoglycerinsäure und Chemismus der alkoholischen Gärung[3].

1. Bildungsmechanismus der Phosphoglycerinsäure. Zunächst findet Phosphorylierung statt unter Bildung von Hexosediphosphorsäure, sodann Zerfall dieser in Triosephosphorsäure und schließlich Oxydoreduktion der letzteren unter Bildung von Phosphoglycerinsäure und Glycerinphosphorsäure. Die Wasserstoff-Acceptorfunktion der Dioxyacetonphosphorsäure kann unter entsprechender Steigerung der Ausbeute an Phosphoglycerinsäure durch Acetaldehyd übernommen werden (unter Umwandlung dieses in Äthanol). Grundbedingung für die Anhäufung von Phosphoglycerinsäure ist die Gegenwart von Natriumfluorid, da dieses die weitere Umwandlung der Phosphoglycerinsäure hemmt (vgl. unten).

$$\begin{array}{cccc}
\text{COOH} & \text{CHO} & \text{CH}_2\text{OH} & \text{CH}_2\text{OH} \\
| & | & | & | \\
\text{CHOH} \longleftarrow & \text{CHOH} \rightleftarrows & \text{CO} \longrightarrow & \text{CHOH} \\
| & | & | & | \\
\text{CH}_2\text{OPO}_3\text{H}_2 & \text{CH}_2\text{OPO}_3\text{H}_2 & \text{CH}_2\text{OPO}_3\text{H}_2 & \text{CH}_2\text{OPO}_3\text{H}_2
\end{array}$$

3-Phospho-glycerinsäure	3-Glycerin-aldehyd-phosphorsäure	Dioxyaceton-phosphorsäure (oder Acetaldehyd ⟶	α-Glycerin-phosphorsäure Äthanol)

2. Zusammensetzung und Zerfall der Phosphoglycerinsäure. Die Phosphoglycerinsäure von NILSSON[4], als saures Ba-Salz krystallisierend, besteht aus zwei Komponenten[5], nämlich einem α- und einem β-ständig phosphorylierten Anteil. Die Umwandlung der Phosphoglycerinsäure in Brenztraubensäure erfolgt daher gemäß dem folgenden Schema:

$$\begin{array}{cccc}
\text{I COOH} & \text{II COOH} & \text{III COOH} & \text{IV COOH} \\
| & | & | & | \\
\text{CHOH} \rightleftarrows & \text{CHOPO}_3\text{H}_2 \rightleftarrows & \text{C}\cdot\text{OPO}_3\text{H}_2 + \text{H}_2\text{O} \longrightarrow & \text{CO} + \text{H}_3\text{PO}_4 \\
| & | & \| & | \\
\text{CH}_2\text{OPO}_3\text{H}_2 & \text{CH}_2\text{OH} & \text{CH}_2 & \text{CH}_3
\end{array}$$

(−) 3-Phospho-glycerinsäure $[\alpha]_D = -14{,}5°$	(+) 2-Phospho-glycerinsäure $[\alpha]_D = +24{,}5°$	(enol)-Brenztrauben-säure-phosphorsäure (100%ig vergärbar)	Brenztrauben-säure

Enzymatisches Gleichgewicht I $\rightleftarrows$ II von beiden Seiten aus rasch erreichbar; temperaturabhängig (z. B. im Co-fermentfreien

---

[1] Nach den früheren Vorschriften erhält man nur etwa den dritten Teil; vgl. NEUBERG und KOBEL: Angew. Chem. **46**, 220, 711 (1933); Biochem. Z. **260**, 241 (1933); **263**, 219 (1933); **264**, 454 (1933).

[2] Vgl. MEYERHOF und KIESSLING: Biochem. Z. **276**, 239 (1935).

[3] Zusammenfassung der MEYERHOFschen Arbeiten vgl. O. MEYERHOF: Erg. Enzymforsch. 4, 207 (1935) und Helvet. chim. Acta **18**, 1030 (1935).

[4] Ark. Kem. Min. Geol. (schwed.) (A) **10**, Nr 7 (1930).

[5] MEYERHOF und KIESSLING: Naturwiss. **22**, 838 (1934); Biochem. Z. **276**, 239 (1935).

Muskelextrakt; das Verhältnis von 3-Phosphoglycerinsäure zu 2-Phosphoglycerinsäure ist bei 0^0 etwa 88:12, bei 28^0 etwa 79:21, bei 60^0 etwa 69:31). Das Gleichgewicht II $\rightleftharpoons$ III ist temperaturunabhängig. Die Reaktion III $\longrightarrow$ IV wird durch ein Co-Ferment (Adenylpyrophosphat) aktiviert. Die Reaktion II $\longrightarrow$ III (katalysiert durch die „Enolase") wird durch NaF gehemmt, daher wird die einmal gebildete Phosphoglycerinsäure in Gegenwart von Natriumfluorid nicht weiter verändert (vgl. oben).

3. Vollständiges Gärungschema nach MEYERHOF. Der Zuckerzerfall soll in vier Phasen vor sich gehen, und zwar:

A. Primäre Phosphorylierungsvorgänge und Bildung von Phosphoglycerinsäure und Glycerinphosphorsäure (nur im Angärungsstadium).

B. Umwandlung der Phosphoglycerinsäure in Phosphobrenztraubensäure.

C. Umesterungsreaktion der Phosphobrenztraubensäure mit Glucose unter Decarboxylierung der Brenztraubensäure und Bildung von Hexosediphosphorsäure.

D. Neubildung von Phosphoglycerinsäure aus Glucose über die primären Phosphorylierungsprodukte unter Beteiligung des Acetaldehyds und Hydrierung desselben zu Äthanol. (Siehe Schema S. 112.)

Der Umsatz der Phosphobrenztraubensäure mit Glucose geht daher in Gegenwart von J. E. nur gemäß Gleichung C vor sich, in Gegenwart von Fluorid dagegen gemäß Gleichung C und D. Die Zerfallsgeschwindigkeit der Phosphobrenztraubensäure wird in Gegenwart von Zucker mindestens auf die Gärgeschwindigkeit des Zuckers selbst erhöht, so daß dieses Schema den tatsächlichen Verlauf der zellfreien Gärung genau wiederzugeben vermag.

Es sei jedoch noch darauf hingewiesen, daß bei der alkoholischen Zuckerspaltung in der lebenden Zelle wie auch bei Anwendung von Trockenpräparaten usw. die Phosphorylierung nicht zwangsläufig verlaufen muß (vgl. S. 106).

4. Übersicht des Enzymsystems der alkoholischen Gärung. Zum besseren Verständnis seien zunächst einige grundsätzliche Erklärungen vorausgeschickt. Zu einem Enzymsystem im allgemeinen gehören folgende Bestandteile sowie Hilfsstoffe[1]:

a) Das *Holoferment* (das vollständige Fermentmolekül) entsteht durch Vereinigung des *Co-Fermentes* (einer niedrigmolekularen Komponente, die die Wirkungsgruppen enthält)[2] mit dem *Apoferment* (einem spezifischen, hochmolekularen Träger):

Co-Ferment + Apo-Ferment $\rightleftharpoons$ Holoferment.

b) Die *Aktivatoren* oder *Regulatoren* sind *keine* Bestandteile des Fermentmoleküls; sie sind Begleitstoffe des Fermentsystems und regulieren die Wirkung desselben in positivem oder negativem Sinn (Aktivierung oder Hemmung), indem sie mit dem Co-Ferment- oder Apoferment-Anteil reagieren.

---

[1] Vgl. die Zusammenfassung von ALBERS: Ang. Ch. **49**, 448 (1936); v. EULER und ADLER: H. **238**, 242 (1936) sowie ALBERS: Ang. Ch. **49**, 194, 208 (1936)

[2] Co-Fermente sind daher *wirkliche Bestandteile* des Fermentmoleküls.

Es ergibt sich daher folgendes Schema:

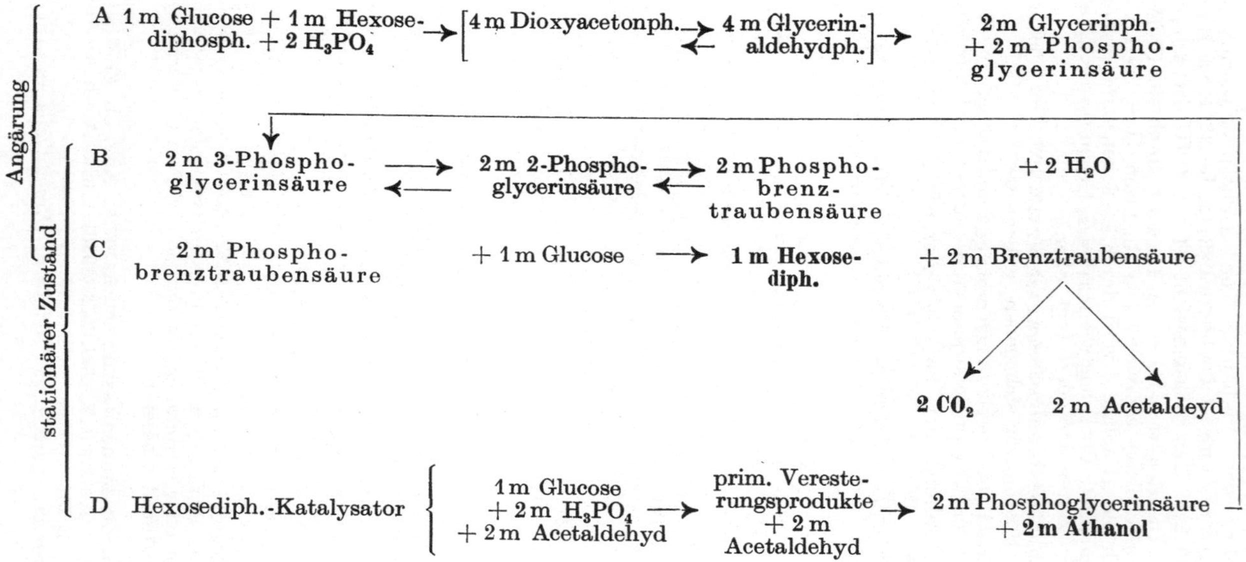

A 1 m Glucose + 1 m Hexose-diphosph. + 2 H_3PO_4 → [4 m Dioxyacetonph. ⇄ 4 m Glycerinaldehydph.] → 2 m Glycerinph. + 2 m Phosphoglycerinsäure

B 2 m 3-Phosphoglycerinsäure ⇄ 2 m 2-Phosphoglycerinsäure ⇄ 2 m Phosphobrenztraubensäure + 2 H_2O

C 2 m Phosphobrenztraubensäure + 1 m Glucose → 1 m Hexosediph. + 2 m Brenztraubensäure → 2 CO_2 2 m Acetaldeyd

D Hexosediph.-Katalysator { 1 m Glucose + 2 m H_3PO_4 + 2 m Acetaldehyd → prim. Veresterungsprodukte + 2 m Acetaldehyd → 2 m Phosphoglycerinsäure + 2 m Äthanol

Angärung — A
stationärer Zustand — B, C

Dabei verlaufen die Reaktionen:

A und D in Gegenwart von Fluorid, nicht von Jodessigsäure.
B nicht in Gegenwart von Fluorid, aber von Jodessigsäure.
C sowohl in Gegenwart von Fluorid, wie auch von Jodessigsäure.

c) Die *Komplemente* sind gleichfalls *keine* Bestandteile des Fermentmoleküls, sondern Begleitstoffe des Fermentsystems; sie fördern die Fermentwirkung, indem sie die reagierenden Gruppen auflockern (reaktionsfähiger machen) durch Bindung an das Substrat oder an die Zwischenverbindung Ferment-Substrat.

Hierher können auch die *Kinasen* gezählt werden, die durch Reaktion mit dem Apofermentanteil eine Erweiterung des Spezifitätsbereiches eines Fermentes bewirken.

Der Enzymkomplex der alkoholischen Gärung (Zymase) besteht aus folgenden Teilfermenten (bzw. Fermentsystemen):

a) Das *Phosphatese-Phosphatase-System* bewirkt die Anlagerung und Abspaltung von Phosphorsäure (Zymophosphatbildung und -verseifung). Als Co-Ferment wirkt dabei die Co-Zymase. Bei der Phosphorylierung stellt Magnesium einen notwendigen Komplementstoff vor.

b) Das *Zymohexase-Aldolase-System;* an diesem verläuft die umkehrbare Reaktion:

$$\text{Hexose-} \atop \text{diphosphorsäure} \rightleftarrows \begin{cases} \text{Dioxyaceton-phosphorsäure} \\ \text{Glycerinaldehyd-ph.} \end{cases} \rightleftarrows \text{Dioxyacetonph.}$$

Dabei ist noch ein Ferment beteiligt, an dem die Aldehyd-Keton-Umlagerung vor sich geht. (Die Aldolase selbst vermag ganz allgemein Aldolkondensationen von Aldehyden mit Dioxyacetonphosphorsäure zu bewirken[1]. Auch die Glykolase dürfte in diese Gruppe gehören.

c) *Hefemutase (Heferedoxase),* ein Oxydo-Reduktionssystem, an dem sich die bei der Hefegärung abspielenden Dehydrierungen und Hydrierungen abspielen. Als Co-Ferment wirkt auch hier die Co-Zymase[2].

d) *Keton-Aldehyd-Mutase (Methylglyoxalase).* Dieselbe bewirkt die Umwandlung von Methylglyoxal in Milchsäure (vgl. dazu S. 137). Einen Aktivator dieses Fermentsystems stellt das *Glutathion* dar.

e) *Carboxylase* und *Co-Carboxylase* bewirken die Decarboxylierung der Brenztraubensäure.

f) *Carboligase* wirkt bei der Acyloinkondensation (vgl. dazu S. 123).

Als *gärungsfördernde Stoffe* kommen dazu noch die Faktoren Z_1 und Z_2 (v. EULER), die nur die Gärung *frischer* Hefe aktivieren.

D. Acyloinsynthesen und Hydrierungen bei der Hefegärung.

12. Übung:

Darstellung von Phenylacetylcarbinol.

a) Analytischer Versuch: Isolierung des Phenylacetylcarbinols mittels Derivaten. 10 g Rohrzucker und 10 g abgepreßte Hefe in 200 ccm Wasser in üblicher Weise angären lassen, in einem mit

---

[1] Vgl. MEYERHOF, LOHMANN und SCHUSTER: Biochem. Z. **286**, 301, 319 (1936).

[2] Die Co-Zymase ist ein Dinucleotid; als eigentliche Wirkungsgruppe desselben wurde Nicotinsäureamid erkannt.

doppelt durchbohrtem Gummistöpsel versehenen Kolben; in der einen Bohrung Gäraufsatz, in der anderen eine oben mit Hahn versehene Pipette; durch diese läßt man allmählich 1 ccm frisch destillierten Benzaldehyd eintropfen. Der Ansatz bleibt bis zum Aufhören der Gärung bei Zimmertemperatur stehen. Probe auf Zucker: Weiterer Zusatz von 2 g Hefe und Feststellung, ob noch Gärung stattfindet[1]. Aufarbeitung: Filtration des Gärgutes, Auffüllung auf 250 ccm. Probeentnahme für die Darstellung von Derivaten des Phenylacetylcarbinols.

Thiosemicarbazon (zur quantitativen Bestimmung geeignet; $C_9H_{10}O:N.NH.CS.NH_2$). 100 ccm Filtrat mit einer Lösung von 0,25 g Thiosemicarbazid in 5 ccm Wasser versetzt und stehen gelassen. Krystalle abgesaugt, getrocknet, Menge ermittelt, Schmelzpunkt festgestellt. Aus absolutem Alkohol umkrystallisiert, Schmelzpunkt 204—205⁰ (bei schnellem Erhitzen) unter Zersetzung. Abscheidung in etwa 90%iger Ausbeute.

Phenylhydrazon ($C_9H_{10}O:N.NH.C_6H_5$). 50 ccm Filtrat mit einer Lösung von 0,5 ccm Phenylhydrazin (in 5 ccm etwa 50 proz. Essigsäure) versetzt: gelblicher Niederschlag, nach dem Trocknen aus Benzol-Petroläther wiederholt umkrystallisiert, Schmelzpunkt 96⁰. $[\alpha]_D = -164,2^0$ in Benzol, bzw. $+217,8^0$ in Alkohol.

p-Nitrophenylosazon $[C_9H_8(:N.NH.C_6H_4NO_2)_2]$. Ansatz wie zuvor. 2½ Stunden im siedenden Wasserbad erhitzt: dunkelroter Niederschlag, abgesaugt, mit verdünnter Essigsäure, dann mit Alkohol und Äther gewaschen, aus Nitrobenzol + Eisessig umkrystallisiert, purpurrote Nädelchen vom Schmelzpunkt 264 bis 265⁰.

b) Präparativer Versuch: Reindarstellung des Phenylacetylcarbinols[2]. Apparatur (vgl. Abb. 9, S. 65): WULFsche Flasche von 10 l Inhalt, versehen mit Rührwerk (Rührverschluß mit Wasser gefüllt, wirkt als Gäraufsatz), Bürette, Tropftrichter und Hahn zur Probeentnahme. Raumtemperatur. Gäransatz: 300 g Rohrzucker und 300 g abgepreßte Hefe (Brennereihefe oder auch Bierhefe) in 6 l Leitungswasser. Nach dem Angären Zusatz von 30 g frisch destilliertem benzoefreiem Benzaldehyd im Laufe von einigen Stunden aus der Bürette. Nach etwa 2—3 Tagen (Aufhören der CO_2-Entwicklung) wird noch etwas frische Hefe zugesetzt und festgestellt, ob die Gärung beendet ist. Falls während des Prozesses

---

[1] Prüfung mittels FEHLINGscher Lösung nicht möglich, da Reaktionsprodukt auch reduziert.

[2] Vgl. NEUBERG und HIRSCH: Biochem. Z. **115**, 282 (1921). — NEUBERG und OHLE: Biochem. Z. **128**, 610 (1922).

Unterbrechung der Gärung stattfindet, kann dieselbe durch Zusatz von frischer Hefe wieder in Gang gebracht werden. Man kann einige derartige Gäransätze durchführen und die Reaktionsprodukte vereinigen, oder man benutzt eine größere Apparatur, und zwar einen etwa 30—60 l fassenden Glasballon, mit dem in Abb. 10 wiedergegebenen Aufsatz (vgl. S. 65).

Aufarbeitung: Gärgut zentrifugiert. Lösung drei- bis viermal mit Äther ausgeschüttelt; Auszüge vereinigt, etwa $^2/_3$ des Äthers abdestilliert, Rest rasch zweimal mit je etwa 30 ccm gesättigter Sodalösung (für einen Ansatz mit 30 g Benzaldehyd) und sodann zweimal mit ebensoviel Wasser ausgeschüttelt. Vereinigte wäßrige Anteile (Säurefraktion) nochmals ausgeäthert. Ätherauszug mit der Hauptmenge vereinigt. Die entsäuerte ätherische Lösung fünf- bis sechsmal je ½ Stunde mit je 60 ccm einer etwa 25%igen Na-Bisulfitlösung ausgeschüttelt (für je 30 g angewendeten Benzaldehyd); die vereinigten Bisulfitlösungen nochmals mit Äther ausgeschüttelt. Die vereinigten ätherischen Extrakte von Äther befreit (Alkoholfraktion). Acyloinfraktion (Sulfitlösung): zunächst mit festem Natriumcarbonat, zum Schluß mit Natriumbicarbonat versetzt, solange noch CO_2-Entwicklung erfolgt. Sodann fünfmal mit Äther ausgeschüttelt, Extrakte vereinigt, über geglühtem Natriumsulfat getrocknet, Äther abdestilliert. Rückstand im Vakuum fraktioniert destilliert. Aus 60 g Benzaldehyd erhält man etwa 10—14 g l-Phenylacetylcarbinol vom Kp_{12} 124—125°. Alkoholfraktion im Vakuum destilliert; man erhält Benzylalkohol und eine kleine Menge Methylphenylglykol.

Anhang: Theoretisches.

Acyloinkondensationen werden bewerkstelligt durch: Frische ober- und untergärige Hefen, sowie deren Trockenpräparate und Macerationssäfte, ferner durch ein aus den Macerationssäften erhältliches Trockenpräparat (dessen Wirksamkeit bei viermonatlicher Aufbewahrung kaum geändert wird[1]).

Außer Benzaldehyd erwiesen sich noch folgende aromatischen Aldehyde zur Acyloinbildung geeignet: o-Chlorbenzaldehyd und Anisaldehyd[2], ferner o- und p-Tolylaldehyd[3].

Während nach NEUBERG an dem Zustandekommen der Acyloinkondensation ein eigenes Enzym (die Carboligase) beteiligt sein soll, wofür besonders die Bildung optisch aktiver Reaktionsprodukte spricht, nimmt DIRSCHERL an, daß die Reaktion lediglich unter dem Einfluß des bei der Gärung entstehenden naszenten Acetaldehyds zustande kommt, vgl. S. 123.

---

[1] Vgl. STEPANOW und KUSIN: B. **63**, 1147 (1930).
[2] NEUBERG und LIEBERMANN: Biochem. Z. **121**, 311 (1921).
[3] BEHRENS und IWANOFF: Biochem. Z. **169**, 478 (1926).

13. Übung:

Darstellung von Acetoin.

a) Analytischer Versuch: Isolierung des Acetoins mittels Derivaten. 10 g Rohrzucker und 20 g abgepreßte Bierhefe in 100 ccm Leitungswasser bei Zimmertemperatur angären lassen, innerhalb $\frac{1}{2}$ Stunde allmählich 20 ccm einer 10%igen Acetaldehydlösung ($= 2$ g) eintropfen gelassen (wie in Übung 12a) öfters umgeschüttelt. Nach Beendigung der Gärung (5—7 Tage) überzeugt man sich durch erneuten Zusatz von etwa 4 g abgepreßter Hefe, daß der Zucker verbraucht ist. Gärgut filtriert und auf 200 ccm aufgefüllt.

Acetoin-p-Nitrophenylosazon $[CH_3 . C (:N.NH.C_6H_4NO_2)$. $C (:N.NH.C_6H_4.NO_2) CH_3]$: 10 ccm des Filtrates mit 0,7 g p-Nitrophenylhydrazin in 7 ccm 50%iger Essigsäure versetzt, 1—2 Stunden auf dem Wasserbad erhitzt. Das Osazon abgesaugt, getrocknet und gewogen (etwa 0,2—0,3 g vom Schmelzpunkt 308—312°), Umkrystallisieren aus Pyridin-Eisessig; leuchtend rote Nadeln vom Schmelzpunkt 319°.

Quantitative Bestimmung des Acetoins durch Darstellung des Nickeldimethylglyoxims[1]*:* Aus einem 50—100 ccm fassenden Destillierkolben wird ein Gemisch von 10 ccm Probe, 5 ccm 5%iger Eisenchloridlösung, 15 ccm destillierten Wassers und $\frac{1}{2}$ ccm $n/_2$-Essigsäure destilliert (Oxydation des Acetoins zu Diacetyl). Man fängt 15 ccm Destillat im Reagens auf; dieses besteht aus 2 ccm einer 20%igen Hydroxylaminchlorhydratlösung, 4 ccm einer 20%igen Natriumacetatlösung und 1,5 ccm einer 10%igen Nickelchloridlösung. Dann wird der Kolben, der das Destillat enthält, unter Benutzung eines Steigrohrs 1 Stunde auf dem Wasserbad erwärmt, der Niederschlag des Nickeldimethylglyoxims auf einem gewogenen Glassintertiegel abgesaugt, mit heißem Wasser und dann mit Alkohol gewaschen und bei 80° getrocknet; 1 g des Niederschlages entspricht 0,61 g Acetoin.

b) Präparative Gewinnung von Acetoin[2]. In einer WULFschen Flasche von 10 l Inhalt, die mit einem Rührwerk und einem Tropftrichter zum Zulaufen des Acetaldehyds versehen ist, werden bei Zimmertemperatur 4 l einer 12—15%igen Zuckerlösung im Laufe einer halben Stunde allmählich mit 500 g abgepreßter und

---

[1] Vgl. van NIEL: Biochem. Z. **187**, 472 (1927); siehe auch WILSON, PETERSON und FRED: J. of biol. Chem. **74**, 495 (1927). — Hinsichtlich der Acetoinbestimmung in Gegenwart größerer Acetaldehydmengen vgl. H. **227**, 263 (1934).

[2] Nach nicht veröffentlichten Versuchen mit R. HOFMANN.

gewaschener Bierhefe (verrührt mit insgesamt etwa 1 l Wasser) versetzt. Dabei kommt eine lebhafte Gärung in Gang. Nach einer weiteren ½ Stunde beginnt man mit dem Acetaldehydzusatz, und zwar läßt man im Laufe von etwa 6—7 Stunden 1000 ccm einer 10%igen Acetaldehydlösung zufließen; der Zusatz wird so geregelt, daß die Gärung nicht unterbrochen wird. Nach etwa 24 Stunden läßt die Gärung nach und ist nach etwa 48 Stunden praktisch beendet. Durch neuerlichen Zusatz von etwa 100 g Hefe überzeugt man sich, ob noch Gärung stattfindet und läßt dann vollkommen ausgären. Während des ganzen Prozesses bleibt das Rührwerk in Gang. An einer filtrierten Probe ermittelt man die Menge an Acetoin (vgl. oben). Der Rest wird nach dem Abzentrifugieren oder Absaugen der Hefe mit Kochsalz gesättigt, etwa 5 l abdestilliert und der Acetoingehalt an einer Probe ermittelt. Das Destillat wird sodann mit Kochsalz oder Natriumsulfat gesättigt und in einem kontinuierlichen Flüssigkeitsextraktor mittels Essigester extrahiert (was einige Tage dauert). Der Extrakt wird vom Lösungsmittel befreit, mittels Calciumchlorid gut getrocknet und der Rückstand im Vakuum destilliert; das Acetoin geht bei 11 mm Druck zwischen 36—37⁰ über.

14. Übung.
Hydrierung von Aldehyden.

a) Reduktion des Valeraldehyds zu Amylalkohol[1]. In einer mit Rührwerk versehenen WULFschen Flasche von 10 l Inhalt werden 4 l einer 10%igen Rohrzuckerlösung durch Zusatz von 400 g gewaschener und abgepreßter Bierhefe zur kräftigen Angärung gebracht und sodann 36 g Valeraldehyd innerhalb 4 Stunden unter kräftigem Rühren eintropfen gelassen; das Tempo des Eintropfens ist so zu regulieren, daß die Gärung nicht unterbrochen wird. Sodann wird unter weiterem Rühren bis zum Verschwinden des Zuckers (Probe mit FEHLINGscher Lösung) bei Zimmertemperatur stehen gelassen (etwa 5 Tage).

Aufarbeitung: Durch Destillation etwa 2800 ccm übergetrieben, diese nochmals destilliert (etwa 1500 ccm), zur Trennung der Schichten Pottasche zugesetzt, die obere Schichte abgehoben, der wäßrige Anteil mit Äther ausgeschüttelt, Ätherextrakt mit der oberen Schichte vereinigt, mit frisch geglühtem Natriumsulfat getrocknet; Äther auf hoher Kolonne abdestilliert, sodann Äthanol und schließlich über 125⁰ Amylalkohol. Rektifikation desselben, Kp. 127—132⁰ (etwa 20—24 g, Ausbeute 60—66%).

---

[1] Vgl. NEUBERG und GORR, in OPPENHEIMER und PINCUSSEN, Methodik der Fermente, S. 1212, Leipzig: Thieme 1929.

b) Reduktion von Valeraldehydammoniak[1, 2]. Ansatz wie zuvor. Man läßt 36 g Valeraldehyd, gelöst in 400 ccm n-Ammoniak, zutropfen. Im übrigen wie zuvor. Aufarbeitung wie zuvor. Erstes wäßriges Destillat mit Schwefelsäure angesäuert und nochmals destilliert. Weitere Reinigung wie zuvor. Ausbeute etwa 80—84% an Amylalkohol.

c) Reduktion von Chloralhydrat zu Trichloräthanol[3]. Eine Lösung von 600 g Zucker und 120 g Dinatriumphosphat in 5 l Wasser mit 600 g abgepreßter Bierhefe zur Gärung gebracht, sodann 40 g Chloralhydrat in 500 ccm Wasser während $^3/_4$ Stunden unter kräftigem Rühren eintropfen gelassen. Nach 4 Tagen bei Zimmertemperatur kommt die Gärung zum Stillstand. Prüfung auf Chloralhydrat: 10 ccm Flüssigkeit $+2$ ccm verdünnter Natronlauge mit Wasserdampf destilliert; Destillat mit einigen Tropfen Resorcinlösung auf 50° erwärmt, mit 2 ccm Natronlauge versetzt: Rotfärbung (Probe von SCHWARZ).

Aufarbeitung: Hefe abzentrifugiert (oder abgesaugt), Filtrat mit Kieselgur geklärt, ausgesalzen, erschöpfend ausgeäthert, Ätherextrakt getrocknet, Äther entfernt. Rückstand im Vakuum destilliert.

Charakterisierung des Trichloräthanols mittels des p-Nitrobenzoylesters: Die wäßrige Lösung des Trichloräthanols wird mit p-Nitrobenzoylchlorid versetzt und die Reaktion durch vorsichtigen Zusatz von 10%iger Natronlauge alkalisch gehalten. Aufarbeitung in üblicher Weise. Fp. 71°.

Anhang: Theoretisches.

Reduktion von Aldehydgruppen findet in allen bisher untersuchten Fällen statt, falls die betreffende Substanz nicht allzu giftig ist. Die Ausbeuten sind allerdings, je nach der Art des Aldehyds recht verschieden (vgl. unten). Prinzipiell gleich den Aldehyden verhalten sich die α-Ketosäuren, indem sie zunächst decarboxyliert werden. Hydrierung wurde bisher bei folgenden Aldehyden beobachtet (Ausbeuten an Reduktionsprodukten in Klammer):

Einfache aliphatische gesättigte Aldehyde: Formaldehyd (15%), Isobutyraldehyd (25%), n-Valeraldehyd (70%), Isovaleraldehyd

---

[1] Vgl. NEUBERG und GORR, in OPPENHEIMER und PINCUSSEN, Methodik der Fermente, S. 1212, Leipzig: Thieme, 1929.

[2] Die Anwendung des Aldehydammoniaks ist nicht nur zur Erhöhung der Ausbeute vorteilhaft, sondern auch stets dann zu empfehlen, wenn empfindliche, leicht verharzende Aldehyde der Reduktion unterworfen werden; auf diese Weise war z. B. auch die Reduktion des Phenylacetaldehyds zu Phenyläthylalkohol möglich [vgl. NEUBERG und WELDE: Biochem. Z. **62**, 477 (1914)].

[3] Nach WILLSTÄTTER und DUISBURG: B. **56**, 2283 (1923).

[auch durch B. coli und B. lactis aerogenes (73%)], Methyläthylacet-aldehyd (zu 1-Amylalkohol, 16%), n-Hexylaldehyd, n-Heptylaldehyd (50%).

Aliphatische ungesättigte Aldehyde: Crotonaldehyd (zu Butylalkohol neben etwas Crotylalkohol, 19%), Sorbinaldehyd (Sorbinalkohol neben Hexenol, 44%), Octatrienal (Octatrienol, daneben Octadienol, 68%), Citronellal (zu Citronellol, 50%), Citral (zu Geraniol, 30%).

Aliphatische Oxyaldehyde: Glykolaldehyd (zu Äthylenglykol, 30%), Acetaldol (zu 1,3-Butylenglykol, 63%), d,l-Milchsäurealdehyd (zu d-Propylenglykol).

Halogenierte aliphatische Aldehyde: Chloralhydrat (zu Trichlor-äthylalkohol, 70%), Tribromacetaldehyd (Tribromäthylalkohol, „Avertin", 30%, daneben auch etwas Dibromäthanol), 2,2,3-Tri-chlorbutyraldehyd (zu Trichlorbutanol).

Thioaldehyde (Anwendung in Form des geschwefelten Aldehyd-ammoniaks, des Thialdins): Umwandlung in Mercaptane. Auch die Hydrierung der Disulfidgruppe zur Mercaptogruppe hat sich bewerk-stelligen lassen (beim Äthyldisulfid).

Heterocyclische Aldehyde: Furfurol (zu Furfuralkohol, 70%).

Einfache aromatische Aldehyde: Benzaldehyd (zu Benzylalkohol, 32% in Gegenwart von $CaCO_3$), Phenylacetaldehyd (zu Phenyläthyl-alkohol, etwa 30%, in Gegenwart von Ammoniak).

Ungesättigte aromatische Aldehyde: Zimtaldehyd (Zimtalkohol oder Hydrozimtalkohol 17%), Benzylidencrotonaldehyd (wird sehr schlecht vertragen).

Aromatische Oxyaldehyde: Salicylaldehyd (zu Saligenin, in Gegen-wart von $CaCO_3$), Tetracetyl-gluco-coniferylaldehyd (zum zugehörigen Alkohol).

Aromatische Nitroaldehyde: o-Nitrobenzaldehyd (zu o-Nitrobenyl-alkohol, in geringer Menge).

Aliphatische α-Ketosäuren: Sorbinylidenbrenztraubensäure (bei kurzer Versuchsdauer zu Octatrienol, 85%, bei längerer Versuchs-dauer zu Octadienol, 60%).

<h2 style="text-align:center">15. Übung:</h2>

<h3 style="text-align:center">Hydrierung von Ketonen.</h3>

a) Demonstrationsversuch: Hydrierung von 1, 4, 9, 10-Anthra-dichinon[1]. 50 g Rohrzucker in 300 ccm Wasser, 25 g abgepreßte Oberhefe. Nach Eintritt lebhafter Gärung erfolgt tropfenweiser Zusatz von 0,8 g Anthradichinon[2] in 8 ccm Dioxan; in wenigen Augenblicken wird das farblose Gärgut rot, Verstärkung der Färbung beim weiteren Zusatz. Unter häufigem Umschütteln 2 Stunden bei Raumtemperatur gären lassen (Gäraufsatz). Kontrollprobe: Gemisch wie oben, aber mit Invertzucker (oder

---

[1] VERCELLONE: Biochem. Z. **279**, 137 (1935).

[2] Darstellung durch Oxydation von 1,4-Dioxyanthrachinon mit Bleitetracetat nach DIMROTH, FRIEDEMANN und KÄMMERER: B. **53**, 484 (1920).

auch Glucose) 10 Minuten auf 90° erwärmt (Hefe abgetötet) und dann wie oben weiter behandelt; es findet erst nach längerer Zeit Verfärbung statt[1].

Aufarbeitung: Zentrifugieren der Gäransätze, Rückstände mit frisch geglühtem Natriumsulfat verrieben, pulverige Masse im Soxhlet mit Aceton extrahiert; Lösung verdunstet, Rückstand in kaltem Eisessig gelöst, filtriert, im Meßkolben auf 100 ccm aufgefüllt. Bestimmung des Chinizarins: Eine Probe (5—10 ccm) mit der dreifachen Menge Wasser versetzt; Niederschlag nach fünf Minuten auf einer Sinterglasnutsche (G 4) abgesaugt; nach dem vollkommenen Auswaschen der Essigsäure wird bei 100° getrocknet und gewogen (bei längerem Stehen der Eisessiglösung findet Selbstzersetzung und Erhöhung der Chinizarinmenge statt).

b) Reduktion von Acetophenon zu Methylphenylcarbinol[2]. 4 l 10%iger Rohrzuckerlösung werden mit 400 g abgepreßter Bierhefe zur Gärung gebracht, 20 g Keton innerhalb 4 Stunden zutropfen gelassen. Kräftig rühren. Gärung während weiterer 10 Tage unter täglichem Zusatz von noch 400 g Zucker und 400 g Hefe fortgeführt.

Aufarbeitung. Wasserdampfdestillat wiederholt mit Äther ausgeschüttelt; Auszüge vereinigt, mit Wasser gewaschen. Ätherische Lösung wiederholt mit konzentrierter Na-Bisulfitlösung auf der Maschine ausgeschüttelt, sodann mit 10%iger Sodalösung gewaschen, über frisch geglühtem Natriumsulfat getrocknet, Hauptmenge des Äthers abdestilliert. Rückstand zur Entfernung der letzten Reste des unveränderten Ketons mit Phenylhydrazin behandelt: Gemisch nach mehrstündigem Stehen mit Wasserdampf destilliert; Übertreibung des Reduktionsproduktes (neben dem überschüssigen Phenylhydrazin und Resten des Äthers). Destillat mit Schwefelsäure versetzt (Bindung des Phenylhydrazins) und erschöpfend ausgeäthert. Extrakt vom Äther befreit und destilliert. Methylphenylcarbinol geht bei 202—204° über.

c) Reduktion von Benzil zu Benzoin[2]. Ansatz wie zuvor, aber in 6 l; Zutropfen von 30 g Benzil in 550 ccm 75%igem Alkohol unter kräftigem Rühren (bei 40°). Gärung sodann bei Zimmertemperatur unter Rühren weiterführen; nach etwa 4 Tagen noch die gleiche Menge Zucker und Hefe zufügen und Gärung bei 37° beenden lassen. An Stelle des tiefgelben Benzils erscheint in der Maische allmählich ein nahezu farbloser Niederschlag.

---

[1] Selbstzersetzung des Anthradichinons unter Bildung von Chinizarin und Oxydation eines zweiten Anteils zu Phthalsäure.

[2] Vgl. NEUBERG und GORR, in OPPENHEIMER und PINCUSSEN: Methodik der Fermente, S. 1212, Leipzig: Thieme 1929.

Aufarbeitung: Gärgut aufkochen (wobei sich die Substanz zum größten Teil löst) und durch einen Heißwassertrichter oder im Dampftopf filtrieren. Aus dem etwas eingeengten Filtrat scheiden sich feine Nadeln aus; absaugen, auf Ton trocknen, 16 g. Fp. 134—135⁰ nach wiederholtem Umkrystallisieren aus verdünntem Alkohol. Die Substanz reduziert FEHLINGsche Lösung in der Kälte. Hauptmenge optisch inaktiv. Eine kleine Menge aus der Mutterlauge ist linksdrehend. Aubeute 53% d. Th.

Anhang: Theoretisches.

Die Reduktion der einfachen Ketone zu sekundären Alkoholen erfolgt nur sehr schwer, die Ausbeute überschreitet kaum 10%; neben den Reduktionsprodukten sind stets erhebliche Mengen der unveränderten Ketone vorhanden. Bemerkenswert ist, daß dabei **optisch aktive Alkohole** entstehen (in der Regel die l-Formen); die Wasserstoffanlagerung erfolgt also assymmetrisch.

Die Reduktion der Diketone geht wesentlich leichter vor sich, wobei entweder beide Ketogruppen reduziert werden (z. B. Diacetyl ——→ Butylenglykol) oder nur eine (Dibenzyl ——→ Benzoin); sehr glatt und vollständig lassen sich Chinone zu Hydrochinonen reduzieren (z. B. Xylochinon ——→ Xylohydrochinon in 100%iger Ausbeute). Die Hydrierung wurde bisher bei folgenden Ketonen beobachtet:

Einfache aliphatische Ketone: Methyläthylketon (zu sekundärem Butylalkohol, etwa 10%), Methyl-n-propylketon (zu Methyl-n-propylcarbinol, etwa 10%), Methyl-n-hexylketon (zu Methyl-n-hexylcarbinol, etwa 10%), Methyl-n-nonylketon (zu Methyl-n-nonylcarbinol).

Ungesättigte aliphatische Ketone: Methylheptenon (zu Methylheptenol, etwa 10%).

Oxyketone: Acetol (zu l-Propylenglykol), Dioxyaceton (zu Glycerin, 19%) Acetoin (zu l-2,3-Butylenglykol).

Halogenierte Ketone: Methyl-α-Chloräthylketon (zu aktivem 2-Chlor-3-Oxybutan), α, α-Dichloraceton (zu aktivem α, α-Dichlor-iso-propylalkohol).

Einfache aromatische Ketone: Acetophenon (zu l-Methylphenylcarbinol).

Ketonaldehyde: Methylglyoxal (zu l-Propylenglykol, 5%), Acetessigaldehyd (zu 1,3-Butylenglykol).

Diketone: Diacetyl (zu l-2,3-Butylenglykol, 35%), Benzil (zu Benzoin, 53%).

Chinone: p-Xylochinon (zu p-Xylohydrochinon), durch gärende Hefe (etwa 90%) sowie durch B. coli und B. lactis aerogenes (100%).

16. Übung.

Hydrierung von ungesättigten Verbindungen und Nitrokörpern.

a) Reduktion von Zimtaldehyd zu Hydrozimtalkohol[1]. 5 l Zucker-Phosphatlösung (enthaltend 350 g Zucker und 250 g primäres Na-Phosphat)+2,5 l Hefebrei (pro Liter etwa 50 g Trocken-

---

[1] F. G. FISCHER und WIEDEMANN: A. **513**, 260 (1934), **520**, 52 (1935), **522**, 1 (1936).

substanz, gewaschen durch viermaliges Absitzenlassen). Eintropfen von 20 g frisch destilliertem Zimtaldehyd (in 80 ccm 75%igem Alkohol) während 2 Stunden. Später noch 150 g Zucker und zweimal je 800 ccm Hefebrei zugesetzt.

Aufarbeitung: Wasserdampfdestillat mit Äther extrahiert, Äther abdestilliert, Rückstand in wenig Äther wieder aufgenommen (zurück bleibt eine farblose Gallerte) und Ätherextrakt destilliert. Kp_{12} 116—120°, 3,5 g (17%) Phenylpropylalkohol (der noch etwas Zimtalkohol enthält). Identifizierung durch Oxydation mit Permanganat zu Hydrozimtsäure.

Die Hydrierung von Doppelbindungen durch gärende Hefe findet nach F. G. FISCHER[1] nur dann statt, wenn die Doppelbindung in a, β-Stellung zur funktionellen Gruppe steht; die funktionelle Gruppe kann dabei eine Aldehydgruppe, Ketogruppe oder primäre Carbinolgruppe sein[2]. So bleibt z. B. Methylheptenol unverändert (Doppelbindung in β, γ-Stellung). Bei mehrfach ungesättigten Verbindungen (z. B. Sorbinalkohol oder Sorbinaldehyd) wird gleichfalls nur die benachbarte Doppelbindung hydriert· Die Hydrierung von Doppelbindungen wurde bisher bei folgenden Körpern beobachtet:

Ungesättigte Alkohole: Sorbinalkohol (zu Hexenol), Crotylalkohol (zu Butanol, 55%), Zimtalkohol (zu Hydrozimtalkohol, etwa 70%).

Ungesättigte Aldehyde: Crotonaldehyd (Butylalkohol, 19% unter gleichzeitiger Reduktion der Aldehydgruppe), Sorbinaldehyd [Hexen(4)-ol(1), daneben wenig Hexen(3)ol(1), samt Sorbinalkohol 44%], Octatrienal (Octadienol).

Ungesättigte a-Ketosäuren: Sorbinylidenbrenztraubensäure (Octadienol, 60%), Benzylidenbrenztraubensäure (Phenylpropanol, 75%); Cinnamylidenbrenztraubensäure (wird kaum angegriffen, schädigt stark).

Ungesättigte Ketone (die Hydrierung der Doppelbindung geht dabei vor der Reduktion des Carbonyls vor sich): Crotonylidenaceton (gibt das zugehörige Heptenon, bei langer Gärdauer auch ein Heptenol), Cinnamalaceton (gibt das betreffende Phenylhexenon).

b) Reduktion von Nitrobenzol zu Anilin. 500 g Zucker in 5 l Wasser mit 500 g Hefe zur lebhaften Gärung gebracht, sodann 10 ccm frisch destilliertes Nitrobenzol eintropfen gelassen, Rührwerk. 3 Tage bei Zimmertemperatur, 2 Tage im Brutschrank.

Aufarbeitung: Gärgut mit Kalilauge alkalisch gemacht (Phenolphthalein), Dampfdestillat (1,25 l) mit Schwefelsäure kongosauer gemacht, unverändertes Nitrobenzol sowie Alkohol mit Wasserdampf übergetrieben (bis zum völligen Verschwinden des Nitro-

---

[1] F. G. FISCHER und WIEDEMANN: A. **513**, 260 (1934), **520**, 52 (1935), **522**, 1 (1936).

[2] Wieweit auch andere Gruppen den gleichen Einfluß haben, ist noch nicht eingehender untersucht. Die Carboxylgruppe scheint gemäß eigenen Beobachtungen auszuscheiden. Auch nach F. G. FISCHER [Ang. Ch. **49**, 559 (1936)] werden a, β-ungesättigte Monocarbonsäuren nicht hydriert.

benzolgeruches). Destillationsrückstand alkalisch gemacht und weiter mit Wasserdampf behandelt. Dieses Destillat nun mit Schwefelsäure angesäuert und zur Entfernung von Verunreinigungen mit Äther ausgeschüttelt, wäßriger Anteil sodann wieder alkalisch gemacht und das Anilin erschöpfend ausgeäthert. Extrakt über Pottasche getrocknet, Äther abdestilliert, Rückstand fraktioniert, destilliert. Kp. 181—184^0, 3,8 g reines Anilin, Charakterisierung in üblicher Weise. Ausbeute 39% d. Th.

Die Reduktion des Nitrobenzols verläuft wohl über Nitrosobenzol und Phenylhydroxylamin, denn auch diese Körper lassen sich durch gärende Hefe zu Anilin reduzieren; Reaktionsverlauf daher:

$$C_6H_5.NO_2 \xrightarrow{+H_2} C_6H_5.NO \xrightarrow{+H_2} C_6H_5.NHOH \xrightarrow{+H_2} C_6H_5.NH_2.$$

Von Interesse ist ferner das Verhalten des m-Dinitrobenzols, da bei dessen Reduktion durch gärende Hefe außer dem als Hauptprodukt auftretenden m-Nitranilin als Nebenprodukt das m-Dinitroazoxybenzol gebildet wird, wohl aus dem betreffenden Hydroxylaminkörper und Nitrosokörper durch Kondensation entstanden:

$$NO_2.C_6H_5.\underset{\overset{\cdot}{O}H}{NH} + ON.C_6H_5.NO_2 \longrightarrow NO_2.C_6H_5.\underset{\overset{\cdot\cdot}{O}}{N}:N.C_6H_5.NO_2.$$

Anhang: Zum Chemismus der Acyloinsynthesen und Hydrierungen bei der Hefegärung.

a) Die **Acyloinsynthesen** in gärenden Zuckerlösungen bei Zusatz von Aldehyden führen unter Beteiligung des aus der Vergärung des Zuckers stammenden naszenten Acetaldehyds zu gemischten Acyloinen. Die Reaktion konnte vor allem in der aromatischen Reihe realisiert werden (vgl. oben), während in der aliphatischen Reihe bisher nur im Falle des Acetaldehyds ein Acyloin erhalten wurde. Ferner entsteht Acetoin auch bei der Brenztraubensäuregärung bei Zusatz von Acetaldehyd. In ähnlicher Weise könnten vielleicht auch symmetrische Acyloine aus anderen α-Ketosäuren und den zugehörigen Aldehyden gewonnen werden; es bleibt eine Aufgabe weiterer Untersuchungen festzustellen, wieweit diese Reaktion durch Anwendung auf andere derartige Systeme präparativ nutzbar gemacht werden kann.

Es ist demnach für den Eintritt der Acyloinkondensation 1 Mol. stabilisierter Aldehyd (Aldehydhydrat) und 1 Mol. naszenter Aldehyd (durch CO_2-Abspaltung entstehend) erforderlich und weiterhin nach NEUBERG ein, Carboligase genanntes Enzym. Dagegen soll nach DIRSCHERL[1] die Acyloinsynthese allein mit der Carboxylasewirkung zusammenhängen. Dagegen sprechen allerdings die Unterschiede im Verhalten des carboligatischen und carboxylatischen Wirkungsfaktors gegenüber äußeren Einflüssen; gegen die rein chemische Bildungsweise der Acyloine unter Beteiligung des naszenten Acetaldehyds spricht auch die optische Aktivität der erzeugten Acyloine (NEUBERG).

Verlauf der Acyloinsynthese in gärender Zuckerlösung: Der Umsatz erfolgt in analoger Weise wie bei der zweiten, dritten und vierten

---

[1] DIRSCHERL: H. **188**, 225 (1930).

Vergärungsform, indem der bei der Zuckerspaltung entstehende Acetaldehyd durch die Acyloinbildung gewissermaßen abgefangen, und so der weiteren Umsetzung entzogen wird; als Reduktionsäquivalent tritt daher auch hier Glycerin auf[1]:

$$C_6H_{12}O_6 + R . CHO = CH_2OH . CHOH . CH_2OH +$$
$$CH_3 . CO . CHOH . R + CO_2.$$

In Gegenwart von Brenztraubensäure ist der Reaktionsverlauf:

$$CH_3 . CO . COOH + R . CHO = CH_3 . CO . CHOH . R + CO_2.$$

b) Die **Hydrierungen** in gärenden Zuckerlösungen erstrecken sich vor allem auf die Aldehyd- und Ketogruppe, auf Doppelbindungen und Nitrogruppen. Bei der Hydrierung von Aldehyden und Ketonen tritt als Nebenprodukt stets Acetaldehyd auf, der dem Zucker entstammt. Dies deutet darauf hin, daß der sonst für die Hydrierung des Acetaldehyds verwendete Wasserstoff zur phytochemischen Reduktion der Aldehyd- bzw. Ketogruppe der zugesetzten Substanz verwendet wird. Bei diesen Hydrierungen dürfte daher folgende Oxydoreduktionsreaktion stattfinden:

$$CH_2OH . CO . CH_2O . PO_3H_2 + R . CHO + H_2O =$$
$$CH_3 . CO . COOH + R . CH_2OH + H_3PO_4.$$

Es wird daher..der gemäß der rein formellen Gleichung

$$C_6H_{12}O_6 = 2 CH_3 . CHO + 2 CO_2 + 2 H_2$$

entstehende „Gärungswasserstoff" auf die zugesetzten Wasserstoffacceptoren übertragen, wobei sich demnach als Äquivalent Acetaldehyd anhäufen muß. Dagegen scheinen bei der Hydrierung von Doppelbindungen besondere Verhältnisse vorzuwalten, denn dabei konnte kein Acetaldehyd aufgefunden werden. (F. G. Fischer.) Sehr bemerkenswert ist, daß sich Hydrierungen von Doppelbindungen auch mit Fermentlösungen aus Hefe durchführen lassen, doch ist dazu die Anwesenheit von „gelbem Ferment" (Warburg) erforderlich; die hydrierte Stufe desselben wirkt dabei als H_2-Transporteur. Das Flavinenzym wird dabei durch Bestandteile des übrigen Dehydrasensystems hydriert. Carbonylgruppen werden unter diesen Bedingungen nicht reduziert[2].

Die *präparative Bedeutung der biochemischen Hydrierungen* besteht vor allem darin, daß auf diesem Wege gewisse leicht zersetzliche oder veränderliche Substanzen reduziert werden können (z. B. Tetracetylglucoconiferylaldehyd zum betreffenden Alkohol, oder Überführung halogenierter Aldehyde und Ketone in die zugehörigen Alkohole ohne Eliminierung des Halogens, im Gegensatz zu den rein chemischen Verfahren). Weiterhin verläuft die biochemische Hydrierung assymmetrisch, also unter Bildung optisch aktiver Produkte (z. B. sekundärer Alkohole aus Ketonen usw.). Schließlich ermöglicht die biochemische Hydrierung auch eine stufenweise Reaktion, indem dieselbe vielfach nur bestimmte Gruppen sofort angreift und andere erst später (z. B. Überführung von Benzil in Benzoin, Reduktion von Sorbinylidenbrenztraubensäure zunächst zu Octatrienol bei kurzer Versuchsdauer und zu Octadienol bei langer Versuchsdauer usw).

---

[1] Elion: Biochem. Z. **169**, 471 (1926).
[2] F. G. Fischer: Ang. Ch. **49**, 559 (1936).

II. Anoxydative Bakteriengärungen.

A. Die Milchsäure- und Propionsäuregärung.

17. Übung:

Isolierung, Züchtung und Untersuchung der Bakterien.

a) Isolierung von Bact. Delbrücki aus Getreidemaische und Reinzüchtung desselben. Je 5 g Getreideschrot (Weizen, Gerste) oder Grünmalz verschiedener Herkunft werden in Kolben mit je 100 ccm Wasser oder steriler Würze übergossen und 24 Stunden bei 48—50⁰ stehen gelassen. Eine Trübung der Flüssigkeit und die Säuerung derselben (Titrationsprobe an je 10 ccm mittels n/10 Lauge) deutet auf die Anwesenheit von Bact. Delbrücki hin. (Wenn sich an der Oberfläche eine weißgraue trockene Haut gebildet hat, so ist der Heubacillus vorhanden und die betreffenden Proben sind zu verwerfen.) Nach weiteren 24 Stunden wird wieder titriert und dann von der Probe mit dem höchsten Säurewert in einige Ansätze mit steriler Maische oder Würze eingeimpft. Die Säurebildung wird wieder durch Titration kontrolliert und diese Übertragung des öfteren wiederholt, um die Kultur von allenfalls vorhandenen Heubacillen zu befreien (die Heubacillen vermögen zwar in gesäuerten Flüssigkeiten nicht zu wachsen, doch bleiben deren Sporen erhalten).

Die Reinzüchtung wird in PETRI-Schalenkulturen in Getreidemaische-agar oder Würzeagar vorgenommen. Bildung von Kolonien bei 40—45⁰ nach 24 Stunden; dieselben sind ½—1 mm groß, rundlich, flach, wasserhell oder weißlich und glänzend. Mikroskopische Untersuchung. Prüfung des Wachstums in Tröpfchenkulturen (Würze oder Maische). Fortzüchtung in Maische, ungehopfter Würze, Malzkeimabkochung oder Hefewasser mit Zucker, gegebenenfalls unter Zusatz von Calciumcarbonat.

Wenn das Bacterium durch Hitze, Säure oder Alter gelitten hat, so wächst es auf Agar nicht an. Es ist dann eine Übertragung einer kleinen Menge der betreffenden sauren Maische in sterile süße Maische oder Würze erforderlich (eventuell mit $CaCO_3$). Nach 24 Stunden bei 40—45⁰ findet dann in der Regel wieder Wachstum statt.

b) Gewinnung von Milchsäurebakterien und anderen Organismen aus Milch. α) Je 50 ccm frische Milch werden in kleinen ERLENMEYER-Kölbchen (mit Watte verschlossen) bei 50, 40 und 30⁰ 24 Stunden lang stehen gelassen. Die Milch ist dann überall geronnen und wird mikroskopisch untersucht:

Bei 50⁰ entwickelt sich das Thermobact. lactis: lange, unbewegliche Zellen.

Bei 40⁰: Thermobact. lactis, ferner Streptokokken (in Ketten angeordnete kugelige Zellen) und Bact. lactis acidi (kleine, meist zu zwei oder vier zusammenhängende, kurz-eiförmige Zellen.

Bei 30⁰: Fast nur Bact. lactis acidi (das bei dieser Temperatur die übrigen Organismen unterdrückt).

β) 50 ccm frische Milch werden in einem Kölbchen mit Watteverschluß 10 Minuten lang in einem siedenden Wasserbad erhitzt. 24 Stunden lang bei 40⁰ aufbewahrt. Die Probe ist nun grünlich gefärbt, nicht geronnen (das Eiweiß ist peptonisiert), die mikroskopische Untersuchung ergibt Heubacillenarten (stark bewegliche, lange Zellen). Die nicht sporenbildenden Milchsäurebakterien werden durch das Erhitzen abgetötet.

γ) Eine Flasche von 50 ccm Inhalt wird mit frischer Milch möglichst voll gefüllt, 10 Minuten im siedenden Wasserbad erhitzt, noch heiß mit einem Kork fest verschlossen und bei 40⁰ stehen gelassen. Nach 24 Stunden ist starker Buttersäuregeruch wahrnehmbar, die mikroskopische Untersuchung ergibt unbewegliche Buttersäurebakterien, die unter den anaeroben Bedingungen zur Entwicklung gelangen.

c) Untersuchung von Joghurtpräparaten. Die Präparate werden zunächst der „Joghurtbereitungsprobe" unterworfen: Einbringen einer Probe in abgekochte Milch bei 40—54⁰ und Stehenlassen bei über 40⁰[1]. Nach einigen Stunden kann die bakteriologische Untersuchung vorgenommen werden. Man findet meist körnchenfreie (stark säuernde) und körnchenhaltige (schwächer säuernde) Langstäbchen (Thermobact. bulgaricum), ferner Streptococcus thermophilus (meist lange, vier bis zehngliedrige Ketten) und häufig das Bact. lactis acidi. Die Trennung der Bakterien gelingt besonders durch Züchtungen bei verschiedenen Temperaturen[2].

18. Übung.

Herstellung von Impfkulturen und Bakterienpräparaten.

a) Herstellung von Impfkulturen für die Durchführung präparativer Gärversuche. Z. B. Bact. Delbrücki, in drei Stufen, und

---

[1] Bei der Herstellung von Joghurt im Haushalt geht man so vor, daß die auf $^2/_3$ eingekochte Milch bei 45⁰ mit einer Reinkultur oder mit etwas fertigem Joghurt versetzt wird. Nach sorgfältigem Umschütteln wird das Gefäß mit Tüchern gut umgeben, damit es sich möglichst langsam abkühlt; nach 3—4 Stunden ist der Joghurt fertig (eine dicke, schwach saure, aromatisch schmeckende Milch, die allerlei Darmstörungen zu beheben vermag).

[2] Vgl. HENNEBERG, Hdb. d. Gärungsbakteriologie Bd. 2, S. 142.

zwar: 1. Eine Reinkultur des Bact. Delbrücki wird in 10 ccm steriler Malzwürze (ungehopfte Bierwürze) von 8—10° Bllg. eingeimpft, nach 24 Stunden bei 42—45° Trübung der Flüssigkeit, mikroskopische Prüfung der Reinheit der Kultur. 2. Zusatz der ganzen Kultur zu 100 ccm steriler Malzwürze (wie zuvor), die noch 10 g Rohrzucker oder Glucose und 15 g $CaCO_3$ (Schlämmkreide) enthält (Kolben mit Gäraufsatz), 3—4 Tage bei 48—49°. 3. Die gärende Maische von 2. wird in zwei Kolben mit je 500 ccm steriler Würze-Rohrzuckerlösung (Zusammensetzung wie zuvor) mit $CaCO_3$ eingeimpft. Nach 3—4 Tagen Verwendung dieser Kulturen für die Impfung präparativer Gärversuche (vgl. Übung 19 b und c).

b) Herstellung von Massenkulturen der Bakterien[1]. Z. B. Propionsäurebakterien. Züchtung in einer klaren Lösung, enthaltend 20 g Pepton, 10 g Na-lactat und 1,5 g KH_2PO_4 in 1000 ccm Leitungswasser (p_H 6,8). 4 Tage bei 35°. Zentrifugieren, Bakterienmasse in Wasser suspendieren und wieder zentrifugieren, auf porösen Tontellern in sehr dünner Schicht trocknen. Ausbeute an Trockenpräparat etwa 30 g pro 100 l Nährlösung. Bakterienzählung in der feuchten Bakterienmasse.

c) Herstellung von Alkohol-Äther-Trockenpräparaten der Bakterien. Frisch abgeschleuderte Bakterienmasse in Portionen von etwa 50 g in ein Gemenge von 600 ccm absolutem Alkohol und 200 ccm absolutem Äther eingetragen, 8 Minuten gut verrührt, abgesaugt, mehrmals mit trockenem Äther nachgewaschen, in einem Porzellanmörser verrieben, im Vakuumexsiccator über Phosphorpentoxyd nebst Paraffin getrocknet. In einer Glasstöpselflasche aufbewahrt; viele Enzyme bleiben in den Präparaten monatelang haltbar.

<h2 style="text-align:center">19. Übung.</h2>

<h3 style="text-align:center">Die Milchsäuregärung.</h3>

a) Analytischer Gärversuch unter quantitativer Verfolgung des Gärverlaufes. In einem 300 ccm-Kolben 200 ccm Lösung, enthaltend 5% Glucose, 0,5% Pepton, 0,2% KH_2PO_4, 0,05% $MgSO_4$, 0,01% NaCl und 3 g $CaCO_3$; nach dem Sterilisieren mit 20 ccm einer Würzekultur des Bact. Delbrücki (vgl. Übung 18 a, zweite Stufe) geimpft. Gärverschluß aufgesetzt (mit Hg gefüllt, um Verdunstung einzuschränken). 6—8 Tage bei 43—45°. Entnahme von

---

[1] VIRTANEN: Soc. Scient. Fenn. **2**, 20 (1925). — Vgl. ferner: NEUBERG und SCHEUER: M. **53/54**, 1031 (1929) — Bact. Zählung in der Bakterienmasse vgl. VIRTANEN: H. **134**, 300 (1924); **138**, 136 (1924); **143**, 71 (1925).

je 15 ccm Probe nach etwa 6—8 Stunden (Gärungsbeginn) und sodann noch etwa sechs- bis achtmal in Intervallen von je 24 Stunden, bis zum Aufhören der Gärung. Die jeweils entnommene Probe wird sofort in ein trockenes Kölbchen filtriert. Analytische Bestimmungen im Filtrat:

Glucosegehalt. Feststellung der Glucose-Abnahme vom Beginn der Gärung bis zum Aufhören derselben; zunächst an 1 ccm Probe und dann ansteigend bis 5 ccm. Nach der Zuckerbestimmungsmethode von BERTRAND: Erforderliche Lösungen: I. 40 g krystallisiertes Kupfersulfat in 1 l Wasser gelöst. II. 200 g Seignettesalz und 150 g Ätznatron in Wasser gelöst, auf 1 l aufgefüllt. III. 50 g Ferrisulfat in 200 ccm reiner konzentrierter Schwefelsäure gelöst, auf 1 l verdünnt (Lösung muß frei von reduzierenden Stoffen sein, Prüfung mit Kaliumpermanganatlösung). IV. n/10-Kaliumpermanganatlösung. Probe mit 20 ccm Lösung I und II versetzt, genau 3 Minuten im gelinden Sieden erhalten (Sanduhr). Cu_2O absitzen lassen (Schrägstellen des ERLENMEYER-Kolbens). Überstehende Flüssigkeit (noch blau gefärbt) durch einen Asbest-GOOCH-Tiegel abdekantiert, mit heißem Wasser durch Dekantieren zwei- bis dreimal ausgewaschen. Niederschlag (samt eventuell im GOOCH-Tiegel befindlichen Anteilen) in einer ausreichenden Menge der Lösung III (15—25 ccm) gelöst und mit Lösung IV titriert. Farbumschlag sehr deutlich. 1 ccm n/10-$KMnO_4$ = 6,36 mg Cu). Ermittlung der äquivalenten Glucosemenge mit Hilfe einer empirischen Tabelle (vgl. Anhang II, 1 a).

Calciumgehalt. Zunächst an etwa 10 ccm, später an 5 ccm, in üblicher Weise: Fällung der siedenden Lösung mit heißer Ammonoxalatlösung, Filtrieren nach dem Absitzen, Auswachen, Lösen in etwa 20%iger Schwefelsäure und Titrieren mit n/10-$KMnO_4$-Lösung. 1 ccm = 2,004 mg Ca = 9,005 mg Milchsäure. Wiedergabe der gefundenen Glucose- und Milchsäurewerte in Form von Kurven.

Qualitativer Nachweis der Milchsäure. 1 ccm der vergorenen, filtrierten Maische, nach dem Ansäuern mit einigen Tropfen Schwefelsäure mit 10 ccm Äther erschöpfend ausgeschüttelt, ätherische Schicht abgezogen, Äther verdampft, Rückstand in 2 ccm Wasser aufgenommen, 0,2 ccm der wäßrigen Lösung (Milchsäurekonzentration soll 0,2% nicht überschreiten) nach DENIGÈS geprüft: Zusatz von 2 ccm konzentrierter Schwefelsäure, gut durchschütteln, 2 Minuten im siedenden Wasserbad erhitzen. Erkalten, 2 Tropfen Guajakollösung zusetzen, Rotfärbung, oder mit Codeinlösung bichromatähnliche Färbung (Bruchteile von Milligrammen Milchsäure sind erkennbar).

Quantitative Bestimmung der Milchsäure durch Überführung derselben in Acetaldehyd durch Oxydation mit $KMnO_4$. Ausgegorene Maische filtriert und auf ein bestimmtes Volumen aufgefüllt. 20 ccm Probe werden entnommen, enteiweißt und entzuckert und sodann die Milchsäurebestimmung durchgeführt[1].

b) Präparativer Versuch I: Milchsäuregewinnung aus Stärke. Herstellung der Maische durch Verzuckerung von Kartoffelstärke mittels Malz: In einen emaillierten Blechtopf von 10 l Inhalt wird 1 kg Kartoffelmehl (mit etwa 75% Stärkegehalt) in etwa 5 l Wasser unter gutem Rühren eingetragen, innerhalb ½—1 Stunde auf 70—75⁰ zwecks Verflüssigung des Stärkekleisters erwärmt, auf 56⁰ abgekühlt und 60 g Malzschrot[2] eingetragen, 4—5 Stunden erwärmt (allmählich bis 60⁰), Proben zur Feststellung der Verzuckerung entnommen (Prüfung auf Stärke und Dextrine mit Jodlösung), schließlich Temperatur auf 80⁰ gesteigert, sodann das ganze auf ein Volumen von etwa 7 l gebracht, auf 50⁰ abgekühlt, in das Gärgefäß eingefüllt (unten tubulierte, mit Ablaufhahn und Rührwerk versehene 10 l-Flasche, vgl. Abb. 9, S. 65), 400 g sterile Kreide und 500 ccm einer Bierwürzekultur des Bact. Delbrücki (vgl. Übung 18 a, 3. Stufe) zugesetzt. Etwa 12 Tage bei 45—46⁰, unter zeitweisem Aufrühren des $CaCO_3$. Probeentnahme und Prüfung mit FEHLINGscher Lösung.

Gewinnung des Ca-Lactates: Vergorene Maische nach Zusatz von etwas Kalkmilch bis zur schwach alkalischen Reaktion in einem Topf aufgekocht und filtriert, ausgewaschen, im Vakuum auf etwa ¹/₃ verdampft. Krystallisation von Ca-Lactat beim Erkalten (eventuell Animpfen), nach 1—2 Tagen im Eisschrank abgesaugt, abgepreßt, mit wenig Eiswasser angeteigt und nochmals abgepreßt. Man erhält Ca-Lactat mit drei Mol Krystallwasser. Aus der Mutterlauge in analoger Weise eine weitere Menge gewinnbar.

c) Präparativer Gärversuch II: Milchsäuregewinnung aus Rohrzucker nach dem Zulaufverfahren. Apparatur wie bei b), aber mit Tropftrichter versehen. Maische: 1 l Bierwürze, 4 l 10%ige Rohrzuckerlösung und etwa 50 g Malzschrot (oder Kleie usw. als Trägermaterial für die Ansiedlung der Bakterien[3], nach dem

---

[1] Hinsichtlich aller Einzelheiten der Methodik sei auf BERTHO-GRASSMANN: Biochemisches Praktikum. Berlin: Walter de Gruyter 1936, S. 246 ff. verwiesen. Ein neuer Apparat zur Milchsäurebestimmung wurde von FUCHS [H. **221**, 271 (1933)] beschrieben.

[2] Dieses enthält auch die für Milchsäurebakterien besonders wichtigen löslichen Eiweißstoffe und Phosphate. Eventuell wird noch Superphosphat und Ammonsulfat zugesetzt.

[3] Blanke Gärmaischen sind zu vermeiden; Absetzen der Bakterien, Wachstum und Säurebildung schwächer.

Sterilisieren eingefüllt, mit 750 g Schlämmkreide und 500 ccm einer Bierwürzekultur des Bact. Delbrücki (vgl. Übung 18a) versetzt, bei 45^0 vergären lassen, etwa alle 4—5 Stunden einige Minuten gut durchrühren. Vom 5.—15. Tag an täglich 200 ccm einer 50%igen Rohrzuckerlösung zusetzen (insgesamt noch etwa 1 kg Rohrzucker); sodann Gärung ohne weiteren Zusatz beenden lassen (insgesamt etwa 20 Tage). Probe auf Zucker.

Aufarbeitung: Vergorene Maische wie in b) weiter behandelt. Krystallisation des Ca-Lactates ohne Verdampfung.

Darstellung der freien Milchsäure. Ca-Lactat unter Zusatz von Tierkohle aus möglichst wenig heißem Wasser umkrystallisiert; das aus dem Filtrat wie oben gewonnene Produkt nach dem Abpressen mit der äquivalenten Menge 50%iger Schwefelsäure umgesetzt. Gips abgesaugt, ausgewaschen, Filtrat im Vakuum so weit eingedampft, daß eine etwa 70%ige „technisch reine" Milchsäure entsteht. Reinigung derselben: Extraktion der 70%igen Milchsäure in einem kontinuierlichen Apparat mit Äther, ätherische Lösung mittels Tierkohle völlig entfärbt. Äther abdestilliert. Man erhält eine etwa 90%ige, reine Milchsäure.

Anhang: Technologie der Milchsäuregärung.

Ausgangsmaterialien: In Deutschland gewöhnlich Kartoffelstärke, seltener Mais- oder Reisstärke und Rohrzucker; in Italien: Molken, Zuckerrübensaft, Melasse; in USA. Zuckerrohrmelasse, Reisstärke, Glucose.

Technische Bakterien: Ganz überwiegend Bact. Delbrücki, manchmal auch Bact. lactis acidi Leichmann (vergärt auch Milchzucker). Infektionsgefahr durch gleichfalls wärmestabile Bakterien, besonders Essigsäure- und Buttersäurebildner (dabei kommt es zunächst zu trägen, dann sehr stürmischen Gärungen). Herstellung der Bakterienkulturen in großen Reinzuchtapparaten.

Herstellung der Maische: Verzuckerung der Stärke mittels Malz, direkt in den Gärbottichen in üblicher Weise (für 1333 kg Kartoffelmehl mit 75% Stärkegehalt 80 kg Grünmalz oder Malzschrot). Zusatz von Schlämmkreide (50% der Stärke). Die Maische enthält $10-11\%$ Maltose (oder Glucose).

Gärverlauf: Zusatz der Impfmaische aus dem Reinzuchtapparat. Nach 6—8 Stunden Eintritt der Gärung; alle 2 Stunden wird die Kreide aufgerührt. Nach 8—10 Tagen bei 49^0 ist die Gärung beendet.

Gewinnung der technischen Milchsäure: Zusatz von Kalkmilch, Aufkochen, Absitzen lassen, Abziehen der klaren Lösung, Abpressen in Filterpressen. Im Vakuum auf $28-30^0$ Bé verdampfen, dann mit einem Gemisch von 50%iger Milchsäure und Schwefelsäure versetzt, Gipsbrei abfiltriert, Lösung ergibt die 50%ige technische Milchsäure des Handels.

Gewinnung von Genußmilchsäure (chemisch-reine Milchsäure) aus dem gereinigten Ca-Salz nach dem Umsetzen desselben mit Schwefelsäure durch Ätherextraktion.

20. Übung.

Die heterofermentative Milchsäuregärung.

a) Die Vergärung von Glucose[1] (Essigsäure-Glycerin-Gärung neben Milchsäure-Äthanol-Gärung). Nährlösung: 20 g Glucose gelöst in 100 ccm Wasser, 6 g K_2HPO_4 und 6 g KH_2PO_4 gelöst in 400 ccm Wasser sowie 500 ccm Hefewasser[2] (1:10; vgl. S. 30), in dem noch 10 g Pepton gelöst sind, werden getrennt sterilisiert (20 Minuten im Autoklav), dann vereinigt (p_H 6,2) und mit 25 ccm einer 3 Tage alten Kultur von Lactobacillus lycopersici oder Lactobacillus mannitopoeus u. a. im gleichen Medium geimpft. Die Gärung wird unter dauerndem Durchleiten eines sauerstoffreien Stickstoffstromes etwa 3 Wochen bei 30^0 durchgeführt. In Intervallen von einigen Tagen werden 2—5 ccm Probe zur Bestimmung des Zuckergehaltes entnommen (nach der Enteiweißung, vgl. S. 105).

Bestimmung des CO_2: Erfolgt in einem an das Ableitungsrohr des Kolbens angeschlossenen Kaliapparat (gravimetrisch); zur Bestimmung des noch in Lösung befindlichen CO_2 wird ein aliquoter Teil des Mediums angesäuert und unter Rückflußkühlung erhitzt; durch einen die Flüssigkeit durchstreichenden Strom von CO_2-freier Luft wird das CO_2 ausgetrieben und in einen Kaliapparat zwecks gravimetrischer Bestimmung übergeführt.

Bestimmung der flüchtigen Säuren (Essigsäure). 100 ccm des Mediums werden mit Wasserdampf destilliert und das Wasserdampfdestillat (etwa 500 ccm) titriert.

Bestimmung der Milchsäure: Extraktion von 100 ccm des Mediums mit Äther; weitere Bestimmung in einem aliquoten Teil des Extraktes wie oben. Auch die Bestimmung des *Äthanols* erfolgt in der gleichen Weise wie früher angegeben (vgl. S. 88).

Bestimmung des Glycerins: 200 ccm des Mediums werden mit NaOH alkalisch gemacht und auf 10—15 ccm verdampft; der Rückstand mit frisch geglühtem Natriumsulfat behandelt und das so erhaltene trockene Pulver mit Äther erschöpfend extrahiert (etwa 3 Tage). Nach dem Entfernen des Äthers wird an aliquoten Teilen das Glycerin nach WAGENAARS Methode[3] oder nach ZEISEL-FANTO-STRITAR (vgl. S. 94) bestimmt.

b) Die Vergärung der Fructose (Essigsäure-Mannit-Gärung neben Milchsäure-Äthanol-Gärung). Es wird ebenso vorgegangen

---

[1] Vgl. NELSON und WERKMAN: J. Bacter. **30**, 547 (1935).
[2] Oder 3 g Hefeextrakt (Difco) in 500 ccm Wasser.
[3] WAGENAAR: Pharm. Weekblad **48**, 497 (1911).

wie unter a), nur ·daß Fructose als C-Quelle verwendet wird. Die Aufarbeitung erfolgt gleichfalls in derselben Weise. (Eine raschere Vergärung wird bei der Anwendung von Bakterienmassen erreicht[1].)

Bestimmung des Mannits[2]: 100 ccm der vergorenen Lösung, die keine Fructose mehr enthalten soll[3], werden enteiweißt, die Milchsäure wird durch Extraktion mit Äther entfernt (der Ätherextrakt kann zur Bestimmung der Milchsäure verwendet werden), dann wird die Lösung auf ein bestimmtes Volumen gebracht und 50 ccm in einen 100 ccm-Maßzylinder mit eingeschliffenem Stöpsel eingefüllt. 25 ccm 4 n-NaOH und 25 ccm Kupfersulfat (125 g krystallisiertes $CuSO_4$ im Liter) zugesetzt. Nach kräftigem Umschütteln läßt man 12 Stunden bei Zimmertemperatur stehen. Von der überstehenden klaren Flüssigkeit werden 25 ccm herauspipettiert und 10 ccm 30%ige KJ-Lösung sowie 10 ccm 25%ige H_2SO_4 zugesetzt. Das frei gesetzte Jod wird mittels n/10 Na-Thiosulfat titriert[4]. Die Mannitmenge ergibt sich auf Grund einer empirischen Tabelle (XIII).

Tabelle XIII.

a	b	a	b	a	b	a	b	a	b
0,25	—	4	142,8	11	378,1	18	596,9	25	822,6
0,5	8,3	5	176,7	12	410,8	19	628,1	26	855,6
1,0	27,4	6	210,0	13	441,6	20	659,7	27	888,6
1,5	47,8	7	243,3	14	472,4	21	691,9	28	930,9
2,0	68,0	8	277,0	15	503,1	22	724,1	29	992,4
2,5	88,0	9	310,7	16	534,4	23	756,6	29,1	1000,0
3,0	107,1	10	344,4	17	565,6	24	789,6		

a = ccm n/10 Thiosulfat pro 25 ccm Mischung.
b = mg Mannit in 100 ccm Mischung.

Isolierung des Mannits[5]. 500 ccm der vergorenen Lösung mit $CaCO_3$ in der Hitze neutralisiert, filtriert, Filtrat mit H_2SO_4

---

[1] Bolcato: Ann. Chim. Appl. **23**, 405 (1933).
[2] Nach Smit: Z. anal. Chem. **53**, 473 (1914).
[3] Falls noch Fructose vorhanden ist, wird dieselbe mittels Hefe vergoren.
[4] Die Bestimmung des Mannits erfolgt grundsätzlich in derselben Weise wie die Glycerinbestimmung nach Wagenaar. Prinzip: Mehrwertige Alkohole hemmen die Fällung des Kupferhydroxyds in alkalischer Lösung. Es bleibt also eine dem vorhandenen Mannit entsprechende Menge Kupferhydroxyd in Lösung, durch die dann eine äquivalente Menge Jod frei gesetzt wird.
[5] Vgl. Bolcato: Ann. Chim. Appl. **23**, 405 (1933). Die Methode ist auch zur quantitativen Bestimmung des Mannits geeignet; der Fehler beträgt dabei 10—15%.

zur Freisetzung der organischen Säuren versetzt, nochmals filtriert, Filtrat nun zur Sirupkonsistenz eingeengt; beim Ausfrieren erhält man eine viscose, halb krystallinische Masse. Diese wird mit Äther zur Entfernung organischer Säuren usw. längere Zeit extrahiert. In der zurückbleibenden nun nicht mehr viscosen Masse krystallisiert der Mannit innerhalb einiger Tage aus; abgepreßt, mit sehr wenig Wasser und dann mit Alkohol gewaschen. Aus wenig Wasser umkrystallisiert (dicke rhombische Prismen) oder aus Alkohol (seidenglänzende Nadeln); Schmelzpunkt 166[0].

Identifizierung des Mannits: Darstellung der Tribenzalverbindung[1]. Schmelzpunkt 213—217[0].

21. Übung:

Gewinnung und Umwandlung von Zwischenprodukten der Milchsäuregärung.

a) Bildung von Methylglyoxal[2]. 1000 ccm 4%iger Mg-Hexosediphosphatlösung (wie in Übung 9a, S. 104), 10 g Trockenbakterien (Herstellung vgl. Übung 18c, S. 127) (z. B. Bact. lactis aerogenes) und 10 ccm Toluol, ebenso Vergleichsversuch (100 ccm des gleichen Ansatzes aber ohne Bakterien), in einer verschlossenen Flasche (oder Kolben) 48 Stunden bei 37[0] belassen. Sodann Zusatz von etwa 2—3 g Fullererde, zentrifugieren, eventuell noch filtrieren. Klares Filtrat auf 1000 ccm auffüllen und zur Prüfung auf Methylglyoxal verwenden.

Methylglyoxal-bis-2,4-dinitrophenylhydrazon. Gewinnung aus 20—50 ccm (als Vorprobe) wie in Übung 9a.

Methylglyoxim (Methylglyoxaldioxim) und dessen Nickelsalz[3]. 400 ccm des Filtrates, ohne Enteiweißung mit 5 g festem neutralem Hydroxylaminsulfat versetzt und 1 Tag im Thermostaten stehen gelassen, dann mit Natriumsulfat gesättigt und erschöpfend mit Äther extrahiert (eventuell unter Zusatz von etwas Alkohol zur Beseitigung von Emulsionen). Ätherauszüge vereinigt, mit frisch geglühtem Natriumsulfat getrocknet, unter gleichzeitiger Zugabe von Calciumcarbonat (zur Entsäuerung); filtriert, Lösungsmittel entfernt, Rückstand im Exsiccator über Phosphorpentoxyd

---

[1] Fischer und Fay: B. **28**, 1979 (1895). — Pette: B. **64**, 1567 (1931).

[2] Vgl. Neuberg und Kobel: Bioch. Z. **207**, 232 (1929); Fromageot: Bioch. Z. **216**, 467 (1929); Neuberg u. Scheuer: M. **53/54**, 1031 (1929), B. **63**, 3068 (1930).

[3] Vgl. Neuberg und Scheuer: M. **53/54**, 1031 (1929); weitere Möglichkeit zur Isolierung des Methylglyoxals als 3-Methyl-Naphthopyrazin vgl. Neuberg und Scheuer: B. **63**, 3068 (1930).

belassen, wobei Krystallisation stattfindet. Aus möglichst wenig heißem Wasser (unter Zusatz von Tierkohle) umkrystallisiert. Schmelzpunkt 157⁰. Aus der nach dem Umkrystallisieren verbleibenden Mutterlauge kann noch das Nickelsalz gewonnen werden [$Ni(C_3H_5O_2N_2)_2$]: Zusatz von Nickelacetat (m-Nickelsalzlösung $+$ 3 m-Natriumacetat). Bildung eines rotvioletten Niederschlages, der beim Erwärmen auf dem Wasserbad gelbrot wird, infolge des Überganges der Substanz in eine stabilere isomere Modifikation.

b) Dismutation des Methylglyoxals. 100 ccm Bakteriensuspension (Bact. Delbrücki, mit etwa 2,5 g Trockensubstanz, vgl. Übung 18 b, S. 127), 10 ccm molare Methylglyoxallösung (0,72 g) und 890 ccm Wasser, nach Zusatz von 5 g $CaCO_3$ in einer verschlossenen Flasche bei 37⁰ stehen gelassen (Kontrollversuch analog, aber ohne Methylglyoxal). Probeentnahme nach der 4. Stunde: je 10 ccm filtriert, mit Trichloressigsäure enteiweißt und mit 2,4-Dinitrophenylhydrazin geprüft (wie in Übung 9a). Aufarbeitung, sobald die Fällung negativ ist (nach etwa 5—10 Stunden). Flüssigkeit aufgekocht und nach Zusatz von etwas Fullererde filtriert oder zentrifugiert. Bestimmung des Ca-Gehaltes in 50 ccm Probe in üblicher Weise und des Milchsäuregehaltes in 20 ccm Probe gemäß Übung 19a.

Isolierung von Zinklactat[1]. 800 ccm Filtrat im Verdunstungskasten oder im Vakuum zur Trockne verdampft. Rückstand in wenig Wasser aufgenommen, mit Phosphorsäure gegen Kongo schwach angesäuert, auf dem Wasserbad zum Sirup eingeengt, mit frisch geglühtem Natriumsulfat in einer Reibschale zu einem feinen mehlartigen Pulver verrieben. Gemisch sofort (da hygroskopisch) in die Papierhülse eines SOXHLET-Apparates eingefüllt (mit einem passenden Filter bedeckt und oberer Rand der Hülse umgeschlagen) und erschöpfend mit Äther extrahiert (etwa 10 Stunden). Äther abdestilliert, Rückstand in Wasser aufgenommen, mit einem Überschuß von wasserfreiem Bleicarbonat mehrere Stunden am Wasserbad erhitzt, dann mit Eis gekühlt, filtriert, mit eiskaltem Wasser nachgewaschen, Lösung mit Schwefelwasserstoff behandelt, filtriert, Luftstrom durchgeleitet, Flüssigkeit mit alkalifreiem Zinkoxyd bis zur neutralen Reaktion am siedenden Wasserbad erhitzt, filtriert, mit heißem Wasser nachgewaschen, Filtrat am Wasserbad eingeengt; meist findet schon in der Wärme Krystallisation statt (inaktives Zinklactat)[2]. Beim Erkalten

---

[1] NEUBERG und KOBEL: Biochem. Z. **182**, 470 (1927).

[2] Beim aktiven Salz ist Einengen bis zum dünnen Sirup erforderlich, der erst beim Abkühlen und Reiben mit einem Glasstab zu einem dicken Krystallbrei erstarrt.

Krystallbrei; abgesaugt, mit einigen Tropfen Eiswasser nachgewaschen, auf Ton getrocknet, einmal aus wenig Wasser umkrystallisiert.

c) Umwandlung von Phosphoglycerinsäure in Brenztraubensäure[1]. 26 g Monobariumsalz der Glycerinmonophosphorsäure (vgl. Übung 11, S. 109) werden unter Zugabe von 60 ccm 50%iger Essigsäure mit Wasser auf ein Volumen von 360 ccm gebracht und bis zur Lösung geschüttelt; eine geringe Trübung beseitigt man durch Zentrifugieren. 345 ccm des Zentrifugates mit 141 ccm 10%iger Natriumsulfatlösung, 36,4 ccm 33%iger Natronlauge und 52,6 ccm Wasser versetzt (Gesamtvolumen 575 ccm), kräftig umgeschüttelt und zentrifugiert. Die so erhaltene Natriumsalzlösung hat den p_H-Wert 6,6 (Gehalt an phosphoglycerinsaurem Natrium $C_3H_5O_7PNa_2 = 2{,}72\%$).

230 ccm dieser Lösung werden mit 23 g der frisch gezüchteten, abzentrifugierten, noch feuchten Bakterienmasse (Bact. Delbrücki, vgl. S. 127) und 10 ccm Toluol versetzt. (Vergleichsversuch: 50 ccm Wasser, 5 g Bakterienmasse, 2 ccm Toluol). Entnahme von Proben zu Beginn, nach 2, 3 und 4 Tagen bei etwa 37°. Bestimmung des Gehaltes an anorganischem Phosphat (kolorimetrisch) und an Brenztraubensäure (durch Fällung mit 2,4-Dinitrophenylhydrazin, vgl. S. 107), nach dem Enteiweißen mit Trichloressigsäure (vgl. S. 105). Identifizierung der Brenztraubensäure durch Fällung eines aliquoten größeren Teiles beim Versuchsabbruch mittels 2,4-Dinitrophenylhydrazin. Reinigung des Hydrazons durch Abtrennen eines sodaunlöslichen Anteils (Acetaldehyd-2,4-Dinitrophenylhydrazon vom Schmelzpunkt 165° nach dem Umkrystallisieren) und Umfällen (vgl. S. 107), schließlich aus Essigester umkrystallisieren. Schmelzpunkt 220—222°.

Anhang I: Typen der Milchsäuregärung.

Unterscheidung von zwei Gärungstypen[2], je nachdem ob nur Milchsäure oder auch andere Gärprodukte entstehen: Homofermentative und heterofermentative Milchsäuregärung[3].

a) Homofermentative Milchsäuregärung. Erreger: z. B. Thermobact. Delbrücki, Thermobact. bulgaricum, Streptococcus lactis[4]. Zerlegung des Zuckers zu 95% und darüber gemäß der Gärungsgleichung:
$$C_6H_{12}O_6 = 2\,CH_3 . CHOH . COOH.$$

[1] Vgl. NEUBERG und KOBEL: Biochem. Z. **260**, 241 (1933).

[2] S. ORLA-JENSEN, The Lactic acid Bacteria, K. Danske Videnskab. Selskab. Skrifter, Naturvidenskab. Math. A'fde. Series 8, **5**, 81, Kopenhagen 1919.

[3] KLUYVER und DONKER: Proc. Akad. v. Wetensch. Amsterdam **28**, 297 (1924).

[4] Von Interesse ist ferner, daß auch Organismen, die normalerweise keine Milchsäuregärung verursachen, unter besonderen Be-

Pentosenvergärung durch homofermentative Milchsäurebakterien z. B. Xylose durch Lactobacillus pentosus: Bildung äquimolekularer Mengen Milchsäure und Essigsäure[1], wohl über Glycerinaldehyd und Glýkolaldehyd.

$$C_5H_{10}O_5 = CH_3 . CHOH . COOH + CH_3 . COOH.$$

b) Heterofermentative Milchsäuregärung. Erreger: Betabacterium, Betacoccus, Lactobacillus fermentum, Lactobacillus pentoaceticus, Lactobacillus lycopersici, Lactobacillus mannitopeus, Lactobacillus acidiphil-aerogenes, Lactobacillus gracilis, Lactobacillus fructivorans u. a. Grundsätzlich verschiedener Gärverlauf, je nachdem, ob Glucose oder Fructose vergoren wird.

α) Vergärung von Glucose: Gemischte Milchsäure-Äthanol-Gärung neben der charakteristischen Essigsäure-Glycerin-Gärung. Es finden also dabei zugleich grundsätzlich drei Gärungsvorgänge statt, und zwar:

1. Normale Milchsäuregärung,
2. Äthanolgärung,
3. Essigsäure-Glycerin-Gärung[2], gemäß der Gärungsgleichung:

$$3 C_6H_{12}O_6 + 2 H_2O \longrightarrow 2 CH_3 . COOH + 2 CO_2 +$$
$$4 CH_2OH . CHOH . CH_2OH.$$

Diese Gleichung ist wohl folgendermaßen aufzulösen:

I $C_6H_{12}O_6 \longrightarrow 2 CH_2OH . CHOH . CHO (\longrightarrow CH_3 . CHOH . COOH)$
II $CH_3 . CHOH . COOH \longrightarrow CH_3 . CO . COOH + 2 H$
III $CH_3 . CO . COOH + H_2O \longrightarrow CH_3 . COOH + CO_2 + 2 H$
IV $CH_2OH . CHOH . CHO + 2 H \longrightarrow CH_2OH . CHOH . CH_2OH.$

Falls das Reduktionsprodukt Glycerin nicht in einer der Gärungsgleichung äquivalenten Menge auftritt, wird es zur Entwicklung von

dingungen dazu veranlaßt werden können; Umschaltungen anderer Gärungen in Milchsäuregärung:

a) Umschaltung der alkoholischen Hefegärung in Milchsäuregärung (E. AUHAGEN und NEUBERG: Biochem. Z. **264**, 452, 1933; E. und T. AUHAGEN: Biochem. Z. **268**, 247, 1934), indem durch Verdünnung der Holozymase (vgl. S. 111) die Glykolase weniger als die anderen Enzyme abgeschwächt wird; es bildet sich also zunächst Methylglyoxal und aus diesem die Milchsäure unter der Einwirkung der durch Glutathion aktivierten Ketonaldehyd-Mutase. Dies bildet zugleich eine Stütze für die Anschauung, daß Methylglyoxal auch bei der Hefegärung entstehen muß (vgl. S. 15 und 106).

b) Umschaltung der Coligärung in reine Milchsäuregärung (CATTANEO und NEUBERG: Biochem. Z. **272**, 441, 1934) durch Einwirkung von Massenkulturen (insbesondere von Trockenpräparaten) auf Hexosediphosphat in Gegenwart von Toluol und Glutathion. Dabei wurde fast 100%ige Bildung von Milchsäure beobachtet.

c) Umschaltung der Buttersäuregärung in Milchsäuregärung (KUBOWITZ: Biochem. Z. **264**, 285, 1935). In Gegenwart von CO werden die zur Buttersäure führenden sowie die sonstigen Vorgänge gehemmt, und es kommt nur zur Bildung von Milchsäure, wohl aus dem primär entstehenden Methylglyoxal.

[1] FRED, PETERSON und Mitarbeiter: J. of biol. Chem. **39**, 347 (1919), **53**, 111 (1922).

[2] NELSON und WERKMAN: J. Bacter. **30**, 547 (1935). — Vgl. dazu auch KLUYVER: J. Soc. Chem. Ind. **52**, 373 (1933) und Erg. d. Enzymforsch. **4**, 246 (1935).

H_2 kommen. Die Vergärung von Brenztraubensäure allein führt zur Bildung von Milchsäure als Reduktionsprodukt neben Essigsäure und CO_2[1]:

$$2\ CH_3 . CO . COOH + H_2O \longrightarrow CH_3 . CHOH . COOH +$$
$$CH_3 . COOH + CO_2.$$

Das Mengenverhältnis der Gärprodukte ist bei dieser Gärungsform sehr schwankend und von den äußeren Bedingungen sowie der Art der Gärungserreger in hohem Maße abhängig; zumeist überwiegt dabei die Milchsäure-Äthanol-Gärung (z. B. bei Lactobacillus fermentum[2]), vielfach geht aber auch die Essigsäure-Glycerin-Gärung in recht erheblichem Ausmaße vor sich[3].

β) *Vergärung von Fructose.* Milchsäure-Äthanolgärung neben der charakteristischen **Essigsäure-Mannitgärung**. Der typische Prozeß ist die Reduktion der Fructose durch den bei der Essigsäurebildung auftretenden naszenten Wasserstoff. Theoretisch müßten folgende Gärungsgleichungen erfüllt sein:

$$CH_3 . CHOH . COOH + H_2O \longrightarrow CH_3 . COOH + CO_2 + 2\ H_2 \text{ und}$$
$$2\ C_6H_{12}O_6 + 2\ H_2 \longrightarrow 2\ C_6H_{14}O_6.$$

In Wirklichkeit wurden jedoch auf 3 Mol. vergorener Fructose. 2 Mol. Mannit, 2 Mol. Essigsäure und 2 Mol. CO_2 beobachtet[4]. Nebenbei entsteht auch etwas Alkohol und Milchsäure. Das Mengenverhältnis der Gärprodukte hängt stark von der Art der Gärungserreger ab[5]. In einem Fall wurden bis gegen 60% der Fructose zu Mannit reduziert, unter Bildung der entsprechenden Menge Essigsäure und CO_2, neben wenig Milchsäure und sehr wenig Äthanol[6]. Diese Gärung wird auch zur technischen Gewinnung von Mannit verwendet (z. B. in Italien)[7].

Anhang II: Chemismus der reinen Milchsäuregärung.

a) Milchsäurebildung über Methylglyoxal als Zwischenprodukt. Umwandlung von Methylglyoxal in Milchsäure unter der Einwirkung der Ketonaldehydmutase (NEUBERG, DAKIN), die nicht nur in Milchsäurebakterien vorkommt, sondern in fast allen Zellen und Geweben. Bildung von Methylglyoxal aus Hexosediphosphorsäure (nicht nur durch Milchsäurebakterien wie Thermobact. Delbrücki[8], sondern

---

[1] NELSON und WERKMAN: Jowa State Coll. Journ. of Sc. 10, Nr 2, 141 (1936).

[2] SMIT, Diss. Amsterdam 1913.

[3] NELSON und WERKMAN: J. Bacter. 30, 547 (1935). — FRED, PETERSON und Mitarbeiter: J. of biol. Chem. 42, 273 (1920); 41, 431 (1920); 42, 175 (1920); 48, 385 (1921); 64, 643 (1925).

[4] BOLCATO: Ann. di Chim. appl. 23, 405 (1933).

[5] Vgl. auch CHARLETON, NELSON und WERKMAN: Jowa State Coll. Journ. Sci. 9, 1 (1934).

[6] PEDERSON: Bull. New York State agr. Exp. Stat., Techn. Bull. 151 (1929).

[7] Auch die eingemieteten Rüben unterliegen nach VONDRAK (C. 1933, II 630, 3210) einer Mannitgärung, wobei dann das Futter über 5% Mannit (bezogen auf Trockensubstanz) enthielt. — Auch beim Liegen von Topinamburknollen unter Wasser setzt spontane Mannitgärung ein (SCHLUBACH und KNOOP, A. 497, 208, 1932).

[8] NEUBERG und KOBEL: Biochem. Z. 207, 232 (1929).

auch durch zahlreiche andere Organismen, sowie Zell- und Gewebe-extrakte). Einleitende Reaktion: Phosphorylierung, z. B. bei Bact. casei ε (=Thermobacterium helveticum[1]); Bildung von ROBINSON-Ester[2]. Enzymatische Umwandlung von Methylglyoxal in Milchsäure mittels der Ketonaldehydmutase nur in Gegenwart eines Co-Fermentes (Glutathion)[3].

b) Milchsäurebildung über Brenztraubensäure als Zwischenprodukt, nach folgendem Schema (EMBDEN-MEYERHOF):

A. Hexosedisphosphorsäure $\rightleftharpoons$ 2 Triose-phosphorsäure.

B. 2 Triosephosphorsäure $\longrightarrow$ 1 α-Glycerinphosphorsäure + 1 Phosphoglycerinsäure.

C. 1 Phosphoglycerinsäure $\longrightarrow$ 1 Brenztraubensäure + Phosphorsäure.

D. 1 Brenztraubensäure + $\longrightarrow$ 1 Milchsäure + 1 Triosephos-1 α-Glycerinphosphorsäure phosäure (ad B)

Reaktionen A, B und C wie bei der alkoholischen Gärung (vgl. S.112). Charakteristisch für die Milchsäurebildung ist Reaktion D, also die Oxydoreduktion zwischen Brenztraubensäure und Glycerinphosphorsäure, wogegen bei der alkoholischen Gärung die Glycerinphosphorsäure nicht weiter in Reaktion treten kann.

Abfangung von Brenztraubensäure bei der anaeroben Milchsäure-bildung des Muskels besonders in Gegenwart von Sulfit[4], als Reduk-tionsprodukt findet sich die äquivalente Menge α-Glycerinphosphor-säure[5]. Abfangung von Brenztraubensäure bei der durch Bact. cauca-sicum bewirkten Milchsäuregärung mittels Semikarbazid[6]; wurde allerdings bestritten[7] bzw. auf eine Dehydrierung von primär ent-standener Milchsäure zurückgeführt[8]. Ferner erscheint von Wichtig-keit, daß in Gegenwart von Sulfit die Milchsäuregärung völlig normal verläuft, und weder Brenztraubensäure noch eine andere Carbonyl-verbindung abfangbar ist[9]. Anderseits geht aber die Milchsäure-bildung auch in Abwesenheit des Co-Fermentes der Ketonaldehyd-mutase vor sich, kann also dann nicht über Methylglyoxal verlaufen.

Die Frage, ob also die Milchsäurebildung über Methyl-glyoxal oder über Brenztraubensäure verläuft, läßt sich vor-läufig noch nicht mit Sicherheit entscheiden, vielleicht gehen auch beide Reaktionen nebeneinander vor sich, ohne daß sich bisher sagen läßt, unter welchen Bedingungen die eine und unter welchen die andere überwiegt. Jedenfalls verfügen sowohl Milchsäurebakterien wie der Muskel über die Enzymapparate zur Durchführung beider Reaktionsfolgen.

---

[1] VIRTANEN: H. **138**, 136 (1924); **143**, 71 (1925).

[2] VIRTANEN und TIKKA: Biochem. Z. **228**, 417 (1930).

[3] LOHMANN: Biochem. Z. **254**, 332 (1932).

[4] CASE: Biochemic. J. **26**, 753, 759 (1932).

[5] MEYERHOF und KIESSLING: Biochem. Z. **264**, 40 (1933).

[6] KOSTYTSCHEW und Mitarbeiter: H. **168**, 124 (1927); **188**, 127 (1930).

[7] NEUBERG und KOBEL: Biochem. Z. **191**, 472 (1927); **199**, 230 (1928).

[8] Vgl. SIMON: Biochem. Z. **245**, 388 (1932).

[9] VIRTANEN, KARSTRÖM und BÄCK: H. **151**, 232 (1926).

22. Übung:

Die Propionsäuregärung.

a) Auswahl geeigneter Bakterien. Eine größere Anzahl von ERLENMEYER-Kolben wird mit je 200 ccm folgenden Mediums beschickt: 3% Glucose, 0,2% K_2HPO_4, 0,5% NaCl in Hefewasser $(1:10)$[1]. Nach dem Sterilisieren Zusatz von 2% trocken sterilisierter Kreide. Mit verschiedenen Bakterienkulturen geimpft, Luft aus den Kolben mit CO_2 verdrängt, Gärverschluß aufgesetzt. Etwa vom 4. Tag an (und sodann alle 4 Tage) je 10 ccm Probe entnommen zur Bestimmung des Ca-Gehaltes der Lösung und 2 ccm zur Zuckerbestimmung (vgl. S. 128). — Sobald man so die grundsätzliche Auswahl der geeignetsten Kulturen getroffen hat, setzt man nochmals mit diesen Kulturen eine analoge Versuchsreihe an und prüft nun die entnommenen Proben auf ihren Gehalt an flüchtigen Säuren durch Destillation mit Wasserdampf und Titration der Destillate.

Bakterienkulturen, die längere Zeit in festen Nährböden (Agar-Stichkulturen) gezüchtet wurden, müssen des öfteren in ein flüssiges Medium (etwa wie oben) überimpft werden, und erlangen so ihre Gärkraft zurück. Kulturen mit geschwächtem Gärvermögen bilden vielfach nur Milchsäure.

b) Analytischer Gärversuch unter quantitativer Verfolgung des Gärverlaufes. Nährlösung: 60 g Glucose, 4 g K_2HPO_4 und 10 g gewöhnliches Natriumchlorid in 1900 ccm Hefeextrakt $(1:10)$[1]. Nach dem Sterilisieren 40 g steriles $CaCO_3$ zugesetzt und mit 100 ccm einer 24 Stunden alten gärkräftigen Bakterienkultur (in der gleichen Nährlösung) geimpft. 14—20 Tage bei 37⁰. Vom 10. Tag an in Intervallen von je 2 Tagen Entnahme von Proben, und zwar: 200 ccm nach Zusatz von etwas Fullererde oder Bolus alba filtriert, 20 ccm des Filtrates zur Bestimmung des Ca-Gehaltes, 10—20 ccm für die Milchsäurebestimmung, 50 ccm für die Ermittlung der flüchtigen Säuren und 2—5 ccm für die Glucosebestimmung.

Bestimmung von Propionsäure und Essigsäure. 50 ccm Filtrat (entsprechend etwa 1,5 g Glucose) mit Schwefelsäure angesäuert, etwa 10 Minuten unter Rückflußkühlung gekocht (Vertreibung des CO_2) und dann mit Wasserdampf destilliert. 400 ccm Destillat aufgefangen (enthält stets praktisch alle flüchtigen Säuren). Feststellung des Gesamtsäuregehaltes durch Titration einer Probe ermittelt (10—20 ccm). Ferner 200 ccm der Halbdestillation unter-

---

[1] Empfohlen von WILSON, FRED und PETERSON: Biochem. Z. **229**, 271 (1930), Herstellung vgl. S. 30.

worfen (Apparatur vgl. in Abb. 21)[1], 100 ccm Destillat mit $^n/_{10}$-Lauge titriert. Berechnung der Menge an Propion- und Essigsäure auf Grund der folgenden Gleichungen:

$E + P =$ Gesamtacidität in 200 *ccm* (= a).

$0,366\,E + 0,585\,P =$ Acidität in 100 ccm Destillat (= b)[2] daraus ergibt sich:

$$P = \frac{b - 0,366\,a}{0,219} \text{ und } E = a - P$$

P und E in ccm Lauge ausgedrückt. 1 ccm n/10 Lauge = 7,4 mg Propionsäure, bzw. 6 mg Essigsäure.

Isolierung und Identifizierung der Propion- und Essigsäure. Restliche Gärmaische bei Versuchsabbruch nach Entnahme einer Probe für die Analysen (wie zuvor beschrieben) mit Schwefelsäure angesäuert, zunächst etwa 1000 ccm abdestilliert, sodann mittels Wasserdampf noch etwa 2—3 l Destillate vereinigt, mit Bariumhydroxyd neutralisiert, auf ein kleines Volumen verdampft, mit Schwefelsäure angesäuert, filtriert, mit Natriumsulfat gesättigt, mit Äther im Extraktionsapparat 2 Tage extrahiert. Äther abdestilliert, Rückstand über eine kleine WIDMER-

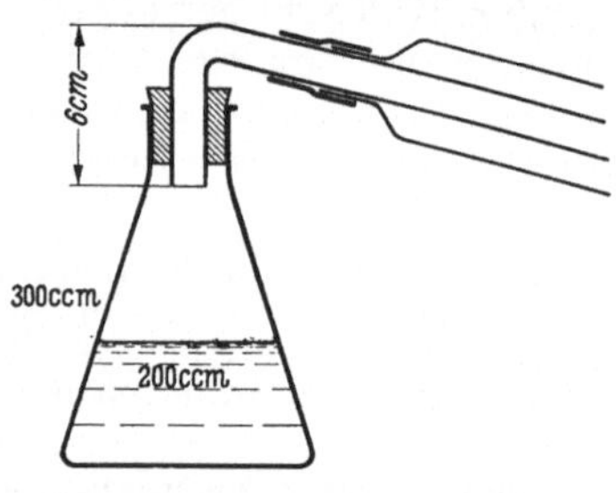

Abb. 21. Apparatur zur Halbdestillation.

Kolonne fraktioniert destilliert. 5—6 Fraktionen im Intervall von 100 bis etwa 145° aufgefangen (Kp. der Essigsäure 118°, der Propionsäure 141°. **Darstellung der Bromphenacylester der Essig**säure und Propionsäurefraktion: etwa 0,2 ccm der betreffenden Fraktion mit der berechneten Menge konzentrierter Lauge neutralisiert, mit 0,5 g p-Bromphenacylbromid versetzt und mit 10 ccm 95%igem Alkohol 1 Stunde auf dem Wasserbad erwärmt. Beim Erkalten (eventuell bei 0°) Abscheidung der p-Bromphenacylester, aus 95%igem Alkohol umkrystallisiert. Schmelzpunkt des Essigsäure-p-Bromphenacylesters 86°, des Propionsäuresters 63,4°.

*Isolierung und Identifizierung der Milchsäure und Bernstein*säure. Destillationsrückstand (nach Entfernung der flüchtigen Säuren) im Vakuum auf etwa 50 ccm eingeengt, mit Natrium- oder Ammonsulfat gesättigt und im Flüssigkeitsextraktor mit Äther erschöpfend extrahiert. Äther abdestilliert und Rückstand identifiziert.

---

[1] Gemäß VIRTANEN und PULKI: Amer. Soc. **50**, 3138 (1928).

[2] 0,366 ist ein Faktor der der Flüchtigkeit der Essigsäure bei der Halbdestillation entspricht (36,6%), ebenso bei Propionsäure.

c) Präparativer Gärversuch[1]. 300 g technische Glucose (oder Rohrzucker) in 5 l Hefewasser (1:10), das 0,2% K_2HPO_4 und 0,5% NaCl enthält (eventuell mit etwa 50 g Malzschrot oder Malzkeimen als Trägermaterial versetzt, vgl. Übung 19 c) nach dem Sterilisieren bei etwa 40° in die Gärapparatur (vgl. Übung 19 b) eingefüllt. 200 g steriles Calciumcarbonat zugesetzt. Mit 250 ccm einer in kräftiger Gärung befindlichen Kultur eines Propionsäurebakteriums (im gleichen Medium) versetzt. Außerdem fügt man noch 10 ccm (0,2% des Ansatzes) einer 24stündigen Kultur des Lactobacillus casei (im gleichen Nährmedium oder in Molke usw.) hinzu[2]. — Man läßt bei 37° gären und rührt etwa alle 6 Stunden das Calciumcarbonat gut auf. Vom 8. Tag an werden Proben entnommen und auf das Reduktionsvermögen geprüft.

Aufarbeitung (sobald das Reduktionsvermögen nur noch schwach ist): Vergorene Maische abgefüllt, aufgekocht, filtriert, in einem aliquoten Teil (100 ccm) werden die analytischen Bestimmungen (wie unter b) vorgenommen. Dann wird mit Soda versetzt und nach einstündiger Digestion auf dem Wasserbad das Calciumcarbonat abfiltriert. Filtrat zum dicken Sirup verdampft. Dieser, nach dem Ansäuern mit 85%iger Phosphorsäure, der Wasserdampfdestillation unterworfen. Destillat mit konzentrierter Natronlauge neutralisiert und auf etwa 300 ccm eingeengt, mit Schwefelsäure (1:1) angesäuert und fünfmal mit Äther (je 200 ccm) ausgeschüttelt. Ätherische Lösung der Säuren zwecks Trocknung mehrere Stunden über wasserfreiem Natriumsulfat gekocht, filtriert, mit Äther nachgewaschen. Äther abdestilliert und die Säuren mit Hilfe einer WIDMER-Kolonne zwecks Trennung der Essigsäure und Propionsäure wiederholt rektifiziert.

d) Bernsteinsäurebildung durch Bakterien-Trockenpräparate[3]. 40 ccm 0,54 n-Phosphatlösung vom p_H 6,2 mit 1,4 g Glucose, 4,5 g Bakterientrockenpräparat (Herstellung vgl. Übung 18 b) und 1 ccm Toluol versetzt, bei 37° in einem mit Gärverschluß versehenen Kölbchen unter öfterem Schütteln etwa 90 Stunden stehen gelassen. Feststellung des Veresterungsgrades durch Bestimmung des freien Phosphates (an 2—4 ccm), Bestimmung des Glucosegehaltes (an 1—2 ccm). Der Rest der Lösung wird mit Schwefelsäure ange-

---

[1] Vgl. WILSON, FRED und PETERSON: Biochem. Z. **229**, 271 (1930).

[2] Dadurch kann die Ausbeute wesentlich gesteigert bzw. die Gärung sehr beschleunigt werden; außerdem wird das Verhältnis Propionsäure zu Essigsäure noch weiter zugunsten der ersteren verschoben (vgl. SHERMAN und Mitarbeiter: Ind. Chem. **15**, 729; **16**, 122 (1924); J. Dairy Sci. **6**, 303 (1923). — WILSON, FRED und PETERSON: Biochem. Z. **229**, 271 (1930).

[3] Vgl. VIRTANEN: Soc. Sci. Fenn **2**, 20 (1925).

säuert und mit Wasserdampf destilliert. Destillat titriert (ergibt nur Essigsäure), Destillationsrückstand auf ein kleines Volumen verdampft, mit Natriumsulfat gesättigt und mit Äther im Extraktionsapparat 2 Tage extrahiert. Der nach dem Entfernen des Äthers verbleibende krystallinische Rückstand wird titriert, nach dem Freisetzen isoliert und durch Schmelzpunkt als Bernsteinsäure identifiziert.

23. Übung:
Umwandlung von Milchsäure und Brenztraubensäure in Propionsäure und Essigsäure.

a) Vergärung von Ca-Lactat unter anaeroben Bedingungen. In einem Kolben 200 ccm Lösung, enthaltend 5 g Milchsäure, 4 g Pepton, 0,4 g K_2HPO_4 und 1 g NaCl (gelöst in Leitungswasser); 4 g $CaCO_3$ zugesetzt, sterilisiert, Flüssigkeit mit CO_2 gesättigt, Luft oberhalb der Flüssigkeit durch CO_2 verdrängt, Gärverschluß mit Hg gefüllt. Geimpft mit 10 ccm einer Lactatbouillonkultur eines gärkräftigen Propionsäurebacteriums. Nach 12—14 Tagen bei 37⁰ ist die Gärung in der Regel beendet. Filtriert, ausgewaschen, auf 250 ccm aufgefüllt. 50 ccm Lösung (entsprechend ursprünglich 1 g Milchsäure) für die Bestimmung von Propionsäure und Essigsäure gemäß Übung 22 b[1].

Identifizierung der Propionsäure und Essigsäure: 50 ccm Filtrat mit Schwefelsäure angesäuert, mit Wasserdampf 100 ccm abdestilliert, diese mit NaOH genau neutralisiert, auf etwa 25 ccm verdampft und mit je 4 ccm 10%iger Silbernitratlösung fraktioniert gefällt. Erste und letzte Fraktion analysiert (Ag-Bestimmung). Ag-Propionat enthält 59,67%, Ag-Acetat 64,67% Ag.

b) Vergärung von Ca-Lactat unter Messung des entwickelten Gases. Genau analog dem vorangehenden Versuch, aber nur 50 ccm Nährlösung. Versuchsanordnung analog wie in Übung 4 c. Feststellung der Zusammensetzung des Gases.

c) Vergärung von brenztraubensaurem Calcium. Grundnährlösung wie bei a. Zusatz von 1,5 g frisch destillierter Brenztraubensäure und 2 g $CaCO_3$, sodann sterilisiert und wie oben geimpft. Nach 8—10 Tagen (sobald die Reaktion auf Brenztraubensäure mit Nitroprussidnatrium und Piperidin negativ ist) Aufarbeitung in üblicher Weise, Bestimmung von Propion- und Essigsäure wie oben[2].

---

[1] Nach VIRTANEN (Soc. Sci. Fenn. **1**, 36, 1923) ist das Verhältnis Propionsäure:Essigsäure unter diesen Bedingungen etwa 3:1, unter aeroben Bedingungen etwa 2:1.

[2] Unter aeroben Bedingungen ist das Verhältnis Propionsäure:Essigsäure etwa 1:1,8, unter anaeroben Bedingungen etwa 1:1,4.

Anhang: Chemismus der Propionsäuregärung.

Glucosegärung: Einleitende Phasen wahrscheinlich analog denen bei der alkoholischen Gärung: Phosphorylierung[1]. Theoretische Gärungsgleichung:

$$3\ C_6H_{12}O_6 = 4\ CH_3.CH_2.COOH + 2\ CH_3.COOH + 2\ CO_2 + 2\ H_2O$$

Verhältnis Propionsäure: Essigsäure daher theoretisch 2:1 (wie bei der Lactatvergärung, vgl. unten), beobachtetes Verhältnis bis zu 4,2:1. Hypothetische Erklärung desselben: Hydrierung leicht reduzierbarer Zwischenprodukte der Glucosespaltung (wie Glycerinaldehyd, Methylglyoxal) unter Mitwirkung von Wasserstoffdonatoren des Substrates (Hefeextrakt usw.)[2]. Gärungsschema:

A. $C_6H_{12}O_6 \longrightarrow 2\ CH_3.CO.CH(OH)_2 \longrightarrow 2\ CH_3.CHOH.COOH.$

B. $CH_3.CHOH.COOH \longrightarrow CH_3.CO.COOH + 2\ H$

$$+ \big| H_2O$$
$$\downarrow$$
$$CH_3.C(OH)_2.COOH \longrightarrow$$
$$CH_3.COOH + CO_2 + 2\ H.$$

C. $CH_3.CHOH.COOH + 2\ H \longrightarrow CH_3.CH_2.COOH + H_2O.$

Es wurde sodann noch eine *zweite Möglichkeit* für den Ablauf der Propionsäuregärung aufgezeigt[3], und zwar:

$$CH_3.CO.CH(OH)_2 + H_2O \longrightarrow CH_3.COOH + CO_2 + 2\ H_2 \text{ und}$$
$$CH_3.CO.CHO + H_2 \longrightarrow CH_3.CHOH.CHO + H_2 \longrightarrow CH_3.CH_2.CHO$$
$$+ H_2O \big| - H_2 \qquad\qquad + H_2O \big| - H_2$$
$$\downarrow \qquad\qquad\qquad\qquad \downarrow$$
$$CH_3.CHOH.COOH \qquad\qquad CH_3.CH_2.COOH$$

Eine *dritte Möglichkeit* ergibt sich schließlich auch noch aus der Beobachtung über die Dekarboxylierung der Bernsteinsäure unter Bildung von Propionsäure und CO_2[4]:

$$COOH.CH_2.CH_2.COOH \longrightarrow CO_2 + CH_3.CH_2.COOH.$$

Die Propionsäure scheint daher auf mehr als einem Weg gebildet zu werden, ohne daß sich bisher entscheiden läßt, unter welchen Bedingungen der eine und unter welchen der andere beschritten wird.

Bildung und Umwandlung von Zwischenprodukten vgl. Tab. XIV, S. 144.

Lactatvergärung, gemäß der Gleichung:

$$3\ CH_3.CHOH.COOH = 2\ CH_3.CH_2.COOH + CH_3.COOH + CO_2 + H_2O.$$

Theoretisches Verhältnis Propionsäure:Essigsäure daher $= 2:1$, beobachtetes Verhältnis 1,8:1, Erklärung dieses Unterschiedes durch VAN NIEL[5]: Die Bildung von Bernsteinsäure durch Hydrierung von

---

[1] VIRTANEN: Soc. Sci. Fenn. **2**, 28 (1925). — VIRTANEN und KARSTRÖM: Acta chem. Fenn. B **7**, 17 (1931).

[2] VAN NIEL: Die Propionsäurebakterien, Haarlem 1928. — Vgl. auch WOOD und WERKMAN: J. of biol. Chem. **105**, 63 (1934).

[3] WOOD und WERKMAN: Proc. Soc. exper Biol. a. Med. **31**, 938 (1934).

[4] WOOD, STONE und WERKMAN: J. Bacter. **29**, 84 (1935). — STONE, ERB und WERKMAN: Proc. Soc. exper Biol. a. Med. **33**, 483 (1936). — Vgl. auch HITCHNER: J. Bacter **28**, 473 (1934); C. **1935**, I, 2833.

[5] VAN NIEL: Die Propionsäurebakterien, Haarlem, 1928. — Vgl. auch REDTENBACHER: A. **57**, 174 (1846).

Tabelle XIV.

Zwischenprodukte	Bildung, Abfangung, Anhäufung derselben	Umwandlung derselben
Methylglyoxal	aus Hexose-diphosphorsäure durch Bakterienpräparate [1]	in Milchsäure durch Trockenpräparate [2]
Milchsäure	Nachweis merklicher Mengen während der Gärung [3]	Propionsäure und Essigsäure [4]
Brenztraubensäure	bei der Sulfitgärung der Glucose [5]	Propionsäure und Essigsäure [6]
Glycerin	—	Propionsäure [7] vgl. unten
Propionaldehyd	bei der Sulfitgärung des Glycerins [8]	—

Asparaginsäure (aus Eiweißstoffen des Substrates) ergibt das fehlende Äquivalent; besonderer Zusatz von Asparagin drückt das Verhältnis Propionsäure:Essigsäure bis auf 1,6:1 herab, unter Bildung der entsprechenden Menge Bernsteinsäure.

Pyruvinatgärung, gemäß der Gleichung:

$$3\ CH_3.CO.COOH + H_2O = CH_3.CH_2.COOH + 2\ CH_3.COOH + 2\ CO_2.$$

Theoretisches Verhältnis Propionsäure:Essigsäure ist daher 1:2 (= 0,5) beobachtetes Verhältnis etwa 0,55—0,7.

Glycerinvergärung. Unter anaeroben Bedingungen wurde zunächst eine ohne Gasbildung verlaufende, praktisch quantitative Umwandlung in Propionsäure beobachtet [9] gemäß der Gleichung:

$$CH_2OH.CHOH.CH_2OH \longrightarrow CH_3.CH_2.COOH + H_2O.$$

---

[1] PETT und WYNNE: Trans. roy. Soc. Canada **27**, 119 (1933).

[2] NEUBERG und GORR: Biochem. Z. **165**, 482 (1925).

[3] FOOTE, FRED und PETERSON: C. Bacter. II **82**, 372 (1930).

[4] Zahlreiche Angaben.

[5] WOOD und WERKMAN: J. of biol. Chem. **105**, 63 (1934); — Biochemic. J. **28**, 745 (1934); Proc. Soc. exper. Biol. a. Med. **31**, 938 (1934).

[6] VIRTANEN: Soc. Sci. Fenn. **1**, 36 (1923); — VAN NIEL: The propionic acid bacteria, Monographie, Haarlem, 1928. — WOOD und WERKMAN: Biochemic. J. **28**, 745 (1934).

[7] VAN NIEL: Die Propionsäurebakterien, Haarlem, 1928. — WOOD und WERKMAN: Biochemic. J. **30**, 48 (1936).

[8] WOOD und WERKMAN: Proc. Soc. exper Biol. a. Med. **31**, 938 (1934).

[9] VAN NIEL: Die Propionsäurebakterien, Haarlem, 1928. — Vgl. auch REDTENBACHER: A. **57**, 174 (1846).

Sodann konnte jedoch gezeigt werden, daß der Gärverlauf viel komplizierter ist, und daß neben Propionsäure auch Essigsäure und recht erhebliche Mengen Bernsteinsäure gebildet werden, wobei sehr bemerkenswerterweise auch eine Verwertung des in Form von $CaCO_3$ hinzugefügten CO_2 stattfindet[1].

Die Bernsteinsäurebildung bei der Propionsäuregärung. Dieser Prozeß findet auch normalerweise in größerem oder kleinerem Umfang stets statt. Bei der Verwendung von Bakterienpräparaten in Gegenwart von Toluol bleibt die eigentliche Propionsäuregärung auf der Phosphorylierungsstufe stehen und es wird ohne Gasbildung nur Bernsteinsäure und Essigsäure gebildet[2]. Dies wurde durch den Zerfall des Hexosemoleküls in C_4- und C_2-Ketten erklärt (vgl. auch S. 16). Sodann wurde aber festgestellt, daß auch aus Glycerin neben Propionsäure Essigsäure und Bernsteinsäure gebildet werden, wobei zugleich eine Verwertung von CO_2 aus dem zugesetzten $CaCO_3$ stattfindet; das CO_2 scheint dabei als H_2-Acceptor zu fungieren[1]. Es besteht daher die Möglichkeit, daß die Bernsteinsäure doch auf synthetischem Weg aus einer C_2-Komponente (Essigsäure) entstehen könnte, in ähnlicher Weise wie bei Pilzgärungen (vgl. S. 207). Die Frage betreffend eine C_4- und C_2-Spaltung des Hexosemoleküls bleibt daher noch offen und die Bildung von Bernsteinsäure könnte auf mehr als einem Weg erfolgen[1].

24. Übung:
Die Coli- und Aerogenesgärung.

a) Herstellung von Massenkulturen[3]. Grundsätzlich in gleicher Weise wie in Übung 18b. Nährlösung: 50 g Rohrzucker, 30 g K_2HPO_4, 7,5 g $(NH_4)_2SO_4$, 5 g NaCl, 0,2 g $MgSO_4 . 7 H_2O$ in 5 l Leitungswasser. Zusatz von 2 n Natronlauge während des Wachstums zur Konstanthaltung des p_H-Optimums 7. Nach etwa 24 bis 48 Stunden (bei längerer Versuchdauer sind die Bakterien weniger wirksam), bei 37^0 wird die Bakterienmasse gewonnen (vgl. Übung 18b). Man erhält etwa 10—15 g feuchte Bakterienmasse.

b) Feststellung des Gärverlaufes bei verschiedenem p_H[3]. Benutzung der gleichen Apparatur wie in Übung 26a. Ansatz a: 2 g Glucose, 3 g $CaCO_3$, 1—2 g Bakterienmasse, auf 150 ccm aufgefüllt. Luft durch CO_2 verdrängt. Gärdauer etwa 16 Stunden. Anfangs-p_H etwa 6,2, End-p_H etwa 6,4. Ansatz b: 2 g Glucose, 150 ccm m/4 Phosphatpuffer (p_H7), 1—2 g Bakterienmasse.

Aufarbeitung: Quantitative Bestimmung von Alkohol und Milchsäure in üblicher Weise (vgl. S. 88 und 129); Bestimmung von Essigsäure und Ameisensäure durch Wasserdampfdestillation eines aliquoten Teiles und Titration; Ermittlung des Ameisensäuregehaltes im Destillat (vgl. S. 209); aus der Differenz gegenüber der Gesamtacidität ergibt sich die Menge an Essigsäure.

---

[1] Wood und Werkman: Biochemic. J. **30**, 48 (1936).
[2] Virtanen und Karström: Acta Chem. Fennica, B. **7**, 17 (1931).
[3] Vgl. Tikka: Biochem. Z. **279**, 264 (1935).

Messung der Gase und Bestimmung der Zusammensetzung derselben (CO_2 und H_2; vgl. S. 153). Bei saurer Reaktion entsteht vor allem Alkohol und CO_2 sowie Milchsäure, bei alkalischer Alkohol und CO_2, ferner Essigsäure, Ameisensäure und Wasserstoff.

c) Äthanol-Butylenglykol-Gärung. Als Gärungsorganismen verwendet man entweder solche der Aerogenesgruppe[1] oder solche der Aerobacillusgruppe[2]. 200 ccm folgender Nährlösung pro Kolben[2]: 8% Rohrzucker, 0,25% NH_4Cl, 0,15% K_2HPO_4, 0,15% $CaCl_2$, 0,2% $MgSO_4$; durch Zusatz von m-Sodalösung auf p_H 6 gebracht. Impfung mit 2 ccm einer 2 Tage alten Kultur von Aerobacter pectinovorum[3] (im gleichen Medium zur Entwicklung gebracht). Der p_H-Wert wird durch täglichen Zusatz von m-Sodalösung konstant gehalten. Nach 15—18 Tagen bei 37—38° ist die Gärung beendet. Bestimmung von Alkohol, Milchsäure, 2,3-Butylenglykol (eventuell CO_2 und H_2).

Bestimmung des 2,3-Butylenglykols[4]. 20—50 ccm des vergorenen Mediums werden in einem 500 ccm fassenden Kolben mit 40 g wasserfreiem Natriumcarbonat versetzt, mit Wasserdampf destilliert (wobei das Volumen konstant gehalten wird), und 1 l Destillat aufgefangen. Ein aliquoter Teil desselben wird dann in einen Apparat gebracht, in dem die Oxydation des 2,3-Butylenglykols mittels Perjodat zu 2 Mol. Acetaldehyd bewerkstelligt wird, und zwar: Ein 1 l fassender Kolben ist mit einem Rückflußkühler und einem Rohr mit einem Hahn zum Lufteintritt versehen. Der Rückflußkühler ist mit einem mit Glasperlen gefüllten Absorptionsturm verbunden, der ein bestimmtes Volumen einer gestellten Hydroxylaminchlorhydratlösung enthält (entsprechend a ccm 0,05 n-Lauge)[5]. Durchführung der Bestimmung: 500 ccm des Dampfdestillates werden mit 10—15 ccm konzentrierter Schwefelsäure und 100—150 ccm einer 3%igen Kaliumperjodatlösung versetzt. Dann wird der Kolben an die Apparatur angeschlossen und die Flüssigkeit im Laufe einer ½ Stunde zum Sieden erhitzt und dann 2 Stunden im Sieden gehalten, während dieser Zeit wird ein Luftstrom langsam durch

---

[1] Vgl. Schaffer: Diss. Delft 1928.

[2] Fulmer, Christensen und Kendall: Ind. Chem. **25**, 798 (1933); C. 1933, II, 3632.

[3] Das Bacterium gehört zwar der Aerobacillusgruppe an (vgl. S. 170), doch verläuft die Gärung analog wie mit Vertretern der Aerogenesgruppe.

[4] Vgl. Brockmann und Werkman: Ind. Chem. **25**, 206 (1933). — Vgl. auch Hammer, Stahly, Werkman und Michaelian: Jowa Agr. Exp. Stat. Res. Bul. **191** (1935).

[5] Der Titer der Hydroxylaminchlorhydratlösung wird vor der Benutzung frisch bestimmt, und zwar durch Zusatz eines Überschusses an reinem Aceton und Titration der freigesetzten Salzsäure mittels 0,05 n-Lauge (Methylorange).

den Apparat gesaugt (zwei Blasen in der Sekunde, gewaschen mittels Kaliumpermanganatlösung in einer Waschflasche). Die Lösung in der Vorlage wird dann unter gründlichem Nachwaschen in einen Kolben gespült, mittels 0,05 n-Lauge neutralisiert (Methylorange) und nach Zusatz von reinem Aceton die frei gesetzte Salzsäure mittels 0,05 n-Lauge titriert (ccm-Anzahl = b). Die Differenz gegenüber dem Wert a ergibt die ccm-Anzahl, die dem aus dem 2,3-Butylenglykol entstandenen Acetaldehyd entspricht (1 ccm 0,05 n-Lauge entspricht 0,88 mg Acetaldehyd bzw. 0,9 mg 2,3-Butylenglykol)[1]. — Falls in der Kulturflüssigkeit auch Acetoin vorhanden ist, so wird dessen Menge in einer besonderen Probe bestimmt (vgl. Übung 13a). Da dasselbe bei der Oxydation mit Kaliumperjodat 1 Mol. Acetaldehyd gibt, so ist der betreffende Wert bei der Bestimmung des 2,3-Butylenglykols abzuziehen.

Anhang: Chemismus der Coligärungen.

Unterscheidung von drei Gärungstypen (nach KLUYVER[2]), und zwar gemäß den wichtigsten diesbezüglichen Gärungserregern: die von Bact. coli (in engerem Sinne), die von Bact. typhosum und die von Bact. aerogenes hervorgerufene Gärungsform.

a) Die Coligärung in engerem Sinne. Gärungserreger: Bact. coli, Bact. paratyphosum, Bact. Freudii und andere Arten der Gattungen Escherichia, Salmonella und Citrobacter der amerikanischen Systematik. Das Mengenverhältnis der verschiedenen Gärprodukte ist sehr stark abhängig von dem jeweils verwendeten Bakterienstamm, wie auch von den Versuchsbedingungen[3], und zwar bleibt die Alkoholmenge in der Regel konstant, Milchsäure wird vornehmlich bei saurer Reaktion gebildet (pH etwa 6,2—6,4), Essigsäure und Ameisensäure insbesondere bei alkalischer Reaktion; die Ameisensäure zerfällt weiter in CO_2 und H_2.

Gärungsschema (nach TIKKA[3]):

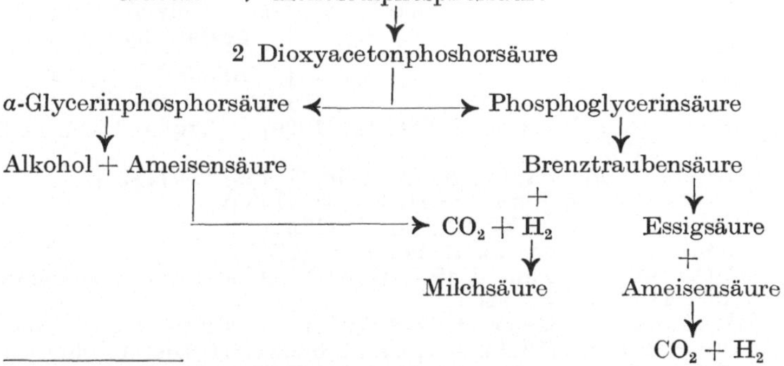

---

[1] Auf Grund der Gleichungen:
$$CH_3 . CHOH . CHOH . CH_3 + HJO_4 \longrightarrow 2\ CH_3 . CHO + H_2O$$
und $CH_3 . CHO + NH_2 . OH . HCl \longrightarrow CH_3 . CH : N . OH + H_2O + HCl.$
[2] KLUYVER: Erg. Enzymforsch. **4**, 230 (1935).
[3] TIKKA: Biochem. Z. **279**, 264 (1935).　　　　　10*

Nach SCHEFFER soll die Glucose in Methylglyoxalhydrat verwandelt werden, das dann einerseits in Milchsäure übergehen soll und andrerseits nach dem Ameisensäureschema zerfallen soll, also in folgender Weise:

Glucose ⟶ 2 Methylglyoxalhydrat ⟶ Milchsäure

$CO_2 + H_2$ ⟵ Ameisensäure + Acetaldehydhydrat ⟶

                        Essigsäure + Alkohol

Die bei der Coligärung zugleich auftretende *Bernsteinsäure* (oft bis über 20 % des vergorenen Zuckers) soll nach KLUYVER auf folgendem Wege entstehen:

Glucose ⟶ $CHO . CHOH . CHOH . CHO + CH_2OH . CH_2OH$ ⟶

                    $CH_3 . CHO$ ⟶ Essigsäure + Alkohol

⟶ $+ 2 H_2O$ ⟶ Hydrat ⟶

                     Bernsteinsäure $+ 2 H_2O$

Demgegenüber sei auch auf die Vorstellungen über die Bernsteinsäurebildung bei der Propionsäuregärung verwiesen (vgl. S. 145). Die Bildung und Umwandlung von Zwischenprodukten bei der Coligärung ist in Tab. XV wiedergegeben.

Tabelle XV.

Zwischenprodukte	Abfangung bzw. Anhäufung	Umwandlung
Methylglyoxal	bei zellfreier Gärung aus Hexosediphosphorsäure[1]	Dismutation zu Milchsäure[2]
Glycerinsäure	—	Essigsäure + Ameisensäure ($= CO_2 + H_2$)[3]
Phosphoglycerinsäure	wahrscheinlich gemacht[4]	Brenztraubensäure[5] Essigsäure $+ CO_2 + H_2$[4]
a-Glycerinphosphorsäure	wahrscheinlich gemacht[4]	Alkohol + Ameisensäure[4]
Brenztraubensäure	als Stoffwechselprodukt[6]	Essigsäure + Ameisensäure neben Milchsäure[4] Acetaldehyd $+ CO_2$[7]
Glycerin	—	Alkohol + Ameisensäure[8]

[1] FROMAGEOT: Biochem. Z. **216**, 467 (1929). — TIKKA: Biochem. Z. **279**, 264 (1935).

[2] NEUBERG und WINDISCH: Biochem. Z. **166**, 474 (1925).

[3] VIRTANEN und PELTOLA: H. **187**, 45 (1930).

[4] TIKKA: Biochem. Z. **279**, 264 (1935).

[5] ANTONIANI: Biochem. Z. **267**, 376 (1933).

[6] QUASTEL: Biochemic. J. **19**, 304 (1925). — AUBEL und SALABARTAN: C. r. **180**, 1183, 1784 (1925).

[7] WAGNER: C. Bacter. **1**, 719 (1913). — NEUBERG und GORR: Biochem. Z. **162**, 490 (1925). — Vgl. auch SCHEFFER: Diss. Delft (1928), sowie GRAAFF und LE FEVRE: Biochem. Z. **155**, 313 (1925). — Die Brenztraubensäure scheint demnach von Bact. coli nicht nur hydroklastisch (also unter Bildung von Essigsäure und Ameisensäure) sondern auch carboxylatisch gespalten zu werden.

[8] HARDEN: Proc. chem. Soc. **17**, 57 (1901).

Tabelle XV (Fortsetzung).

Zwischenprodukte	Abfangung bzw. Anhäufung	Umwandlung
Acetaldehyd	bei der Sulfitgärung[1]	Dismutation zu Essigsäure und Alkohol[2]
Äthylenglycol	—	Acetaldehyd und Dismutation desselben[3]

b) Die vom Bact. typhosum hervorgerufene Gärung. Gärungserreger: außer Bact. typhosum auch Bact. dysenteritis und gaslose Varianten des Bact. paratyphosum. Chemismus im wesentlichen analog wie zuvor[4], nur daß es nicht zur Spaltung der Ameisensäure und daher zu keiner Gasentwicklung kommt.

c) Die Äthanol-Butylenglykol-Gärung. Die Erreger gehören hauptsächlich dem Aerogenes-Typ an; ferner wird diese Gärung verursacht durch Bact. cloacae, Bac. asiaticus mobile[5] u. a. — Gärungsendprodukte: Milchsäure, Äthanol, 2,3-Butylenglykol (oft über 30% des vergorenen Zuckers), CO_2 und H_2. Gärungsschema (aus Bilanzversuchen abgeleitet)[6]:

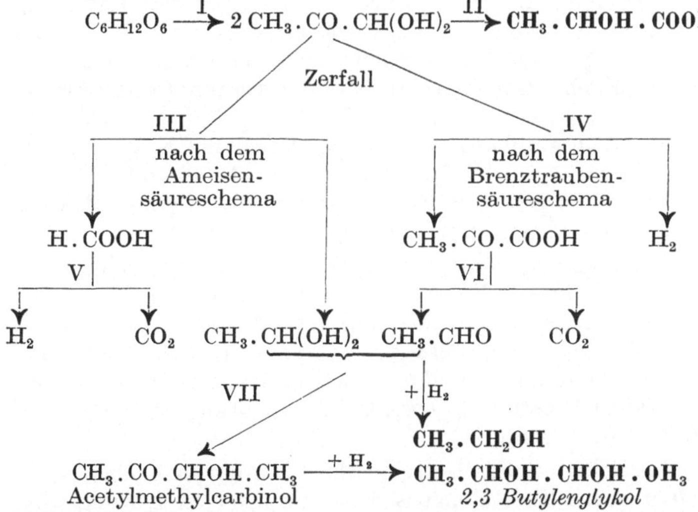

[1] NEUBERG und NORD: Biochem. Z. **96**, 133 (1919). — Vgl. auch PETERSON und FRED: J. of biol. Chem. **44**, 29 (1920).

[2] NEUBERG und WINDISCH: Biochem. Z. **166**, 474 (1925).

[3] LE FEVRE: Diss. Utrecht 1924. — DAMPIER und WHETHAM: Austral. J. exper. Biol. a. Med. **4**, 35 (1927).

[4] HARDEN: Soc. **79**, 610 (1901). — SCHEFFER: Diss. Delft (1928); TASMAN und POT: Biochem. Z. **270**, 349 (1934).

[5] Vgl. BIRKENSHAW, CHARLES und CLUTTERBUCK: Biochemic. J. **25**, 1522 (1931); C. **1932**, I, 2340. — Der Bacillus bildet aus Glucose gegen 30% Butylenglykol neben Milchsäure, Alkohol und flüchtigen Säuren.

[6] SCHEFFER, Diss. Delft 1928.

Reaktion VII soll nach KLUYVER[1] dadurch zustandekommen, daß Acetaldehydhydrat als Abfangmittel für den aus Brenztraubensäure gebildeten Acetaldehyd fungiert (vgl. Acyloinsynthese, S. 123).

Anhäufung und Umwandlung von Zwischenprodukten: Abfangung von Acetaldehyd bei der Sulfitgärung[2]; Spuren von Acetylmethylcarbinol stets vorhanden[3].

Eine grundsätzlich analoge Gärungsform wird auch von einer anderen Bakteriengruppe verursacht, nämlich den Aerobacillen (vgl. S. 170).

B. Butyl- und Aceton-Gärungen.

25. Übung:

Züchtung und Untersuchung butylogener und verwandter Bakterien.

a) Anreicherung von butylogenen Bakterien[4] (Gewinnung natürlicher Reinzuchten). Die hier zur Verfügung stehenden Methoden beruhen darauf, daß die butylogenen Bakterien infolge ihrer Sporenbildung gegen höhere Temperatur widerstandsfähig sind (ein etwa 2 Minuten langes Aufkochen schädigt in der Regel nicht), wogegen Begleitbakterien, die keine Sporen bilden (insbesondere Milchsäurebakterien) abgetötet werden; ferner vermögen die butylogenen Bakterien Stärke direkt zu spalten und zu vergären, was bei Milchsäurebakterien in der Regel nicht der Fall ist[5]. Weiterhin vermögen die Butylbakterien auch bei völligem Sauerstoffabschluß zu gedeihen. Zur Gewinnung butylogener Bakterien kann man im allgemeinen folgendermaßen vorgehen:

α) Anreicherung in rohen Kartoffeln: Aus ungewaschenen (mit Erde verunreinigten) Kartoffeln sticht man mittels eines Korkbohrers passende Stücke aus und läßt dieselben unter Wasser bei 35—37⁰ in einem verkorkten weiten Reagensrohr stehen. Es setzt bald Gärung ein und nach einigen Tagen sind die Kartoffelstücke gänzlich zerfallen. Zwecks Reinzüchtung wird weiter abgeimpft (vgl. unten).

β) Anreicherung aus Getreideschrot: In einem Kolben werden 25 g fein gemahlenes Roggenschrot mit 500 ccm Leitungswasser übergossen, gut umgeschwenkt, das Gefäß 10 Minuten lang im siedenden Wasserbad erhitzt und bei 30—35⁰ aufbewahrt (statt

---

[1] KLUYVER: Erg. Enzymforsch. 4, 256 (1935).

[2] NEUBERG und NORD: Biochem. Z. 96, 133 (1919). — NEUBERG, NORD und WOLFF: Biochem. Z. 112, 144 (1920).

[3] HARDEN: Proc. roy. Soc. Lond. (B) 77, 422 (1936).

[4] Vgl. HENNEBERG: Hdb. d. Gärungsbakteriologie Bd. 1, S. 107.

[5] Hinsichtlich Diastase bildender Milchsäurebakterien vgl. DÜLL, Dissertation, Kiel, 1933.

des Leitungswassers kann auch folgende Nährlösung angewendet werden: 1—5% Glucose, 0,5% Pepton, 0,5% LIEBIGS Fleischextrakt und 0,5% Kreide). Die Art der so erhältlichen Bakterien ist vielfach von der Getreideart abhängig; so erhält man bei Verwendung von Maisschrot häufig zur Butylalkoholerzeugung geeignete Bakterien.

γ) Anreicherung aus Erde: Dünne Kleisterlösung oder eine etwa 2%ige Getreideschrotaufschwemmung wird eine Zeitlang aufgekocht und dann mit etwas Erde versetzt. Sofort nach dem Zusatz korkt man die Kulturgefäße (Reagensröhrchen) gut zu und läßt bei 30—35⁰ stehen.

In den durch Aufkochen bewerkstelligten Anreicherungen finden sich neben den butylogenen Bakterien fast regelmäßig Heubacillen und Bact. megatherioides, die noch widerstandsfähigere Sporen bilden[1]. Diese Begleitorganismen sind durch die Hautbildung charakterisiert, ihre Zellen färben sich mit Jod niemals blau, während sich die Zellen butylogener Bakterien zumeist blau färben. Die genannten Begleitbakterien werden von den Butylbakterien insbesondere durch die Säurebildung sowie durch Anwendung anaerober Bedingungen unterdrückt.

b) Herstellung absoluter Reinzuchten von Butylbakterien. Für die eigentlichen Butylbakterien benutzt man die Anaerobenkultur. Eine Schwierigkeit der Reinzüchtung besteht darin, daß die Butylbakterien bei Benutzung fester Nährböden (Agar, Gelatine) vielfach nicht gut zur Entwicklung gelangen (insbesondere das Auskeimen der Sporen ist meist erschwert oder verzögert, oder manchmal völlig gehemmt). Man stellt nach der Verdünnungsmethode in physiologischer Kochsalzlösung oder unter Benutzung dünner Getreidemaische (vgl. S. 30) den gewünschten Verdünnungsgrad her (etwa 1:1000 usw. vgl. S. 75 und 172) und impft nun in flüssigen Agar (z. B. Getreidemaischeagar usw.) ein, verteilt das Impfmaterial in demselben und gießt auf Platten. Die PETRI-Schalen mit den geimpften Agarplatten werden dann in einem Apparat für Anaerobenzüchtung (vgl. S. 43) bei 35—37⁰ belassen. Nachdem sich Bakterienkolonien

---

[1] Hinsichtlich der Hitzeresistenz mancher Bakterien sei noch auf folgendes hingewiesen: Das Acetonbacterium (Bac. macerans), das wegen seiner Säureempfindlichkeit von den Butylbakterien stets verdrängt wird, vermag in Sporenform 100⁰ länger als 2 Stunden auszuhalten (sogar 115⁰ während 15 Minuten); dasselbe ist ferner aerob, so daß es mit Hilfe dieser Eigenschaften von den Butylbakterien getrennt werden kann (z. B. auf von Luft umgebenen, aseptisch gewonnenen Kartoffelkeilen).

gebildet haben, werden diese mikroskopisch untersucht und dann weiter überimpft; der Prozeß wird gegebenenfalls noch des öfteren wiederholt.

Sodann stellt man das Gärvermögen der so gewonnenen Kulturen fest (Beobachtung des Eintritts und der Intensität der Gärung; vgl. unten. Insbesondere bei Buttersäurebakterien wurde festgestellt, daß absolute Reinkulturen zu langsam und unvollständig die Stärke bzw. den Zucker vergären und manchmal frühzeitig absterben. Dagegen arbeiten Bakteriengemische (natürliche Reinzuchten) meist günstiger. So läßt sich auch bei Verwendung von Reinkulturmischungen von Butylbakterien mit Heubacillen vielfach eine Anregung der Gärung feststellen.

c) Fortzüchtung der butylogenen Bakterien. Empfehlenswerter als die Fortzüchtung auf Agarböden (z. B. Stichkultur in Maischeagar) ist die Weiterzüchtung der butylogenen Bakterien in Getreidemaische oder in einer 5—6%igen Aufschwemmung von Getreideschrot (Korn, Mais usw.); auf gute Sterilisation der Nährböden (fraktioniert im Autoklaven) ist dabei zu achten.

Zur Konstanthaltung des Gärvermögens (bzw. zur jedesmaligen Aktivierung) der Kulturen der Butylalkohol-Acetonbakterien ist eine Pasteurisierung von Wichtigkeit[1] (bei der die vegetativen bzw. weniger aktive Zellen abgetötet werden): 10 ccm einer 6%igen Kornschrotaufschwemmung (vgl. S. 30, Nr. 9) in einem Reagensrohr werden mit der Kultur geimpft, das Reagensrohr 1 Minute in siedendes Wasser eingetaucht, gekühlt und bei 37⁰ aufbewahrt. Eine aktive Kultur soll nach 20—24 Stunden kräftige Gärung zeigen. Mit Hilfe dieser Methode gelingt auch die Auswahl der aktivsten Kulturen (vgl. oben; siehe auch S. 45).

Auffrischung des Gärvermögens degenerierter Kulturen. Falls Kulturen längere Zeit nicht überimpft wurden und sie in ihrem Gärvermögen geschwächt sind, können sie manchmal schon durch öftere Überimpfung unter Pasteurisierung (wie zuvor beschrieben) aufgefrischt werden; falls dies nicht zum Ziel führt, so impft man die Kultur in eine sterile Aufschwemmung von Gartenerde ein und führt eine Wechselüberimpfung auf Gartenerde und Kornschrotaufschwemmung durch. Die Versuche zur Wiederaktivierung degenerierter Kulturen werden zweckmäßig unter streng anaeroben Bedingungen durchgeführt.

---

[1] Vgl. Reynolds, Coile und Werkman: Jowa St. Coll. J. of Sc. **8**, 415 (1934). — Langlykke, Peterson und Mc Coy: J. Bacter. **29**, 333 (1935).

26. Übung:

Die Butanol-Aceton-Gärung.

a) Kleinversuch mit Auffangung und analytischer Bestimmung der Gase. Apparatur in Abb. 22 wiedergegeben. Im Gärkolben A 50 ccm 6%iger Kornschrotmaische (im Autoklav sterilisiert), mit 1 ccm einer gärkräftigen Kultur (Clostr. acetobutylicum, Clostr. butylicum oder anderen) geimpft, mit CO_2 gesättigt (durch sterile Watte eingeleitet), Volumen über der Flüssigkeit mit CO_2 gefüllt, zunächst gut verschlossen. Vorbereitung der Apparatur: Hahn b geschlossen, Capillarhahn c geöffnet, Eudiometerrohr B (etwa 1 l Inhalt) durch Hochheben von C vollständig mit Wasser gefüllt und auf gleiches Niveau gebracht. Bei a eine CO_2-Bombe angeschlossen und CO_2 nach vorsichtigem Öffnen von b eingeleitet. Wasser mit CO_2 gesättigt (etwa 10 Minuten durchleiten); b geschlossen, CO_2-Bombe abgestellt, c geschlossen, C in Ruhestellung gebracht (wie in Abb. 22) Gärkolben bei a (Gummistöpsel) rasch angeschlossen. Nach 2 Stunden bei 37⁰ durch kurzes Öffnen von c, nach Hochheben von C eventuell angesammeltes Gas abgelassen; C wieder in

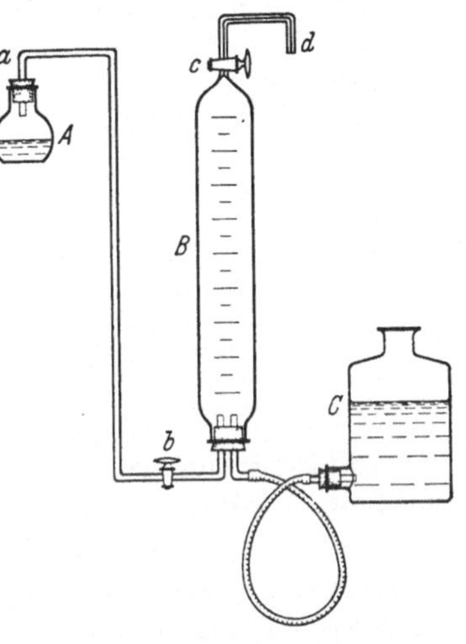

Abb. 22. Gärgerät.

Ruhelage gebracht; Vorgang nach weiteren 2 Stunden eventuell nochmals wiederholt. Sodann C tief gestellt und b vorsichtig geöffnet. Nach 8—10 Stunden ist die Gärung in Gang; Gasentwicklung beginnt. Volumen etwa alle 6—8 Stunden abgelesen, nach Schließen von b und Heben von C auf das gleiche Flüssigkeitsniveau wie in B. Nach Beendigung der Gärung (Gasvolumen in B konstant geworden) wird das Gasvolumen abgelesen (gibt die Gesamtmenge von CO_2 und H_2 bei 37⁰, Atmosphärendruck ablesen). Feststellung der Zusammensetzung des Gases: bei d wird eine Gaspipette angeschlossen, Gasprobe entnommen, gemessen und in üblicher Weise über Kalilauge von CO_2 befreit; Restgas $= H_2$, Differenz $= CO_2$.

b) Gärversuch mit analytischer Bestimmung aller Gärprodukte und unter Kontrolle der Gasbildung. 100 ccm Maische, Zusammensetzung wie oben, Durchführung der Gärung und Handhabung des Apparates wie unter a). Entnahme des Gases von der 24. Stunde der Gärung an etwa alle 8 Stunden, Überführung in die Gaspipette und Analyse wie bei a. (Wiedergabe der in bestimmten Zeiten entwickelten Gesamtmengen der beiden Gase in Form von Kurven.) Bestimmung der sonstigen Gärprodukte nach Beendigung der Gärung gemäß folgendem Analysengang[1]:

Allgemeine Trennung der Gärprodukte: Vergorene Maische unter Nachwaschen mit 20 ccm Wasser in das Destilliergefäß eingefüllt (Apparatur vgl. Abb. 23), durch Zusatz von 20 ccm n-Lauge alkalisch gemacht und nach Zusatz von Siedesteinchen genau 100 ccm abdestilliert (Ansatzrohr durch einen Schliffstöpsel verschlossen). Im Destillat (A) befindet sich nun Aceton, Butanol, Äthanol und Acyloin. Kolbenrückstand mit einem geringen Überschuß 2 n-Schwefelsäure versetzt und mit Wasserdampf destilliert

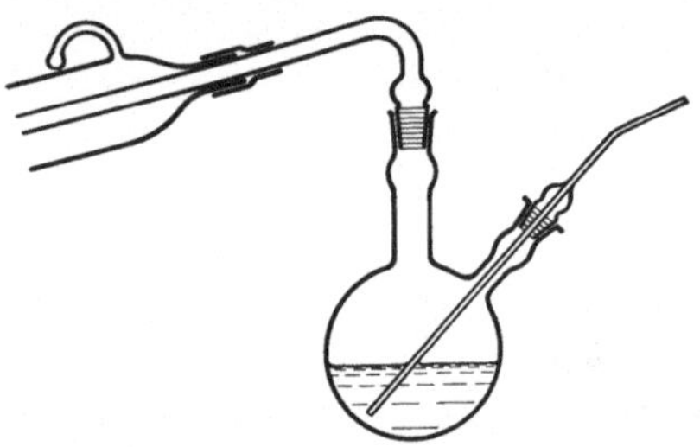

Abb. 23. Destillierapparat für analytische Zwecke.

(Einführungsrohr für den Wasserdampf eingesetzt); genau 220 ccm Destillat (B) in einem Maßkolben aufgefangen; dieses Destillat enthält Essig- und Buttersäure (eventuell Ameisensäure).

Bestimmung von Äthanol und Butanol[2]. 5—8 ccm vom Destillat A (maximal 15 mg Gesamtalkohole enthaltend) in eine Proberöhre (aus Jenaer Glas oder Pyrex-Glas, Dimensionen 20 × 200 mm) gebracht, 10 ccm Oxydationslösung (bestehend aus gleichen Teilen einer genau 3 n-Kaliumbichromatlösung und einer genau 10 n-Schwefelsäurelösung, unter Anwendung von CO_2-freiem Wasser hergestellt) zugesetzt; Volumen mit CO_2-freiem Wasser auf 25 ccm gebracht, mit einem festsitzenden Gummistöpsel verschlossen, 5 Minuten im siedenden Wasserbad erhitzt, dann unter der Wasserleitung abgekühlt, Siedesteinchen zugesetzt und mit dem Kühlrohr (Durchmesser 8 mm) der Mikrodestillationsapparatur (vgl. Abb. 24) verbunden. Destillation unter völlig konstanten Bedingungen durchführen (Manometer mit Druckregler): Zweimal je 10 ccm Destillat in je 6—7 Minuten auffangen. Jede Fraktion sodann mit

---

[1] Im Prinzip gemäß den Angaben von JOHNSON, PETERSON und FRED: J. of biol. Chem. **101**, 145 (1933).

[2] Nach der Mikromethode von JOHNSON: Ind. Chem., Anal. Ed. **4**, 20 (1932).

CO_2-freiem Wasser in einen 50 ccm-ERLENMEYER-Kolben spülen und mit 0,02 n-Barytlauge aus einer Mikrobürette titrieren; als Indikator Phenolrot (0,1 g in 2,85 ccm n/10-Natronlauge gelöst, auf 500 ccm aufgefüllt). Endpunkt: dauernde Rosafärbung.

Berechnung der Werte für Butanol (B) und Äthanol (E) in mg:

$$B = \frac{1{,}334\ a - b}{0{,}0975}, \qquad E = \frac{a - 0{,}098\ B}{0{,}0758},$$

a = ccm n/10-Barytlauge (Faktor der 0,02 n-Barytlauge berücksichtigen) der ersten Fraktion, b der zweiten Fraktion. Von a und b ist noch der Wert der Blindtitration abzuziehen (etwa je 0,01 ccm), ferner von a für je 5 mg Aceton in der Probe der Wert 0,011 abzuziehen und von b der Wert 0,013. Nach Berechnung der mg-Mengen

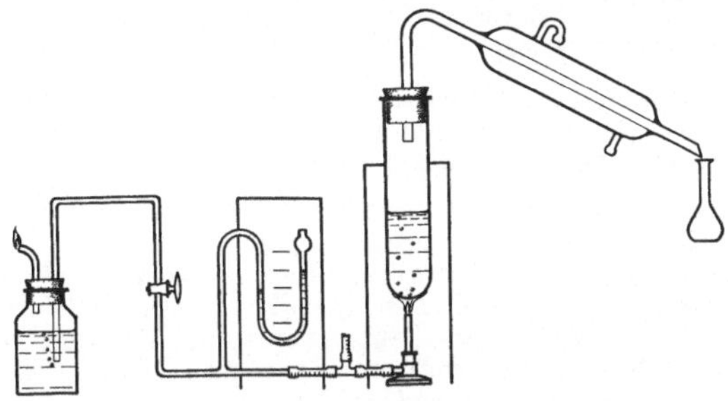

Abb. 24. Mikrodestillationsapparatur.

B und E ist von E noch der dem Acetylmethylcarbinol entsprechende Wert abzuziehen (88 mg Acetylmethylcarbinol = 120 mg Essigsäure = 92 mg Äthanol, daher 1 mg Acetylmethylcarbinol = 1,045 mg Äthanol).

Acetonbestimmung[1]: 10—15 ccm Destillat A (etwa 10—20 mg Aceton enthaltend), 50 ccm n-NaOH in einer Glasstöpselflasche gemischt, nach 5 Minuten Stehen 25 ccm n/10-Jodlösung unter dauerndem Umschütteln in kleinen Portionen zufließen gelassen. Flasche verschlossen, 3 Minuten kräftig geschüttelt, 20 Minuten stehen gelassen, 25,5 ccm 2 n-H_2SO_4 zugefügt (lackmussauer) und mittels 0,05 n-Thiosulfatlösung (Faktor auf n/10-Lösung berechnet) in üblicher Weise titriert. Differenz ergibt den Jodverbrauch. 1 ccm n/10-Jodlösung = 0,967 mg Aceton[2]. Der Wert für Acetylmethylcarbinol ist zuvor abzuziehen, und zwar 1 *mg* Acetylmethylcarbinol = 0,909 ccm n/10-Jodlösung[3].

---

[1] Nach der MESSINGER-Methode, verbessert von GOODWIN: Amer. Soc. **42**, 39 (1920).

[2] Gemäß der Reaktionsgleichung:
$$CH_3 . CO . CH_3 + 6\,J_2 + H_2O = 2\,CHJ_3 + CO_2 + 6\,HJ.$$

[3] Auf Grund der Reaktionsgleichung:
$$CH_3 . CO . CHOH . CH_3 + 8\,J_2 + 2\,H_2O = 2\,CHJ_3 + 2\,CO_2 + 10\,HJ$$ entspricht 1 ccm n/10 Jodlösung 1,1 mg Acetoin (8,8/8).

Bestimmung von Acetylmethylcarbinol: 10—20 ccm des Destillates A wie in Übung 13a behandeln (vgl. S. 116).

Bestimmung von Buttersäure und Essigsäure[1]: 20 ccm vom Destillat B zur Bestimmung der Gesamtacidität (Titration mit n/10-Lauge gegen Phenolphthalein, Wert a); 200 ccm plus 10 ccm Waschwasser werden der Halbdestillation unterworfen (vgl. S. 140) und genau 105 ccm in 65 Minuten abdestilliert und wie oben titriert (Wert b).

Berechnung der Werte für Buttersäure ($=$ B) und Essigsäure ($=$ E) in ccm n/20-Lauge auf Grund der Gleichungen[2]:

$$E + B = a \text{ und } 0{,}366\,E + 0{,}74\,B = b, \text{ daraus ergibt sich}$$

$$B = \frac{b - 0{,}366\,a}{0{,}374} \text{ und } E = a - B.$$

Zu den erhaltenen Werten wird noch 10% dazugerechnet, um die in der Gesamtmenge vorhandenen Werte zu erhalten. 1 ccm n/20-Lauge $= 4{,}4$ mg Buttersäure bzw. 3 mg Essigsäure.

Umrechnung der Analysenwerte in Glucoseäquivalente. Auf Grund der Gärungsgleichungen entspricht 180 mg Glucose $= 58$ mg Aceton, 88 mg Buttersäure, 76 mg Butanol, 120 mg Essigsäure, 92 mg Äthanol, 88 mg Methylacetylcarbinol. Der jeweils gefundene Wert in mg ist daher mit dem betreffenden Faktor zu multiplizieren, um die mg-Äquivalente Glucose zu erhalten (so ergibt sich z. B. für Aceton der Umrechnungsfaktor 180:58 $= 3{,}1$).

c) Vergärung unter gleichzeitiger Bildung von Isopropylalkohol. Durchführung ebenso wie Übung 26 b. Impfung mit einer gärkräftigen Kultur eines geeigneten Bacteriums[3]. Bestimmung der Gärprodukte nach Beendigung der Gärung, und zwar nach dem gleichen Analysengang wie zuvor. Ferner bestimmt man Isopropylalkohol im Destillat A in folgender Weise: 10—15 ccm des Destillates werden ebenso wie bei der Butanol- und Äthanolbestimmung oxydiert (3 Minuten). Aus der Oxydationsmischung wird dann etwa die Hälfte des Volumens abdestilliert und die Acetonbestimmung wie zuvor vorgenommen. Der für das präformierte Aceton erhaltene Wert ist von dem gesamten Aceton-Wert abzuziehen. Die Differenz entspricht dem aus dem Isopropylalkohol erhaltenen Aceton. (Von dem ursprünglich vorhandenen Isopropylalkohol erfaßt man dabei

---

[1] Im Prinzip gemäß der Halbdestillationsmethode von VIRTANEN und PULKI: Amer. Soc. **50**, 3138 (1928).

[2] Die Faktoren 0,366 und 0,74 ergeben sich auf Grund der empirischen Feststellung, daß innerhalb gewisser Konzentrationsgrenzen bei der Halbdestillation 36,6% Essigsäure und 74% Buttersäure übergehen.

[3] Vgl. LANGLYKKE, PETERSON und McCOY. J. Bacter. **29**, 333 (1935).

nur etwa 85 %, so daß noch mit einem Korrektionsfaktor zu multiplizieren ist).

d) Präparativer Gärversuch (unter analytischer Kontrolle des Gärverlaufes). Vorbereitung der Impfkultur: 20 ccm einer 6%igen Kornmaischekultur des Bacteriums (wie bei b) in 200 ccm der gleichen Maische eingeimpft; nachdem Gärung eingesetzt hat (etwa 24 Stunden) wird diese Probe in 2 l der gleichen Maische übertragen und nach weiteren 24 Stunden diese Impfkultur zu der für die Gärung bestimmten 6—8%igen Kornmaische (20 l) zugesetzt. Alle Maischen gut sterilisiert (Autoklav), Mikroskopische Kontrolle aller Impfkulturen. Gärapparatur vgl. Abb. 8, S. 64 (Waschflasche außerhalb des Gärraumes). Glasballon sowie Kühler vor dem Einfüllen der Maische eventuell desinfiziert (mit einer etwa 2%igen Sublimatlösung gut ausgespült und mit sterilem Wasser gründlich nachgewaschen). Etwa 8 Stunden nach dem Impfen setzt kräftige Gärung ein.

Analytische Kontrolle des Gärverlaufes. Je 100 ccm des Gärgutes werden nach 24 Stunden (nach kräftigem Umschütteln) und sodann in Intervallen von je 8 Stunden mittels einer langen Pipette entnommen und wie in Beispiel b analysiert. Ergebnisse in Form von Kurven wiedergegeben[1].

Technische Kontrolle des Gärverlaufes: Probenentnahmen in den gleichen Zeitintervallen wie zuvor. 10 ccm direkt mit n/20-Lauge titriert, 40 ccm filtriert und spezifisches Gewicht festgestellt (bei 6%iger Maische anfangs etwa 5° Bllg., am Ende der Gärung etwa 0,5°)[2].

Präparative Aufarbeitung: Gärgut in Portionen von 6—7 l aus einem 10 l fassenden Rundkolben unter Benutzung einer WIDMER-Kolonne destilliert (vgl. Übung 4 e, S. 88). Destillat insgesamt etwa 2 l. Trennung durch drei weitere Destillationen

---

[1] Beim Sinken der Acidität wird zunächst fast ausschließlich Aceton gebildet, erst später auch Butanol, dessen Bildung jedoch weiter geht, während die Acetonbildung schließlich aufhört. Dies ist auch vom p_H-Wert abhängig; Aceton entsteht besonders beim $p_H < 4{,}5$, Butanol um p_H 5 herum; größere Änderungen im p_H im einen oder anderen Sinn führen zu anormaler Gärung. Entstehung von Nebenprodukten (wie Äthanol) anscheinend gegen Ende der Gärung.

[2] Das Schwinden der Acidität ist unerläßliche Bedingung einer guten Vergärung. Bleibt die Acidität erhalten, infolge Anwesenheit fremder Bakterien oder aus irgend einem anderen Grund, so findet keine oder nur geringfügige Bildung von Butanol und Aceton statt. Die Acidität steigt auf etwa 9 ccm n/20-Lauge für 10 ccm Probe, sinkt dann rasch auf etwa 4 ccm und steigt später wieder an [vgl. z. B. PETERSON und FRED: Ind. Chem. **24**, 237 (1932)].

aus entsprechend kleinerer Apparatur mit WIDMER-Kolonne, und zwar:

  I. Destillation 1. Fraktion: Aceton
             2.   „   Zwischenlauf und Nebenprodukte
             3.   „   wasserhaltiges Butanol
  II. Destillation (2. Fraktion): 1. Vorlauf: Nebenprodukte
                       2. wasserhaltiges Butanol
III. Destillation (3. Fraktion der I. Destillation und 2. Fraktion der
                II. Destillation).
              1. Fraktion 92⁰ Vorlauf: konstant siedendes Butanol
                         Wasser-Gemisch
              2. Fraktion 115—118⁰ wasserfreies Butanol.

Anhang: Technologie der Butanol-Aceton-Gärung.

Ausgangsmaterial: Am besten Reis (da bakteriologisch am reinsten), sodann Mais, Getreidearten, Kartoffeln, Melasse u. a. zucker- oder stärkehaltige Rohstoffe, insbesondere minderwertige, zur Verfütterung nicht geeignete Materialien.

Gärungserreger. Insbesondere Chlostridium aceto-butylicum (in französischen und U.S.A.-Fabriken). Ob die vielen anderen butylogenen Bakterien (die aber meist nur relativ geringe Butanolausbeuten liefern) von den industriell verwendeten Bakterien wesensverschieden, oder ob die letztgenannten nur an den Nährboden angepaßt bzw. aufgezüchtet sind, ist schwer zu entscheiden. Von großer Wichtigkeit ist die bakteriologische Reinhaltung der Apparate im Betrieb, da die normale Gärung durch fremde Organismen unterdrückt werden kann. Diese Aufgabe ist oft sehr schwierig, da die zur Verwendung kommenden Materialien zumeist stark infiziert sind, und zwar oft mit Bakterien, die gleichfalls sehr widerstandsfähige Sporen besitzen. Kulturen und Maischen sind täglich auf bakteriologische Reinheit und Gärvermögen zu prüfen.

Fabriksbetrieb. Mais fein gemahlen, mit Wasser angerührt, durch Erhitzen unter Druck sterilisiert ($1\frac{1}{2}-2\frac{1}{2}$ Atm., 45—90 Minuten) und Stärke verkleistert. Stärkelösung 6—8%ig. Maische bei 37⁰ mit Gärflüssigkeit aus einer vorangehenden Charge geimpft (die Impfkulturen sollen in voller Gärung sein, aber noch keine größeren Mengen Aceton und Butanol bilden); in großen, geschlossenen Gärbottichen (mit je etwa 500 hl Maische (oder auch mehr). Gärungseintritt innerhalb 2—3 Stunden. Gasentwicklung durch Gaszähler kontrolliert (Kriterium für den Gärverlauf). Weitere Kontrolle des Gärverlaufes: Acidität und spezifisches Gewicht (vgl. Übungsbeispiel d). Eine 6%ige Stärkelösung ist nach etwa 40 Stunden vergoren. Butanol-Aceton-Gehalt $2-2\frac{1}{2}$%. Destillation der Maische in den üblichen Kolonnenapparaten; erstes Destillat etwa 50%ig an Gärprodukten. Trennung durch drei weitere Destillationen (vgl. oben). Gewinnung der durch das Gas mitgerissenen Anteile (10 g pro 1 cbm Gas): Adsorption an aktivierter Holzkohle und Freilegung durch Dampf. **Ausbeuten:** aus 100 kg Stärke etwa: 22,5 kg Butanol, 11 kg Aceton, 2,7 kg Nebenprodukte (insbesondere Äthanol, aber auch Isopropylalkohol und Methyl-Äthyl-Keton); 100 Teile des Endproduktes bestehen aus 62% Butanol, 30,5% Aceton, 7,5% Nebenprodukten; gleichzeitig entwickeln sich 36 cbm CO_2 und 24 cbm H_2 (gemessen bei Gärtemperatur).

27. Übung:

Die Buttersäuregärung.

a) Analytischer Gärversuch. 100 ccm 10%ige sterile Kornschrotmaische nach Zusatz von 5 g $CaCO_3$ mit 10 ccm einer gärkräftigen Maischekultur des Bac. butylicus, geimpft, nach dem Sättigen mit CO_2 mit einem Hg-Gäraufsatz verschlossen; bis zum Aufhören der Gasentwicklung bei 40° gären gelassen. Bestimmung der Gärprodukte wie in Übung 26 b; und zwar vom Destillat A (100 ccm) 20 ccm für die Butanol-Äthanolbestimmung (mit nur 5 ccm Oxydationslösung), sonstige Bestimmungen eventuell nach qualitativen Prüfungen vernachlässigen. Vom Destillat B (durch erschöpfende Destillation erhalten, etwa 250 ccm) wird eine Probe titriert (ergibt Gesamtsäure).

Identifizierung der Säuren. Destillat B wird genau mit Natronlauge neutralisiert, auf etwa 30 ccm eingedampft und mit je 10 ccm einer 10%igen Silbernitratlösung fraktioniert gefällt (etwa fünf Fraktionen, jeweils abgesaugt, Filtrat weiter gefällt;) zuerst fällt buttersaures Silber, zum Schluß essigsaures Silber. Infolge Anwesenheit von Ameisensäure tritt schließlich meist Schwärzung der Ag-Niederschläge ein. Reinigung der Fraktionen: In etwas Wasser lösen, 1—2 Stunden unter Rückfluß kochen, filtrieren, Filtrat eventuell einengen; Krystallisation der reinen Salze. Schließlich werden die Anteile getrocknet und gewogen. Von der ersten und letzten Fraktion Ag-Bestimmungen. Ag-Butyrat enthält 55,37% Ag, Silberacetat 64,67% Ag.

Bestimmung der Milchsäure (im Rückstand nach dem Abdestillieren der flüchtigen Säuren) wie in Übung 19a (S. 129).

b) Präparativer Gärversuch. 600 g Kornschrot mit 6 l Wasser eingemaischt, im Autoklaven sterilisiert, bei 40° in die Gärapparatur (wie in Übung 19 b) eingefüllt, Zusatz von 300 g steriler Schlämmkreide, Impfung mit 500 ccm einer in kräftiger Gärung befindlichen Mischkultur der Buttersäurebakterien (gewonnen aus Heuaufguß) auf dem gleichen Nährboden; täglich wird des öfteren das $CaCO_3$ kräftig aufgerührt. Gärung nach 10 bis 12 Tagen beendet. Etwa alle 2 Tage Entnahme von 20 ccm Probe und Bestimmung des Ca-Gehaltes im Filtrat (gegen Ende der Gärung Prüfung auf Stärke sowie Reduktionsvermögen). Bei Gärungsabbruch 100 ccm zur Bestimmung der einzelnen Gärungsprodukte wie in Übung 26 b, entnehmen.

Aufarbeitung. Ausgegorene Maische mit etwas Calciumhydroxyd bis zur schwach alkalischen Reaktion versetzt und unter

Benutzung einer WIDMER-Kolonne 1000 ccm abdestilliert. Rückstand filtriert und im Vakuum stark eingeengt. Krystallisation des Ca-Butyrates in der Hitze; aufgekocht und abgesaugt, mit etwas heißem Wasser nachgewaschen. Mutterlauge enthält neben Resten von Ca-Butyrat die Ca-Salze anderer Säuren; mit Soda das Ca vollständig als $CaCO_3$ ausgefällt, Filtrat mit 50%iger Schwefelsäure angesäuert und mit Äther erschöpfend extrahiert. Extrakt mit geglühtem Glaubersalz getrocknet, Äther abdestilliert, Rückstand fraktioniert destilliert. Falls man die höheren Fettsäuren gewinnen will, werden die aus einer Anzahl gleichartiger Versuche in analoger Weise erhaltenen Rückstände vereinigt. Aus 4 kg Glucose erhielten NEUBERG und ARINSTEIN[1] 35 g höhere Fettsäuren (Capron-, Capryl-, Caprinsäure).

Anhang: Technologie der Buttersäuregärung.

Ausgangsmaterialien und Maischebereitung. Billige Stärkesorten (Kartoffel, Reis, Mais, minderwertiges Mehl) sowie Melasse. Stärke durch Erhitzen mit Wasser auf 100^0 verkleistert und wie bei der Spiritusbereitung mit Malz bei $57—60^0$ verzuckert (Konzentration der Lösung entsprechend 10% Stärke); besonders bei der Vergärung von Melasse setzt man noch N-haltige Nährstoffe zu (Auszüge aus Kleie, Malzschrot, Pepton; auch anorganische Salze). Zusatz von $50—60\%$ Schlämmkreide (bezogen auf Stärke oder Zucker).

Bakterien. Bei Anwendung einheitlicher Bakterien-Reinkulturen findet meist nur träge, bald aufhörende Gärung statt. Bei spontaner Vergärung sind die Ausbeuten schwankend; daher Verwendung natürlicher Reinzuchten, d. h. Anreicherungen von Bakteriengemischen, die durch wiederholtes Überimpfen besonders widerstandsfähig und wirksam gemacht werden.

Gärprozeß und Gärprodukte. Man benützt große hölzerne Bottiche die mit Rührwerk versehen sind, Temperatur $35—40^0$. Täglich wird mehrmals die Schlämmkreide aufgerührt; Entweichen von CO_2 und H_2. Ende der Gärung nach $8—10$ Tagen. Gärprodukte: Neben Buttersäure (etwa 35% der Stärke) entsteht stets Milchsäure und je nach der Art der Bakterien und Maische wechselnde Mengen Essigsäure, Propionsäure, Valeriansäure, Capronsäure, Bernsteinsäure, Äthanol, Butanol, Amylalkohol usw.

Gewinnung der Buttersäure. Die vergorene Maische wird filtriert und im Vakuum eingeengt: Abscheidung von Ca-Butyrat; Isolierung und Trocknung; mit der berechneten Menge Schwefelsäure (66^0 Bé) umgesetzt, Rohbuttersäure im Vakuum abdestilliert und durch Fraktionieren gereinigt (Umsetzung des Ca-Butyrates kann auch mit konzentrierter HCl erfolgen; die Buttersäure schwimmt dann als Öl auf der $CaCl_2$-Lauge und ist mit kleinen HCl-Mengen verunreinigt, Destillation über Na-Butyrat). Herstellung chemisch-reiner Buttersäure über das Ca-Salz (aus der Fraktion Kp. $160—165^0$). Reinigung und Zerlegung desselben; oder über den Äthylester, Fraktionierung und Verseifung desselben.

---

[1] Vgl. NEUBERG und ARINSTEIN: Biochem. Z. **117**, 269 (1921).

28. Übung:

Zwischenprodukte der Butylgärungen.

a) Festlegung von Buttersäure und Essigsäure bei der Butanol-Aceton-Gärung. 100 ccm 6%ige Kornschrotmaische ebenso wie in Übung 26b, aber mit 3 g $CaCO_3$ nach dem Sterilisieren mit 2 ccm einer gärkräftigen Kultur von Clostr. acetobutylicum oder Clostr. butylicum (u. a.) geimpft; bis zum Aufhören der Gärung bei 37° belassen. Bestimmung der Gärprodukte wie in Übung 26b und zwar:

Butanol-Äthanol-Bestimmung mit 10—15 ccm Destillat A, Acetonbestimmung mit 20—30 ccm, Acetoinbestimmung mit 20—30 ccm Destillat A.

Buttersäure-Essigsäure-Bestimmung (Destillat B 250 ccm): Gesamtacidität in 10 ccm bestimmt, 50 ccm auf 200 ccm verdünnt und Halbdestillation in üblicher Weise durchgeführt.

Milchsäurebestimmung (im Rückstand der Säuredestillation) wie in Übung 19a.

In Gegenwart von $CaCO_3$ ist die Gesamtmenge der Butylprodukte (Buttersäure und Butanol) erheblich größer als in Abwesenheit desselben; hinsichtlich der „Acetonprodukte" (Aceton, Essigsäure, Äthanol, Acetoin) ergibt sich ein umgekehrtes Verhalten [1].

b) Umwandlung von Buttersäure in Butanol. Acht Ansätze mit je 50 ccm 6%iger Kornschrotmaische in passenden Kolben mit Gärverschluß in üblicher Weise vorbereitet und geimpft. Nach dem kräftigen Angären (etwa nach 24—36 Stunden) wird zu vier Kolben je 1 ccm n-Buttersäurelösung (je 88 mg) zugesetzt, zu den anderen vier Kolben je 1 ccm Wasser. Nach der Beendigung der Gärung werden jeweils die vier Parallelversuche vereinigt (zur Ermittlung der Durchschnittswerte) und auf 500 ccm aufgefüllt. 100 ccm entnommen und wie in Übung 25b genau durchanalysiert. Werte auf Glucoseäquivalente umgerechnet. Ein Vergleich der mit und ohne Buttersäurezusatz gewonnenen Ergebnisse zeigt die Umwandlung der Buttersäure in Butanol an (meist 80—90%).

c) Abfangung von Acetaldehyd bei der Buttersäuregärung [2]. In einem 5 l-Kolben werden 100 g technische Glucose, 40 g $CaCO_3$, 4 g Pepton, 4 g K_2HPO_4 und 1,2 g $MgSO_4$ in 3 l Leitungswasser sterilisiert und sodann mit 1 l einer 20%igen Lösung von krystallisiertem Natriumsulfit versetzt. Nach dem Impfen mit 40 ccm einer gärkräftigen Reinkultur des Bac. butylicus Fitz wird bei

---

[1] Vgl. BERNHAUER, IGLAUER, GROAG und KÖTTIG: Biochem. Z. **287**, 61 (1936).

[2] Vgl. NEUBERG und ARINSTEIN: Biochem. Z. **117**, 269 (1921).

36—38^0 gären gelassen. Nach etwa 2 Tagen wird Bakterienwachstum sichtbar. Nach 10—20 Tagen wird der Versuch aufgearbeitet. Zugleich wird ein Parallelversuch, aber ohne Zusatz von Sulfit durchgeführt.

Bestimmung des noch unverbrauchten Zuckers und des Acetaldehyds vgl. S. 93. Bestimmung des entstandenen Alkohols durch Destillation eines aliquoten Teiles des noch unveränderten Gärgutes; in einem aliquoten Teil des Destillates bestimmt man den Acetaldehydgehalt und sodann die Summe von Acetaldehyd und Alkohol nach der Oxydationsmethode und Titration der entstandenen Essigsäure (vgl. S. 88 und 154). Vom Gesamtwert wird dann der dem Acetaldehyd entsprechende Wert abgezogen. Bestimmung der entstandenen Essigsäure nach dem Entfernen der flüchtigen neutralen Anteile und des Sulfits (Oxydation zu Sulfat) durch Destillation des angesäuerten Rückstandes und Titration des Destillates.

Während bei der normalen Vergärung hauptsächlich Buttersäure entsteht, wird bei der Sulfitgärung viel Essigsäure (etwa 20%) und Alkohol (etwa 13%) neben dem abgefangenen Acetaldehyd gebildet (etwa 7—8%, alle Zahlen beziehen sich auf verbrauchten Zucker).

Anhang: Typen und Chemismus der Butylgärungen.

Vorläufige Unterscheidung von zwei Gärungstypen: Buttersäuregärung (die entweder als reine Buttersäuregärung, oder als Buttersäure-Essigsäure-Gärung oder als Buttersäure-Propionsäure-Gärung auftritt) und Butanolgärung (die als Butanol-Aceton-Gärung, als Butanol-Isopropanol-Gärung, als Butanol-Äthanol-Gärung und in anderen Formen auftritt, je nach der Art der Gärungserreger).

1. *Buttersäuregärung.* Für den Chemismus ist charakteristisch die Annahme einer Aldolkondensation von zwei Molekülen Acetaldehyd oder Brenztraubensäure und Umlagerung des Aldolisierungsproduktes in Buttersäure.

Gärungsgleichung:

$$C_6H_{12}O_6 = CH_3.CH_2.CH_2.COOH + 2\,CO_2 + 2\,H_2.$$

Gärungsschema, in Übereinstimmung mit Bilanzversuchen[1]:

$$C_6H_{12}O_6 \longrightarrow 2\,CH_3.CO.CH(OH)_2 \longrightarrow 2\,CH_3.CHO + 2\,H.COOH \longrightarrow$$

$$2\,CO_2 + 2\,H_2$$

Methylglyoxalhydrat $\qquad \xrightarrow{\;+\;H_2O\;} CH_3.CH(OH)_2 \longrightarrow$

$$CH_3.COOH + H_2$$

$$CH_3.CHOH.CH_2.CHO \longrightarrow CH_3.CH:CH.CH(OH)_2 \longrightarrow$$

Acetaldol $\qquad\qquad\qquad$ Crotonaldehydhydrat

$$CH_3.CH_2.CH_2.COOH$$

Buttersäure

---

[1] DONKER: Diss. Delft 1926. — Vgl. auch KLUYVER und DONKER: Chem. Zelle **13**, 134 (1926).

Das Schema ist im wesentlichen hypothetischer Natur; die Bildung von Acetaldehyd könnte nämlich auch über Brenztraubensäure führen; die Bildung und Umwandlung des Acetaldols ist unbewiesen; vgl. auch den Weg über Brenztraubensäurealdol (siehe Tab. XVI)[1]. Von Interesse ist ferner die Umschaltung der Buttersäuregärung in Milchsäuregärung in Gegenwart von CO, wobei die Milchsäure als Hauptgärungsprodukt entsteht[2]. Bildung und Umwandlung von Zwischenprodukten (vgl. Tab. XVI).

Tabelle XVI.

Mögliche Zwischenprodukte	Bildung, Abfangung und Anhäufung derselben	Umwandlung derselben
Milchsäure	etwa 10% bei der Glucosevergärung[3], in Gegenwart von CO als Hauptprodukt [2]	—
Brenztraubensäure	—	in Essigsäure und Ameisensäure[4]
Acetaldehyd	Abfangung bei der Sulfitgärung (bis etwa 16% d. Th.)[4]	—
Brenztraubensäurealdol	—	in Buttersäure[4]

2. *Butanol-Aceton-Gärung.* Chemismus in enger Anlehnung an den der Buttersäuregärung. Buttersäure und Essigsäure als Zwischenprodukte im Medium auftretend. Besonders bemerkenswert als biochemische Reaktion ist die Hydrierung der Buttersäure zu Butanol (verläuft wohl über Butyraldehyd, vgl. unten).

Gärungsgleichungen:

$$C_6H_{12}O_6 = CH_3 . CH_2 . CH_2 . CH_2OH + 2\,CO_2 + H_2O$$
$$C_6H_{12}O_6 + H_2O = CH_3 . CO . CH_3 + 3\,CO_2 + 4\,H_2.$$

Vergärung von Pentosen ergibt bemerkenswerterweise, daß das Verhältnis der Gärprodukte annähernd das gleiche ist, wie bei der Hexosenvergärung. Erklärung durch die Annahme, daß der als Spaltungsprodukt vermutlich auftretende Glykolaldehyd nicht zu Essigsäure abgebaut, sondern zur Synthese von C_6-Kohlehydraten verwendet wird[5].

[1] In diesem Zusammenhang erscheinen auch die neuen Befunde von MEYERHOF, LOHMANN und SCHUSTER [Biochem. Z. **286**, 297 (1936)] über die fermentative Aldolkondensation von Dioxyacetonphosphorsäure mit Acetaldehyd unter der Einwirkung der Aldolase von großem Interesse, da vielleicht ähnliche Vorgänge auch bei der Bildung einer Vorstufe der Buttersäure in Frage kommen könnten.

[2] KUBOWITZ: Biochem. Z. **264**, 285 (1934).

[3] BUCHNER und MEISENHEIMER: B. **41**, 1410 (1908).

[4] NEUBERG und ARINSTEIN: Biochem. Z. **117**, 269 (1921).

[5] VAN DER LEK: Diss. Delft 1930.

Gärungsschema, in Übereinstimmung mit Bilanzversuchen[1] Primärer Zerfall:

$$C_6H_{12}O_6 \longrightarrow 2\,CH_3 . CO . CH(OH)_2 \longrightarrow 2\,CH_3 . CHO + 2\,H . COOH.$$

Dehydrierungen:

$$H . COOH \longrightarrow CO_2 + 2\,H \;\text{(gibt teilweise } H_2\text{)},$$
$$CH_3 . CHO + H_2O \rightleftarrows CH_3 . CH(OH)_2 \longrightarrow CH_3 . COOH + 2\,H$$

(gibt teilweise H_2).

Hydrierungen:

$$CH_3 . CHO + 2\,H \longrightarrow CH_3 . CH_2OH,$$
$$CH_3 . CH_2 . CH_2 . COOH + 4\,H \longrightarrow CH_3 . CH_2 . CH_2 . CH_2OH.$$

Kondensationen:

$$2\,CH_3 . CHO \longrightarrow CH_3 . CHOH . CH_2 . CHO \longrightarrow$$
$$CH_3 . CH{:}CH . CH(OH)_2 \longrightarrow CH_3 . CH_2 . CH_2 . COOH,$$
$$2\,CH_3 . COOH \longrightarrow CH_3 . CO . CH_2 . COOH \longrightarrow$$
$$CH_3 . CO . CH_3 + CO_2.$$

Bildung und Umwandlung von Zwischenprodukten (vgl. Tab. XVII).

Tabelle XVII.

Mögliche Zwischenprodukte	Bildung, Abfangung u. Anhäufung derselben	Umwandlung derselben
Methylglyoxal	durch Einwirkung von Bakterienpräparaten auf Hexosediphosphat[2]	hemmt bereits in Konzentrationen von 0,03 % die Gärung[3]
Milchsäure	Isolierung geringer Mengen[4]	Verschiebung des Verhältnisses Butanol: Aceton auf 84:16 (sonst 67:33)[5]
Brenztraubensäure	—	in Essigsäure, Aceton, Acetylmethylcarbinol und Butylprodukte[3, 6]
Acetaldehyd	—	durch aktive Bakterien bis über 60% in Butanol, durch weniger aktive zu 10—21% in Butylprodukte, Rest besonders in Äthanol[7]

[1] DONKER: Diss. Delft 1926; vgl auch VAN DER LEK: Diss. Delft 1930; KLUYVER: Erg. d. Enzymforschung 4, 264 (1935),

[2] PETT und WYNNE: J. of biol. Chem. **97**, 177 (1932); im Prinzip gemäß dem NEUBERGschen Verfahren.

[3] JOHNSON, PETERSON und FRED: J. of biol. Chem. **101**, 145 (1933).

[4] SPEAKMAN: J. of biol. Chem. **58**, 395 (1923).

[5] Soc. RICARD ALLENET & Cie, Melle: C. **1925**, II, 761.

[6] BERNHAUER, IGLAUER, GROAG und KÖTTIG: Biochem. Z. **287**, 61 (1936).

[7] BERNHAUER und KÜRSCHNER: Biochem. Z. **280**, 379 (1935).

Tabelle XVII (Fortsetzung).

Mögliche Zwischenprodukte	Bildung, Abfangung u. Anhäufung derselben	Umwandlung derselben
Essigsäure	vgl. Acetongärung	vgl. Acetongärung
Acetaldol	—	entweder giftig [1], od. ohne Giftwirkung (0,088 bis 0,176%), aber keine Umwandlung in Gärprodukte [2]
Crotonaldehyd	—	hemmt in Konzentrationen von 0,036% sofort die Gärung [2]
β-Oxybuttersäure	nicht auffindbar [1]	ungiftig, aber keine Umwandlung in Gärprodukte [1, 2]
Crotonsäure	—	in Butanol und Aceton in wechselndem Mengenverhältnis [2]
Buttersäure	Anstieg u. Abfall bei d. normalen Gärung [3,4], erhebliche Mengen mit $CaCO_3$ [5, 6]	zu etwa 80% in Butanol, zu 10% in Aceton [7], über 95% in Butanol [2]
Butyraldehyd	—	über 95% in Butanol (manchmal auch teilweise in Aceton) [2]

3. *Butanol-Isopropanol-Gärung.* Gärungserreger: Clostridium felsineum[8] und verschiedene Stämme von Butylbakterien[9]. Gärungsvorgang noch wenig untersucht. Bei manchen Kulturen bildet sich neben Butanol und Isopropylalkohol nur wenig Aceton, bei anderen entstehen die letztgenannten Produkte in etwa gleicher Menge, bei anderen wieder findet sich überhaupt kein Isopropylalkohol (vgl. unter 2). Wieder andere Bakterienstämme bilden Isopropylalkohol wohl aus Arabinose, nicht aber aus Glucose[9].

[1] JOHNSON, PETERSON und FRED: J. of biol. Chem. **101**, 145 (1933).
[2] BERNHAUER und KÜRSCHNER: Biochem. Z. **280**, 379 (1935).
[3] SPEKMANN: J. of biol. Chem. **58**, 395 (1923).
[4] Vgl. auch REILLY, HICKINBOTTOM, HENLEY und THAYSEN: Biochemic. J. **14**, 229 (1920).
[5] Vgl. z. B. REILLY und HICKINBOTTOM: Chem. Trade J. **65**, 331 (1919); STILES, PETERSON und FRED: J. of biol. Chem. **84**, 437 (1929).
[6] BERNHAUER, IGLAUER, GROAG und KÖTTIG: Biochem. Z. **287**, 61 (1936).
[7] SPEAKMAN: J. of biol. Chem. **41**, 319 (1920).
[8] VAN DER LEK: Diss. Delft (1930).
[9] Vgl. LANGLYKKE, PETERSON und MC COY: J. Bacter. **29**, 333 (1935).

Chemismus: Der Isopropylalkohol entsteht zweifellos durch Reduktion von Aceton; bei höheren Ausbeuten an Isopropylalkohol ist die Menge an Butanol geringer, da dann für diesen Vorgang nicht genug Wasserstoff zur Verfügung steht.

4. *Butanol-Äthanol-Gärung.* Diese Gärungsform findet sich bei manchen Stämmen der Butanol-Aceton-Bakterien stärker ausgeprägt, indem von diesen nur sehr wenig Aceton erzeugt wird, wogegen relativ größere Mengen Äthanol auftreten[1]. Bekanntlich findet sich auch bei der gewöhnlichen Butanol-Aceton-Gärung unter den Neutralprodukten stets eine gewisse Menge Äthanol. Es sind daher — je nach der Art der verwendeten Bakterien — die verschiedensten Übergangsformen bei der Bildung der Gärprodukte verwirklicht.

29. Übung:

Die Äthanol-Aceton-Gärung.

a) Analytischer Gärversuch. Genau so durchzuführen, wie Übung 26 b; Impfung mit gärkräftiger Kultur von B. acetoäthylicus oder B. macerans. Gärverlauf träger als bei der Butanol-Aceton-Gärung; Gärdauer etwa 6—8 Tage. Analysengang prinzipiell analog (Trennung der sauren und nichtsauren Bestandteile).

Bestimmung von Aceton und Acetylmethylcarbinol (im Destillat A) ganz analog.

Bestimmung von Äthanol durch Oxydation zu Essigsäure, vgl. S. 88 und 154.

Bestimmung von Essigsäure und Ameisensäure: Nach Entfernung der neutralen flüchtigen Anteile wird der Rückstand angesäuert und mit Wasserdampf destilliert (Destillat B); Titration ergibt die Gesamtsäuren. Ameisensäure wird an einem aliquoten Teil gesondert bestimmt (vgl. S. 209). Die Differenz gegenüber der Gesamtacidität ergibt die Menge an Essigsäure.

b) Präparativer Gärversuch (unter analytischer Kontrolle des Gärverlaufes). Ebenso wie in Übung 25 c, mit B. acetoäthylicus oder B. macerans. Zusatz von 10% Schlämmkreide (bezogen auf den Stärkegehalt). Gärtemperatur 40—42°; Einsetzen der Gärung nach 1½—2 Tagen. Gärdauer 6—8 Tage. Täglich des öfteren kräftig Umschütteln bzw. Rühren.

Analytische Kontrolle des Gärverlaufes: Entnahme von 100 ccm des Gärgutes etwa alle 16—24 Stunden und wie in a analysieren.

Technische Kontrolle des Gärverlaufes. Probeentnahme in den gleichen Zeitintervallen wie zuvor; 10 ccm direkt titriert, 40 ccm filtriert und spezifisches Gewicht festgestellt.

---

[1] Vgl. LANGLYKKE, PETERSON und Mc COY: J. Bacter. **29**, 333 (1935).

Präparative Aufarbeitung. Destillation wie in Übung 26d. Etwa 2 l Destillat aufgefangen. Trennung von Aceton und Äthanol durch weitere Destillationen. Kp. des Acetons 56⁰, des Äthanols 78⁰.

Anhang: Technologie der Äthanol-Aceton-Gärung.

Ausgangsmaterialien und Maischebereitung. Am besten Mais oder Reis, ferner auch gesunde Kartoffeln, Futterrüben, Zuckerrüben, bestimmte Melassesorten usw. Reinigung und Zerkleinerung des Materials, Herstellung der Maische, Zusatz von 10% Schlämmkreide (bezogen auf den Stärke- oder Zuckergehalt), mit Wasser auf das 15—20fache des Stärkegehaltes verdünnt, Sterilisation durch zweistündiges Erhitzen unter 2 Atm. Druck (Stärkelösung 5—6,6%ig).

Durchführung der Gärung. Verwendung eines Gärkessels mit Rührwerk. Maische (unter Zutritt steriler Luft) auf 41⁰ abkühlen gelassen. Impfung mit einer erheblichen Menge einer kräftig gärenden Kultur (Züchtung der Bakterien nach einem besonderen Verfahren); alle 2 Stunden wird gerührt. Gärtemperatur 40—42⁰. Gärdauer 5—7 Tage. Waschung der Gase, um mitgerissenes Aceton und Alkohol festzuhalten.

Gewinnung der Gärprodukte. Destillation in einem gewöhnlichen Brennereiapparat. Trennung des Alkohol-Aceton-Gemisches in einem Rektifizierapparat mit hoher Kolonne. Nebenprodukte: Kleine Mengen Essigsäure und Ameisensäure (durch die Kreide gebunden; bleiben im Rückstand).

Ausbeute etwa 36—40% der verarbeitenden Stärke. 100 kg Mais geben 20 l Alkohol, 10 l Aceton, 22 cbm CO_2 und 16 cbm H_2 (Schlempe als Viehfutter verwendbar; Herstellungskosten etwa wie in der Spiritusbrennerei).

30. Übung:

Zwischenprodukte der Acetongärung.

a) Vergärung der Essigsäure zu Aceton. Grundsätzlich genau so wie in Übung 28b durchzuführen, nur daß an Stelle von Buttersäure Essigsäure verwendet wird. Der Vergleich der mit und ohne Zusatz von Essigsäurezusatz durchgeführten Versuche zeigt den Anstieg im Acetonwert bei den Versuchen mit Essigsäurezusatz an.

b) Decarboxylierung der Acetessigsäure[1]. Durchführung des Versuches grundsätzlich wie in Übungsbeispiel 28b. Nach dem Angären setzt man zu je vier Kolben je 1 ccm einer n-Lösung von acetessigsaurem Natrium (also je 92 mg Acetessigsäure), zu den anderen vier Parallelversuchen je 1 ccm Wasser. Außerdem stellt man eine Probe Acetessigsäure in der gleichen Konzentration wie im Versuch auf, um den Grad der Selbstzersetzung

---

[1] Vgl. JOHNSON, PETERSON und FRED: J. of biol. Chem. **101**, 145 (1933).

der Acetessigsäure festzustellen. Man läßt dann alle Kolben bei 24^0 4—6 Stunden stehen, vereinigt dann die zueinander gehörigen Kolben und bestimmt den Gehalt an noch vorhandener Acetessigsäure sowie an entstandenem Aceton in den Versuchen.

Bestimmung der Acetessigsäure. 10—50 ccm Probe werden mit Natriumchlorid gesättigt und nach Zusatz einiger Tropfen Paraffinöl unter Durchleitung eines starken Luftstromes (z. B. in einer Saugeprouvette, die mit einem Einleitungsrohr versehen und an die Wasserstrahlpumpe angeschlossen wird) vom Aceton befreit. Nach 1 Stunde wird die Probe mit Wasserdampf destilliert, wobei die Acetessigsäure unter Bildung von Aceton zersetzt wird. Im Destillat bestimmt man das Aceton in üblicher Weise (vgl. S. 155).

Eine zweite Probe des Kulturmediums wird direkt mit Wasserdampf destilliert und im Destillat das Aceton bestimmt. Man erhält so die Gesamtmenge an Aceton (ursprünglich vorhandene Menge und aus der Acetessigsäure entstandene Menge). Durch entsprechende Subtraktion ergibt sich die Menge des ursprünglich vorhandenen Acetons.

Anhang: Chemismus der Acetongärung.

Charakteristisch für den Chemismus ist die Kondensation zweier Moleküle Essigsäure zu Acetessigsäure und die Dekarboxylierung dieser.

Gärungsgleichung:
$$C_6H_{12}O_6 + H_2O = CH_3.CO.CH_3 + 3\,CO_2 + 4\,H_2$$
Die theoretische Ausbeute an Aceton beträgt daher 32,2 %; neben der Acetongärung geht jedoch stets, und zwar in überwiegendem Ausmaße eine alkoholische Gärung vor sich. Spaltungsvorgänge nach dem Ameisensäureschema (KLUYVER).

Gärungsschema

$$C_6H_{12}O_6 \longrightarrow CH_3.CO.CH(OH)_2 \longrightarrow$$
$$CH_3.CHO + H.COOH \longrightarrow$$
$$CO_2 + 2\,H \text{ (gibt teilweise } H_2)$$
$$+2\,H \qquad\qquad +H_2O$$
$$CH_3.CH_2OH \qquad CH_3.CH(OH)_2 \longrightarrow CH_3.COOH + 2\,H$$
$$CH_3.CO.CH_2.COOH \dashrightarrow CH_3.CO.CH_3 + CO_2$$

Bildung und Umwandlung von Zwischenprodukten (vgl. Tab. XVIII).

Tabelle XVIII.

Mögliche Zwischenprodukte	Bildung, Abfangung und Anhäufung derselben	Umwandlung derselben
Brenztraubensäure	mittels wenig aktiver Bakterien wahrscheinlich gemacht[1]	—
Acetaldehyd	bei der Sulfitgärung[2]	in Aceton und Äthanol[2]
Essigsäure	Anstieg und Abfall bei der Butanol-Aceton-Gärung[3]; erhebliche Mengen mit $CaCO_3$[4]	quantitativ in Aceton und CO_2 bei der Äthanol-Acetongärung[2], auch bei der Butanol-Aceton-Gärung[5], bis zu 97%[6]
Acetaldol	—	in Aceton[2]
β-Oxybuttersäure	bei der Butanol-Aceton-Gärung nicht aufgefunden[7]	ungiftig, aber nicht umwandelbar[7,6]
Crotonsäure *	—	in Aceton und Butanol in wechselnden Mengen[6]
Buttersäure *	in Gegenwart von $CaCO_3$	zum Teil auch in Aceton[8,6]
Butyraldehyd *	—	bis zu 25% in Aceton[6]
Acetessigsäure *	—	in Aceton, auch durch Bakterienpräparate[7]

* Bei der Butanol-Aceton-Gärung.

[1] SPEAKMAN: J. of. biol. Chem. **64**, 41 (1925). — [2] BAKONYI: Biochem. Z. **169**, 125 (1926). — [3] Vgl. z. B. REILLY, HICKINBOTTOM, HENLEY und THAYSEN: Biochemic. J. **14**, 229 (1920); SPEAKMAN: J. of. biol. Chem. **58**, 395 (1923). — [4] Vgl. z. B. REILLY und HICKINBOTTOM: Chem. Trade J. **65**, 331 (1919). — STILES, PETERSON und FRED: J. of. biol. Chem. **84**, 437 (1929). — [5] REILLY, HICKINBOTTOM, HENLEY und THAYSEN: Biochemic. J. **14**, 229 (1920). — Vgl. auch SPEAKMAN: J. of. biol. Chem. **41**, 319 (1920). — [6] BERNHAUER und KÜRSCHNER: Biochem. Z. **280**, 379 (1935). — [7] JOHNSON, PETERSON und FRED: J. of. biol. Chem. **101**, 145 (1933). — [8] SPEAKMAN: J. of. biol. Chem. **41**, 319 (1920).

Erreger der Äthanol-Aceton-Gärung sind insbesondere Organismen der Aerobacillusgruppe, wie Aerobacillus macerans [1] oder Aerobacillus acetoethylicus [2].

Einen *zweiten Typus* der Aerobacillusgruppe stellen die *Erreger der Äthanol-Butylenglykolgärung* vor: A. polymyxa [3], Aerobacter pectinovorum [4] und ähnliche Organismen [5]. Neben Alkohol und Butylenglykol entstehen vielfach auch Acetoin und Aceton, CO_2 und H_2, ferner Essigsäure und Ameisensäure, sowie schließlich auch kleine Mengen Milchsäure und Bernsteinsäure. Als Intermediärprodukt wurde Acetaldehyd nachgewiesen [6]. Die Ausbeute an 2,3-Butylenglykol kann bis auf 30% ansteigen [4]. Der Chemismus des Prozesses dürfte der gleiche sein wie bei der Aerogenesgärung (vgl. S.149).

Es sei noch darauf hingewiesen, daß auch bei der Butanol-Aceton-Gärung vielfach Acetoin gebildet wird, das die Muttersubstanz des 2,3-Butylenglykols vorstellt.

Es sind daher bei den Butanol-Aceton-Gärungen drei verschiedene *Kondensationsprozesse* verwirklicht, nämlich:

1. Aldolkondensation des Acetaldehyds bzw. der Brenztraubensäure oder anderer Zwischenprodukte (Dioxyacetonphosphorsäure + Acetaldehyd, vgl. S. 113); dies führt wohl zur Bildung von Buttersäure.

2. Acyloinkondensation des Acetaldehyds, unter Bildung von Methylacetylcarbinol.

3. Kondensation von Essigsäure, unter Bildung von Acetessigsäure und Dekarboxylierung dieser unter Bildung von Aceton.

Andrerseits finden wir folgende *Reduktionsprozesse* verwirklicht:

1. Reduktion von Carboxylgruppen: Bildung von Butanol aus Buttersäure und Bildung von Äthanol aus Essigsäure (auch bei anderen Säuren verwirklicht: z. B. Bildung von Propylalkohol aus Propionsäure [7]).

2. Reduktion von Ketogruppen: Bildung von Isopropylalkohol aus Aceton, Bildung von 2,3-Butylenglykol aus Acetoin.

C. Cellulosevergärungen.

31. Übung:

Isolierung cellulosevergärender Thermobakterien.

a) Gewinnung und Anreicherung von Rohkulturen [8]. Anwendung folgender Nährlösung: 0,2% Ammoniumsulfat, 0,1% Kalium-

[1] SCHARDINGER: C. Bacter. II, **14**, 772 (1905); **19**, 161 (1907).

[2] NORTHROP, ASHE und SENIOR: J. of biol. Chem. **39**, 1 (1919).

[3] DONKER: Tijdschr. v. vergel. Genesk. **11**, 78 (1925).

[4] FULMER, CHRISTENSEN und KENDALL: Ind. Chem. **25**, 798 (1933). Die Autoren beschreiben ein Verfahren zur Erzeugung von 2, 3-Butylenglykol aus Rohrzucker auf gärungstechnischem Weg (vgl. auch Übung 23 c).

[5] LANGLYKKE, PETERSON und MC COY: J. Bacter. **29**, 333 (1935).

[6] PATRICK: C. **1933**, I, 2125.

[7] BLANCHARD und MAC DONALD: C. **1936**, I, 3159, J. of biol. Chem. **110**, 145 (1935).

[8] Vgl. SIMOLA: Ann. Ak. Sc. Fennicae A **34**, Nr 1 (1931). — SCARLES, FRED und PETERSON: Z. Bacter. II, **85**, 401 (1932).

dihydrophosphat, 0,05% Magnesiumsulfat und 0,05% Natrium-chlorid. Eine größere Anzahl von weiten Proberöhren wird mit 10—20 ccm dieses Nährmediums und zwei bis drei Streifen Filtrierpapier beschickt und nach dem Sterilisieren mit 0,5—1 g frischem Pferdemist verschiedener Herkunft versetzt. Nach 48stündigem Verweilen bei 60° ist in den Röhrchen in der Regel bereits ein deutlicher Cellulosezerfall zu beobachten. Von jenen Proben, bei denen die Cellulosezersetzung am kräftigsten ist, wird nach 3—4 Tagen je ein Streifen Filtrierpapier in ein neues Röhrchen mit dem gleichen Nährmedium und frischen Filtrier-papierstreifen übergeführt. Die so geimpften Röhrchen werden zu-nächst etwa 5 Minuten auf 100° erhitzt, um eventuell vorhandene, nicht sporenbildende Bakterien abzutöten, und sodann bei 60° auf-bewahrt. Der ganze Prozeß wird zwecks Anreicherung der cellu-losevergärenden Bakterien des öfteren wiederholt, sobald jeweils die Papierstreifen zu zerfallen beginnen. Bei den späteren Pas-sagen (etwa nach der vierten oder fünften Übertragung) ver-wendet man das gleiche Nährmedium wie oben, doch unter Zu-satz von 0,1—0,2% Pepton. Die so erhaltenen Rohkulturen be-nutzt man zur weiteren Isolierung bzw. Reinzüchtung der Cellu-losevergärer (vgl. unter b) oder auch direkt zur Durchführung von Cellulosevergärungen (vgl. Übung 32).

b) Isolierung von relativen Reinkulturen cellulosevergärender Bakterien[1] (aus den Rohkulturen in einer Züchtungskammer auf Agarplatten mit Hilfe des Verdünnungsverfahrens). Man verwendet dabei folgendes Cellulosemedium: 0,2% $Na(NH_4)HPO_4 \cdot 4\,H_2O$, 0,1% KH_2PO_4, 0,03% $MgSO_4 \cdot 7\,H_2O$, 0,01% $CaCl_2$, 0,5% Pepton und 3% Cellulose (Filtrierpapier)[2] in Leitungswasser

---

[1] Vgl. TETRAULT: J. Bacter. **19**, 15 (1930); C. Bacter. II, **81**, 28 (1930). — SCARLES, FRED und PETERSON: C. Bacter. II, **85**, 401 (1932).

[2] Die eingewogene Menge Filtrierpapier wird in einer Schale unter Wasser mechanisch fein zerzupft, dann abfiltriert, gewaschen und zugesetzt. — Nach A. ITANO und S. ARAWAKI [Ber. d. Ohara Inst. f. landw. Forsch. **5**, 291 (1932)] kann man eine einheitliche, feine Zellsuspension in folgender Weise herstellen: Zu 1 l konz. Ammoniak-lösung (d = 0,90) werden 75 g reines Kupfercarbonat und 250 ccm Wasser zugesetzt und geschüttelt bis alles gelöst ist. Dann werden 15 g Filtrierpapier hinzugefügt und geschüttelt, bis die ursprüngliche Form des Papiers verschwunden ist. Sodann wird auf 5 l verdünnt und Salzsäure bis zur schwach sauren Reaktion hinzugefügt, wobei die Farbe von dunkelblau nach hellgrün umschlägt und die gelöste Cellulose ausfällt. Die erhaltene Lösung wird auf 10 l gebracht, stehen gelassen und dann filtriert. Die Waschung durch Dekantation wird so lange wiederholt, bis die Kupfer- und Chlor-Ionen völlig entfernt sind; schließlich wird die Cellulosesuspension auf 500 ccm aufgefüllt. — Um einen geeigneten Cellulosenährboden zu erhalten versetzt man

($p_H = 6,6 — 6,8$)[1]. In diesem Medium wird zunächst eine wie unter a) gewonnene Rohkultur bis zur starken Zersetzung der Cellulose bei 60° zur Entwicklung gebracht. Von einer derartigen Kultur wird dann weiter ausgegangen („Ausgangskultur" für die Reinzüchtung).

Zur Isolierung der Bakterien benutzt man Züchtungskammern, bestehend aus zwei PETRI-Schalen von gleichem Durchmesser, die durch einen Streifen Leukoplast fest miteinander verbunden werden. Die untere Schale wird mit einer etwa 5 mm hohen Schicht des oben angeführten, aber cellulosefreien Mediums, das 1,5% Agar enthält, beschickt. Diese Agarplatte wird unmittelbar vor dem Zusammensetzen der Züchtungskammer mit einer Öse der Rohkultur („Ausgangskultur") bestrichen[2]. Die obere Schale dient zur eigentlichen Reinzüchtung der cellulosevergärenden Bakterien. Dieselbe wird mit Celluloseagar (Cellulosemedium mit 0,8% Agar) beschickt, nachdem die verdünnte Impfprobe zugesetzt wurde. Dabei geht man folgendermaßen vor: 1 ccm der „Ausgangskultur" wird mit 10 ccm des Nährsubstrates gut vermischt (Verdünnung 1:10), dann 1 ccm dieser verdünnten Probe wieder mit 10 ccm des Nährsubstrates vermischt (Verdünnung 1:100) und so weiter vorgegangen[3]. Schließlich wird je 1 ccm der so erhaltenen verdünnten Probe (und zwar z. B. von der Verdünnung 1:1000 oder 1:100000 usw.) zu dem in einem Proberöhrchen befindlichen warmem Celluloseagar hinzugefügt, gut verteilt und das Ganze in die obere Schale ausgegossen. Nach dem Erstarren des Agars und nachdem auch die unteren Schalen in der oben erwähnten Weise geimpft wurden, werden die Züchtungskammern durch Anlegen eines Leukoplastbandes verschlossen und bei 60° aufbewahrt. Die auf den Platten sich entwickelnden

---

noch mit 1 g K_2HPO_4, 1 g NaCl, 2 g $(NH_4)_2SO_4$, 2 g $CaCO_3$, 10 g Agar und 500 ccm Wasser. Dieses Medium wird abgefüllt und im Autoklav bei 15 Atm. Druck während 30 Minuten sterilisiert.

[1] Sterilisierung des Mediums: 1 Stunde im Dampftopf, dann 2 Stunden im Autoklav (bei sofortigem Autoklavieren ballt sich das Filtrierpapier zusammen und wird aus dem Proberohr herausgedrückt).

[2] In den Rohkulturen sind stets auch andere Organismen vorhanden, die Cellulose nicht zu zersetzen vermögen. Diese Begleitorganismen entwickeln sich auf der unteren Agarplatte und erzeugen in der Kammer eine passende Sauerstofftension für die in der oberen Celluloseplatte befindlichen Organismen.

[3] Die Verdünnung kann auch so durchgeführt werden, daß mittels der Platinöse in ein 10 ccm Flüssigkeit enthaltendes Fläschchen eingeimpft wird und dann in sinngemäßer Weise weiter vorgegangen wird. Auch hier ist der Verdünnungsgrad festzustellen.

Kolonien werden sodann mikroskopisch untersucht, auf das Cellulosemedium (bzw. auf Celluloseagar) übertragen und weitergezüchtet. Verwendung für die Durchführung von Cellulosevergärungen.

32. Übung:

Vergärung der Cellulose zu Säuren.

a) Gärversuche zur Auswahl geeigneter Kulturen. In einigen Kolben von 500 ccm Inhalt (mit Gärverschluß versehen), werden je 300 ccm des Cellulosemediums (vgl. oben) vorbereitet und je 6 g Calciumcarbonat zugesetzt. Nach dem Sterilisieren wird mit je 15 ccm (= 5% des Ansatzes) verschiedener Kulturen der cellulosezersetzenden Bakterien in dem gleichen Nährmedium geimpft (z. B. verschiedene Rohkulturen gemäß der Übung 31 a oder gereinigte Kulturen gemäß b). Gärtemperatur 60⁰. Abbruch der Versuche, sobald die Cellulosemenge stark abgenommen hat, bzw. sobald die Gärung nur noch träge verläuft (etwa nach 6—20 Tagen, je nach dem Gärvermögen der Kultur).

Aufarbeitung (nach dem Auffüllen des Gäransatzes auf das ursprüngliche Volumen): Bestimmung der unvergorenen Cellulose: 50 ccm der Suspension werden mit Salzsäure angesäuert und durch einen getrockneten und gewogenen Glassintertiegel filtriert, ausgewaschen, 24 Stunden bei 110⁰ getrocknet und gewogen. Bestimmung des reduzierenden Zuckers und des Ca-Gehaltes in üblicher Weise (vgl. S. 128).

Bestimmung der flüchtigen Säuren (Hauptmenge Essigsäure): 100 ccm des Gärgutes werden mit Schwefelsäure angesäuert und mit Wasserdampf destilliert; etwa 1200—1500 ccm Destillat aufgefangen. Probe des Destillates zur Bestimmung der Gesamtacidität mit n/10 Lauge titriert (zum Schluß bei Siedetemperatur), 200 ccm der Halbdestillation unterworfen zwecks Bestimmung von Essigsäure und Buttersäure (vgl. Übung 22 b und 26 b). Die gebildeten Gesamtsäuren bestehen meist aus Essigsäure und Buttersäure.

b) Präparativer Versuch. Benutzung der geeignetsten Kultur (gemäß a) für die Durchführung einer kontinuierlichen Gärung. In einem 10 l fassenden, mit Rührwerk versehenen Gärgefäß (vgl. Übung 19 b) werden 7,5 l Cellulosemedium (mit 2% Calciumcarbonat) mit etwa 300 ccm einer 6—10 Tage alten Bakterienkultur im gleichen Medium (vgl. unter a) versetzt und unter zeitweisem Rühren bei 60⁰ stehen gelassen (erster Ansatz). Nach der Vergärung (etwa 12—18 Tage) wird die überstehende Flüssigkeitsschicht abgehebert (etwa 6,5 l) und dann werden wieder 6,5 l frisches Cellulosemedium (mit $CaCO_3$) eingefüllt (zweiter Ansatz); dieser Vorgang wird nach der Vergärung nochmals wiederholt (dritter Ansatz) und dann wird ausgären gelassen. Von jedem vergorenen Ansatz werden Proben entnommen, zur Bestimmung des Ca-Gehaltes, des Zuckers und der flüchtigen Säuren (wie bei a).

Präparative Aufarbeitung: Die vergorenen Flüssigkeiten (insgesamt etwa 20 l, entsprechend 600 g Cellulose) werden vereinigt, aufgekocht und filtriert, der Rückstand ausgewaschen. Bestimmung der unvergorenen Cellulose im Rückstand wie unter a). Filtrate und Waschwasser auf ein kleines Volumen verdampft, mit der äquivalenten Menge 50%iger Schwefelsäure angesäuert; Gips abgesaugt, mit etwas Wasser ausgewaschen. Filtrat destilliert, ergibt Essigsäure, in den höheren Fraktionen Buttersäure. Trennung durch fraktionierte Destillation.

Anhang: Theoretisches.

a) Typen der Cellulosevergärungen. Eine genauere Einteilung läßt sich zur Zeit noch nicht geben, und zwar deshalb, weil niemals absolute Reinkulturen vorlagen und es daher zu Mischgärungen kommt. Als Gärungsprodukte wurden bisher beobachtet: Ameisensäure, Essigsäure, Buttersäure, Milchsäure, Äthanol, Methan, CO_2 und H_2. Je nach dem verwendeten Bakteriengemisch überwiegen bald die einen, bald die anderen Gärprodukte. Im allgemeinen scheinen folgende Typen vorzuliegen:

1. Überwiegen der Fettsäuren, insbesondere der Essigsäure (neben Buttersäure).

2. Reichliche Bildung von Alkohol (bis zu 25% des Ausgangsmaterials).

3. Bildung von Milchsäure (neben Essigsäure usw.).

4. Überwiegende Bildung von Methan und CO_2 (bei den eigentlichen Methanbakterien).

b) Technische Bedeutung der Cellulosevergärungen. Auf dieselbe hat insbesondere LANGWELL aufmerksam gemacht und Verfahren zur Vergärung cellulosehaltiger Stoffe im Großen ausgearbeitet (in einer Reihe von Patenten niedergelegt, 1919—1930). Als Ausgangsmaterialien kommen Maiskolben, Reisstroh, Treber, Hopfen und vieles andere in Frage. Die Bakterien werden aus Dung, Teich- und Abwasserschlamm in Form von Rohkulturen isoliert und die Gärung bei 60—70° unter Zusatz alkalischer Substanzen und von Nährsalzen etwa bei p_H 5—9 durchgeführt. Das Mengenverhältnis der gebildeten Stoffe schwankt sehr in Abhängigkeit von den verwendeten Bakterienkulturen und den Versuchsbedingungen. So soll bei reduzierter Luftzufuhr vornehmlich Essigsäure entstehen, während bei stärkerer Luftzufuhr die Gärung abgeschwächt ist und zugleich Alkohol das Hauptprodukt sein soll (LANGWELL, 1927). Dies kann natürlich auch damit zusammenhängen, daß je nach den Bedingungen verschiedene Bakterien zur Wirkung gelangen. So wurde beispielsweise aus 12 kg trockener Maiskolben 1,5 kg Essigsäure, 0,3 kg

Buttersäure und 0,77 kg Alkohol gewonnen. In einem anderen Fall wurden aus 3 Teilen Cellulose 1,15 Teile Essigsäure (57% d. Th.), 0,2 Teile Ameisensäure und wenig Milchsäure erhalten, bei niedrigerer Temperatur entstand als Hauptprodukt Buttersäure[1]. Mit relativ reinen Kulturen wurde z. B. innerhalb weniger Tage die Hauptmenge der Cellulose (in 1,5%iger Suspension) zersetzt und die gewonnenen flüchtigen Säuren bestanden in der überwiegenden Menge aus Essigsäure neben wenig Buttersäure[2]. Mit weiter gereinigten Kulturen wurde ein Anstieg in der Bildung von flüchtigen und nichtflüchtigen Säuren und eine Abnahme der Alkoholbildung erzielt; als flüchtige Säure trat dabei schließlich fast nur noch Essigsäure auf[3]. Nach den bisherigen Ergebnissen scheint vorläufig insbesondere die Gewinnung von Essigsäure aus cellulosehaltigen Stoffen technisch in Frage zu kommen.

c) Über den Chemismus der Cellulosevergärung läßt sich bisher noch gar nichts aussagen, da erst Vergärungen mit absoluten Reinkulturen abzuwarten sind. Im übrigen dürfte es sich wohl um grundsätzlich analoge Prozesse handeln wie bei den heterofermentativen Milchsäuregärungen und bei den Butylgärungen.

Auch der Chemismus der Methangärung ist noch ungewiß, da es durchaus möglich erscheint, daß das Substrat zunächst von Begleitbakterien angegriffen wird, und daß erst die dabei entstehenden Spaltungsprodukte der eigentlichen Methangärung unterliegen. Vom chemischen Gesichtspunkt aus erscheint der Weg über Essigsäure naheliegend. Nur bei der Methangärung von Formiaten wurde ein Bacterium in Reinkultur gewonnen; dasselbe verhielt sich aber sehr selektiv[4]. Auch in diesem Fall läßt sich über den Chemismus des Prozesses noch nichts aussagen.

III. Oxydative Bakteriengärungen.

A. Die Essiggärung.

33. Übung:

Züchtung und Untersuchung der Essigbakterien.

a) Isolierung von Essigbakterien aus Bier. 10 ccm Lagerbier werden mit 0,2 ccm Eisessig versetzt (zwecks Unterdrückung von Mycodermen) und in einer PETRI-Schale bei 25—30° stehen gelassen. Nach einigen Tagen bildet sich eine dünne Haut von Bieressigbakterien an der Oberfläche. Mikroskopische Untersuchung. Reinzüchtung auf Bier- oder Würzeagar mit einem Gehalt von 2—4% Alkohol. Zur Weiterzüchtung kann Lagerbier mit 3 Vol.-% Alkohol dienen.

---

[1] H. PRINGSHEIM: C. Bacter. II, **38**, 513 (1912).
[2] VILJOEN, FRED und PETERSON: J. agricult. Sci. **16**, 1 (1926).
[3] SCOTT, FRED und PETERSON: Ind. Chem. **22**, 731 (1930). — Vgl. auch SARLES, FRED und PETERSON: C. Bacter. II, **85**, 401 (1932).
[4] STEPHENSON und STICKLAND: Biochemic. J. **27**, 1517 (1933).

b) Isolierung von Weinessigbakterien. Wein wird mit etwas Wasser verdünnt und mit etwas Eisessig versetzt. Im übrigen wird wie oben vorgegangen. Reinzüchtung der Weinessigbakterien auf Weinagarplatten (der Wein wird vorher durch Zusatz von Kreide etwas entsäuert); auch die Weiterzüchtung erfolgt auf entsäuertem Wein mit 3—5 Vol.-% Alkohol.

c) Gewinnung von Schnellessigbakterien. Rollspäne aus Schnellessigfabriken werden in Würze von 8⁰ Bllg., die mit 2—3 Vol.-% Eisessig versetzt ist, eingetaucht; die Späne sollen zur Hälfte herausragen. Bei 30⁰ entwickeln sich im Laufe einer Woche Hautinseln. Reinzüchtung durch Übertragung der Hautinseln auf Würze- oder Bieragarplatten. Weiterzüchtung in synthetischer Nährlösung (Nr. 26, S. 34), zeitweise abwechselnd mit Würze.

Zur *Trennung von Schnellessigbakterien und Bieressigbakterien* (z. B. aus Proben von Essigbildnern) verwendet man nährstoffarme Flüssigkeiten, auf denen Bieressigbakterien nicht fortkommen, z. B. Leitungswasser, das 3 Vol.-% Alkohol, 0,05% Ammoniumdihydrophosphat, 0,01% Kaliumchlorid und einige Tropfen Essigsäure enthält.

d) Herstellung von Impfkulturen für Gäransätze. Von den Reinkulturen, die zur Fortzüchtung dienen, wird nicht gleich der Gäransatz geimpft, sondern es wird zunächst eine „Impfkultur" angelegt unter Benutzung des gleichen Nährbodens, der zur Vergärung kommen soll. Erst sobald hier kräftige Entwicklung stattgefunden hat, werden mit solchen Kulturen die Gäransätze geimpft (vgl. weiter unten).

e) Gewöhnung an Substrate. Dies ist besonders für Untersuchungen über die Oxydation verschiedener Zuckerarten oder von Zuckercarbonsäuren oder anderer Substrate von Wichtigkeit: Vornahme von „Passagen"; die Bakterien werden zunächst in das betreffende Nährmedium eingeimpft; nach ausreichender Entwicklung bei bestimmter Temperatur (meist 25—30⁰) wird von dieser Kultur in eine frische Nährlösung übertragen (etwa alle 8—10 Tage). Dieser Vorgang wird des öfteren (etwa fünf- bis zehnmal) wiederholt und bei jeder Passage der Effekt festgestellt (z. B. durch Titration usw.)[1].

f) Aufzüchtungen. Wenn durch längere Zeit hindurch stets das gleiche Nährmedium zur Fortzüchtung verwendet wird, so kann das Wachstumsvermögen wie auch das Oxydationsvermögen

---

[1] Vgl. z. B. die Gewöhnung von Bact. gluconicum an d-Galaktose und Steigerung des Vermögens zur Bildung von d-Galaktonsäure: HERMANN und NEUSCHUL: Biochem. Z. **270**, 6 (1934).

der Bakterien leiden. Es wird daher zweckmäßigerweise das Nährsubstrat von Zeit zu Zeit gewechselt. So zeigt z. B. Bact. gluconicum bei der dauernden Züchtung auf Hefewasser mit 5% Glucose Degenerationserscheinungen, indem sehr üppige Entwicklung unter starker Vergrößerung der Zellen stattfindet. Das Oxydationsvermögen ist dann stark herabgesetzt. Zweckmäßigerweise überträgt man dann auf einen synthetischen Nährboden (vgl. z. B. Nr. 27, S. 34)[1].

34. Übung:
Gewinnung von Massenkulturen und Bakterienpräparaten.

a) Herstellung von Massenkulturen in Nährlösungen. Impfkultur (z. B. Bact. pasteurianum oder Bact. orleanse usw.), gezüchtet in Bierwürze von 8⁰ Bllg. (unter Zusatz von etwa 2% Alkohol). Ansätze: Bierwürze wird 1—2 Stunden im Dampfsterilisator erhitzt, filtriert und auf 8⁰ Bllg. verdünnt (eventuell noch 1% Eisessig zugesetzt). Die so vorbereitete Lösung wird in einige ERLENMEYER-Kolben oder FERNBACH-Kolben von etwa 2 l Inhalt zu je 100—200 ccm eingefüllt und noch zweimal fraktioniert sterilisiert. Zusatz der Impfkultur (etwa 5% des Ansatzes). Aufarbeitung nach etwa 1 Woche bei 28—29⁰. Gewinnung der Bakterienmassen durch Zentrifugieren in sterilen Zentrifugierröhren (mit Gummistöpsel verschlossen); nach dem Abgießen der klaren Flüssigkeit wird jeweils weitere Bakteriensuspension eingefüllt und der Vorgang des öfteren wiederholt. Waschen der Bakterien durch Suspendieren derselben in physiologischer Kochsalzlösung[2] und nochmaliges Abschleudern. Wiederholung der Operation.

b) Herstellung von Massenkulturen auf Bieragarnährböden[3]. Bier wird durch Erhitzen zum größten Teil von Alkohol befreit, mittels Lauge neutralisiert (p_H 8, Umschlagpunkt von Phenolphthalein), mit 3% Agar und nach dem fraktionierten Sterilisieren mit 1% Alkohol versetzt. Nährboden in etwa 7 mm hoher Schicht in einer größeren Anzahl (20—25 Stück) großer steriler Doppelschalen (20 cm Durchmesser) ausgegossen (in einem sterilen Raum, z. B. Impfkasten). Impfung: Eine bei 25⁰ auf Lagerbier gewachsene Kultur (z. B. des Bact. ascendens) mit dem doppelten Volumen physiologischer Kochsalzlösung verdünnt, homogenisiert und über dem erstarrten Bieragar in 1 mm starker Schicht ausgegossen.

---

[1] Vgl. BERNHAUER und GÖRLICH: Biochem. Z. **280**, 370 (1935).
[2] 9 g Kochsalz in 1 l Wasser.
[3] Nach JANKE und KROPACSY: Biochem. Z. **278**, 38 (1935).

Nach 5 Tagen bei 25⁰ werden die Kulturen mit physiologischer
Kochsalzlösung (oder mit 1%iger Natriumsulfatlösung) unter
eventueller Zuhilfenahme eines sterilen Glasspatels abgespült,
die Suspension in einer sterilen Flasche gesammelt und wie
unter a) weiter verarbeitet.

c) Gewinnung „ruhender“ Bakterienkulturen[1].   Prinzip:
„Alterung“ der Bakterien durch Aufbewahren bei niedriger Temperatur zwecks Verbrauch von Reservestoffen. Abgeschleuderte,
gewaschene Bakterienmasse (vgl. oben) in physiologischer Kochsalzlösung (oder 1%iger Natriumsulfatlösung) aufgeschwemmt
und in einer Glasstöpselflasche auf der Schüttelmaschine vollkommen gleichmäßig verteilt. Alterung der Zellen (Verbrauch von
Reservestoffen) durch etwa fünftägiges Verweilen im Eisschrank.
Haltbarkeit ohne wesentliche Änderung des physiologischen Verhaltens etwa 3—4 Wochen im Eisschrank. Verwendung zur
Durchführung von Reaktionen mit möglichst gleichartigem Zell-
material und unabhängig vom Wachstum (die „ruhenden Bakterien“ bilden gewissermaßen einen Ersatz für Enzympräparate,
sind aber weitaus wirksamer als diese).

d) Herstellung von Acetontrockenpräparaten[2]. Die nach a oder b
hergestellte Bakterienmasse (gewonnen aus z. B. 8 l Substrat)
wird in 100 ccm Leitungswasser aufgeschlämmt (1 ccm davon
wird zur Trockensubstanzbestimmung verwendet durch Trocknen
über Schwefelsäure im Vakuum, und 1 ccm zur Bestimmung
der Anzahl der lebenden Bakterien nach einer Kultivierungs-
methode, vgl. S. 46). Die Bakteriensuspension wird sodann allmählich (z. B. mittels einer Pipette) in etwa 1 l reines Aceton
unter gutem Umrühren eintropfen gelassen; abgesaugt, zweimal
mit Äther gewaschen und über Schwefelsäure im Vakuum
24 Stunden getrocknet. Man erhält aus 8 l Würze 1,5—3 g gelb-
liches, leicht pulverisierbares Bakterientrockenpräparat.

35. Ü b u n g:

Die Essiggärung des Alkohols.

a) Analytischer Gärversuch in Nährlösungen. 200 ccm ungehopfte Bierwürze von 8⁰ Bllg. wird zweimal fraktioniert sterilisiert,
sodann werden 10 g keimfreier Alkohol (frisch destilliert, steril
aufgefangen) zugesetzt, in einen 1000 ccm fassenden FERNBACH-
Kolben mit Vorrichtung zur Probeentnahme (Abb. 13, S. 66) steril

---

[1] Nach JANKE und KROPACSY: Biochem. Z. **278**, 38 (1935).
[2] MÜLLER: Biochem. Z. **238**, 253 (1931). — WIELAND und BERTHO:
A. **467**, 95 (1928).

eingefüllt, mit einer gärkräftigen Kultur geimpft (Bact. aceti oder Bact. pasteurianum usw.) und bei 28—29⁰ ruhig stehen gelassen[1]. Verfolgung des Gärverlaufes (Oxydationsverlaufes) durch Titration steril entnommener Proben (etwa 5 ccm); Probeentnahme (vgl. Abb. 13): Flüssigkeit durch Ansaugen entnommen (das Rohr kann durch öfteres Ansaugen und Ablaufenlassen ausgespült werden). Das graduierte Proberohr wird nach der Probeentnahme sofort gegen ein frisches ausgetauscht.

Aufarbeitung (nach 10—20 Tagen). Ein aliquoter Teil wird mit $CaCO_3$ versetzt (z. B. 50 ccm Flüssigkeit mit 3 g $CaCO_3$) und durch Wasserdampfdestillation der restliche Alkohol übergetrieben. In einer Probe Alkohol bestimmt. Rückstand filtriert, mit Schwefelsäure angesäuert und Essigsäure mit Wasserdampf völlig überdestilliert. Destillat aufgefüllt (etwa 200 ccm) und Probe titriert. 1 ccm n/10-Lauge = 6 mg Essigsäure (= 4,6 mg Äthanol).

b) Analytischer Gärversuch mit Massenkulturen. In einer Flasche von 300 ccm Inhalt werden 100 ccm steriler 5%iger Alkohollösung mit 1—2 g Bakterienmasse (hergestellt gemäß Übung 34a oder b) versetzt und auf einer Schüttelmaschine unter Luftzutritt bei 20⁰ behandelt. Entnahme von Proben und Ermittlung des Säuregehaltes durch Titration. Aufarbeitung wie bei a).

c) Präparativer Versuch nach dem Schnellessigverfahren[2]. Der Laboratoriumsessigbildner (vgl. Abb. 25) besteht aus einem langen Glasrohr (etwa 110 × 5 cm), das abwechselnd mit ausgekochten Buchenholzspänen und Holzwolle angefüllt wird. Zum Sterilisieren wird strömender Wasserdampf drei- bis viermal je 1 Stunde an aufeinanderfolgenden Tagen durchgeleitet. Sonstige Versuchsanordnung aus Abb. 25 ersichtlich. Die WULFsche Flasche hat etwa 10 l Inhalt, die obere Flasche etwa 5 l. Es werden etwa 8 l Essigmaische verwendet: z. B. 1500 ccm sterile Bierwürze von 8⁰ Bllg., 500 ccm pasteurisierter Essig (etwa 10 Minuten auf 50⁰ erhitzt) auf 7,5 l aufgefüllt und 500 ccm keimfrei aufgefangener Alkohol zugesetzt. Impfkultur: etwa 200 ccm im gleichen Medium vorentwickelte Essigbakterien (wie Bact. orleanse, Bact. aceti, Bact. pasteurianum usw.). Die Maische wird in die sterile WULFsche Flasche eingefüllt und durch Preßluft in das obere Gefäß hinaufgetrieben, von wo sie tropfenweise über die Späne rieseln gelassen

---

[1] Die sich bildende Bakterienhaut soll nicht untersinken, da sonst der Oxydationsverlauf gehemmt wird.

[2] Vgl. HENNEBERG: Die Deutsche Essigindustrie 10, 146 (1906). — S. auch HERMANN und NEUSCHUL: Z. Bact. II 93, 25 (1935).

wird. Während des Betriebes wird durch den Bildner ständig sterile Luft durchgeleitet (bei a). Sobald die Flüssigkeit aus dem oberen Gefäß abgelaufen ist, wird dieselbe wieder durch Preßluft hinaufgedrückt (bei b). Die ganze Apparatur wird in einem Gärraum von 27—30⁰ aufgestellt. Durch sterile Entnahme von Proben (bei c) und Titration derselben überzeugt man sich vom Verlauf der Gärung. Sobald die Oxydation beendet ist, kann frische Maische eingefüllt werden. Der Apparat kann auf diese Weise monatelang kontinuierlich in Betrieb gehalten werden. Diese Anordnung kann auch zur präparativen Erzeugung anderer Substanzen mittels Essigbakterien dienen (vgl. z. B. Übung 41 c, S. 189).

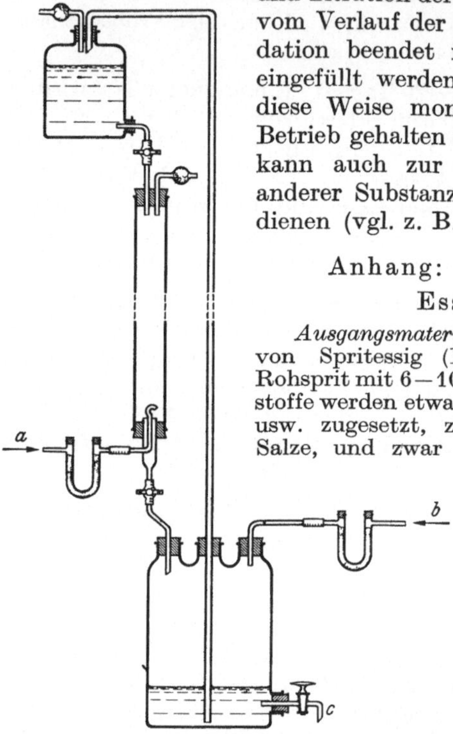

Anhang: Technologie der Essiggärung.

Ausgangsmaterialien: Für die Erzeugung von Spritessig (Hauptmenge) dient meist Rohsprit mit 6—10% Alkoholgehalt; als Nährstoffe werden etwa 20% Bier oder Malzextrakt usw. zugesetzt, zumeist aber anorganische Salze, und zwar etwa 50—150 g Nährsalzgemisch für 100 l reinen Alkohol (in Form von saurem Ammonium-, Kalium- und Natriumphosphat, ferner Ammonium- und Magnesiumsulfat). Zur Bereitung der sogenannten Qualitätsessige dienen vergorene alkoholhaltige Flüssigkeiten, wie Wein, Bier, Malzwein, vergorene Getreide- und Kartoffelmaischen, Apfelwein, vergorene Fruchtsäfte, vergorener Honig usw.

Abb. 25. Laboratoriumsessigbildner.

Verfahren der Essigerzeugung: Es sind zwei Prinzipien verwirklicht, indem sich die Maische entweder (wenigstens zeitweise) in Bewegung oder aber völlig in Ruhe befindet. Am wichtigsten und allgemeinsten angewendet ist das Schnellessigverfahren, die anderen Verfahren sind heute nur noch in geringem Ausmaße in Verwendung.

Die *ruhenden Verfahren* ermöglichen die Erzeugung der feinsten Qualitätsessige (insbesondere Weinessige, die besonders reich an Aromastoffen sind). ORLEANS-*Verfahren:* Vergärung des Weines in liegenden, halbgefüllten Fässern, oben mit Löchern zum Luftzutritt, mit einem Thermometer und mit einem Trichterrohr zum Nachfüllen frischer Maische versehen, unten mit einem Ablaufhahn oder Schwanenhals zum Ablassen des fertigen Weinessigs. Vornahme der

Gärung bei etwa 20°; nach wenigen Tagen bildet sich eine Essighaut (zeitweises Absinken dieser und Bildung einer neuen Haut), Temperaturanstieg während der Gärung in den Fässern um 2—3°. Gärdauer mehrere Wochen. Vielfach wird nur ein Teil des fertigen Weinessigs abgelassen und durch weiteren Zusatz von Wein oder Weinmaische ergänzt. PASTEUR-*Verfahren:* Im Prinzip analog, aber relative Vergrößerung der Oberfläche durch Verwendung flacher, mit einem Deckel versehener Gärkufen mit Zulauföffnung, Ablaufrohr usw.

Unter den *Verfahren mit bewegter Maische* ist vor allem das *Schnellessigverfahren* von Wichtigkeit: Benutzung von aufrechtstehenden Essigbildnern (in der Regel aus Holz), mit Buchenholzspänen gefüllt, an denen sich die Bakterien ansiedeln. Von oben läßt man die zu vergärende Maische langsam herabrieseln; infolge der großen Oberfläche und guten Luftversorgung findet rasche Oxydation statt. Während der Gärung erhöht sich die Innentemperatur, wodurch eine gleichmäßige Luftströmung durch die Späne bewirkt wird, indem frische Luft durch untere Zuglöcher eintreten kann. Die sich unten ansammelnde Maische wird jeweils wieder oben aufgegossen (meist automatisch nach verschiedenen Systemen). Höchstausbeute 80—90%, in normal guten Fällen etwa 70% d. Th. Verluste insbesondere durch Verdunstung von Alkohol und Essigsäure durch den Luftstrom. Sonstige Verfahren weniger in Verwendung (bzw. meist außerhalb Deutschlands). *Verfahren von* BOERHAAVE: Je zwei Fässer mit Füllmaterial versehen, miteinander verbunden, abwechselnd mit Maische gefüllt und wieder entleert; die Essiggärung findet insbesondere in dem gerade leeren Faß statt, in dem also das Füllmaterial mit der Maische nur benetzt ist. *Verfahren von* MICHAELIS: Benutzung eines *Eintauchessigbildners* (das in einem korbartigen Behälter befindliche Füllmaterial mit den Essigbakterien wird zeitweise in die Maische eingetaucht) oder eines *Drehessigbildners* (ein liegendes Faß, geteilt in einen größeren, mit Füllstoff versehenen, und einen kleineren, die Maische enthaltenden Teil; zeitweise Drehung des Fasses). *Englisches Generatorverfahren* (Rundpumpverfahren), insbesondere für die Erzeugung von Malzessig: Der Malzwein wird auf große Generatoren (versehen mit porösem Füllmaterial) verteilt und mit Hilfe von Pumpen wiederholt auf den Bildner zurückgegossen bis zur vollkommenen Oxydation des Alkohols.

<h2 style="text-align:center">36. Übung:</h2>

<h3 style="text-align:center">Zwischenprodukte der Essiggärung.</h3>

a) Abfangung von Acetaldehyd[1]. In einem FERNBACH-Kolben von 2 l Inhalt werden 300 ccm Lösung (Hefeautolysat mit Wasser im Verhältnis 1:1 verdünnt oder ungehopfte Bierwürze von 8° Bllg.) zweimal fraktioniert sterilisiert, dann nochmals ½ Stunde nach Zusatz von 45 g Calciumsulfit[2] und 18 g Calciumcarbonat[3].

---

[1] In Anlehnung an NEUBERG und NORD: Biochem. Z. **96**, 158 (1919).

[2] Natriumsulfit ist nicht verwendbar, da zu alkalisch.

[3] Bildung freier schwefliger Säure ist zu vermeiden, da sie stark hemmend wirkt.

Schließlich werden 9 ccm Alkohol und die Impfkultur zugesetzt (etwa 10—20 ccm einer Würze-Alkohol-Kultur von Bact. pasteurianum oder ascendens). Der Versuch wird bei 28—29⁰ ruhig stehen gelassen. Nach einigen Tagen bildet sich eine dünne „Essighaut". Vom 5. Tag an prüft man fortlaufend jeden Tag qualitativ eine steril entnommene Probe mittels Nitroprussidnatrium und Piperidin auf Acetaldehyd (vgl. S. 93). Versuchsabbruch etwa am 10. Tag und quantitative Bestimmung des Acetaldehyds (in etwa 100 ccm der Lösung; vgl. S. 93)[1] und der Essigsäure, nach Behandlung der Probe (etwa 50 ccm) mit Barytwasser und Filtration (Entfernung des Sulfits) mit nachfolgender Wasserdampfdestillation nach dem Ansäuern; Titration des Destillates[2].

In einem Parallelversuch kann man die Bildung von Essigsäure in Gegenwart von Calciumcarbonat feststellen; man geht dabei genau so vor, wie beim Hauptversuch, aber unter Fortlassung des Calciumsulfits (die hier bei der Aufarbeitung erhältlichen Essigsäurewerte sind wesentlich höher, und zwar etwa 7—8 g Essigsäure).

b) Dismutation des Acetaldehyds unter anaeroben Bedingungen[3].
Eine Aufschwemmung von Acetobacter suboxydans (entsprechend 4—5 g Trockengewicht) wird mit 10 g Calciumcarbonat und 20 ccm einer etwa 4%igen Acetaldehydlösung unter Zusatz von 1 ccm Toluol mit Leitungswasser auf 1000 ccm aufgefüllt und der Ansatz in einem gut verschlossenen Kolben unter CO_2 bei 37⁰ unter öfterem Umschütteln stehen gelassen. Der Aldehyd ist dann meist verschwunden. Das Reaktionsgemisch wird mit Wasserdampf destilliert. Bestimmung des Alkohols in üblicher Weise im Destillat. Bestimmung der Essigsäure nach dem Ansäuern des Rückstandes mit verdünnter Schwefelsäure und nochmalige Destillation; Titration des Destillates. Alkohol und Essigsäure entstehen in äquivalenten Mengen.

Hinsichtlich der Messung des Sauerstoffverbrauches durch Essigbakterien sowie der Methylenblauatmung und Chinonatmung der Essigbakterien sei auf die zusammenfassenden Beschreibungen in der Literatur verwiesen[4].

---

[1] Man erhält etwa 0,2—0,6 g Acetaldehyd im Gesamtansatz.
[2] Man erhält etwa 1—2 g Essigsäure im Gesamtansatz.
[3] Vgl. SIMON: Biochem. Z. **224**, 253 (1930).
[4] Vgl. insbesondere die eingehende Beschreibung der anzuwendenden Methodik in BERTHO-GRASSMANN: Biochemisches Praktikum, S. 165 ff, 151 ff. und 158 ff., Berlin: Walter de Gruyter & Co., 1936.

Anhang: Zum Chemismus der Essiggärung.

Die Umwandlung des Alkohols zu Essigsäure führt über Acetaldehyd als Zwischenprodukt. So ist aus der Praxis der Essiggärung bekannt, daß bei unrichtiger Gärführung Acetaldehyd in erheblichen Mengen auftreten kann. Insbesondere durch Abfangung mittels Sulfit lassen sich beträchtliche Mengen Acetaldehyd festhalten (vgl. Übungsbeispiel 36a). Bei der Umwandlung des Alkohols in Acetaldehyd handelt es sich gemäß der WIELANDschen Theorie um einen Dehydrierungsvorgang und auch der Acetaldehyd wird sodann bei der Essiggärung in erster Linie durch weitere Dehydrierung in Essigsäure umgewandelt, wenn auch in gewissem Umfange gleichfalls eine dismutative Umwandlung vor sich geht. Bei der Essiggärung finden demnach folgende Reaktionen statt:

$$\text{I} \quad CH_3.\overset{\overset{\displaystyle H}{\textstyle \cdot}}{\underset{\underset{\displaystyle H}{\textstyle}}{C}}.OH + O:O \longrightarrow CH_3.\overset{\overset{\displaystyle H}{\textstyle \cdot}}{C}:O + HO.OH$$

$$\text{II} \quad CH_3.\overset{\overset{\displaystyle OH}{\textstyle \cdot}}{\underset{\underset{\displaystyle H}{\textstyle}}{C}}.OH + O:O \longrightarrow CH_3.\overset{\overset{\displaystyle OH}{\textstyle \cdot}}{C}:O + HO.OH$$

$$\text{III} \quad CH_3.\overset{\overset{\displaystyle OH}{\textstyle \cdot}}{\underset{\underset{\displaystyle H}{\textstyle}}{C}}.OH + O:CH.CH_3 \longrightarrow CH_3.\overset{\overset{\displaystyle OH}{\textstyle \cdot}}{C}:O + HO.CH_2.CH_3$$

Es überwiegen dabei nach WIELAND[1] unter aeroben Bedingungen die Dehydrierungsvorgänge I und II, bei denen der Sauerstoff die Rolle des Wasserstoffacceptors spielt. Die Reaktion III[2], bei der 1 Mol Acetaldehyd als H-Acceptor wirkt, findet vor allem unter anaeroben Bedingungen statt, in gewissem Umfang allerdings auch unter aeroben[3]. Ferner überwiegt dieser letztere Vorgang auch unter aeroben Bedingungen bei Hefen oder anderen Organismen, die auf den anaeroben Stoffwechsel eingestellt sind.

Hinsichtlich der Enzymchemie dieser Vorgänge erscheint noch nicht endgültig erwiesen, ob die Dehydrase und Mutase der Essigbakterien völlig identisch ist[4]; jedenfalls dürfte bei der Aldehydmutase ein Co-Enzym wirksam sein, das nicht mit dem der Ketonaldehyd-mutase (Glutathion, vgl. S. 138) identisch ist.

An Stelle des Sauerstoffs (oder des Acetaldehyds) können bei den Dehydrierungsreaktionen auch andere, und zwar auch zellfremde Stoffe als Wasserstoffacceptoren fungieren, so insbesondere Methylenblau oder Chinon, gemäß den Gleichungen:

---

[1] WIELAND: Helvet. chim. Acta **15**, 21 (1932).

[2] Vgl. NEUBERG und WINDISCH: Naturwiss. **13**, 993 (1925); Biochem. Z. **166**, 454 (1925) — NEUBERG und MOLINARI: Naturwiss. **14**, 758 (1926). — MOLINARI: Biochem. Z. **216**, 187 (1929).

[3] Vgl. SIMON: Biochem. Z. **224**, 253 (1930), **243**, 401 (1931). — BERTHO und BASU: A. **485**, 26 (1931). — WIELAND: Ang. Ch. **28**, 582 (1931). — WINDISCH: Biochem. Z. **250**, 466 (1932).

[4] Vgl. BERTHO: A. **474**, 57 (1929) und anderseits TANAKA: Acta phytochim. **5**, 239 (1931).

$$CH_3 \cdot CH_2OH + \text{Chinon} \longrightarrow CH_3 \cdot CHO + \text{Hydrochinon, oder}$$

$$CH_3 \cdot CH(OH)_2 + MB \longrightarrow CH_3 \cdot COOH + MBH_2$$

Von diesen H-Acceptoren wird in ausgedehnter Weise bei der „Acceptormethodik" Gebrauch gemacht[1].

Gemäß der WIELANDschen Dehydrierungstheorie soll die Aufgabe der Dehydrasen (Dehydrogenasen, Hydrokinasen) in der Lockerung bzw. Aktivierung des Wasserstoffs der Substrate (Wasserstoffdonatoren) bestehen, der dann vom H-Acceptor (Sauerstoff, Aldehyd, Chinon, Methylenblau usw.) übernommen wird („Wasserstofftransport"). Die Dehydrierungstheorie ist daher auch für das Verständnis der anaeroben Zellvorgänge von größter Bedeutung (Oxydoreduktionen, Mutationen).

Das bei aeroben Prozessen als primäres Hydrierungsprodukt des molekularen Sauerstoffs entstehende Wasserstoffsuperoxyd soll durch ein Enzym, die Katalase, unter Bildung von Wasser und Sauerstoff zerstört werden; dieselbe ist in allen aeroben Zellen weit verbreitet und hätte damit wegen der Giftigkeit des Wasserstoffsuperoxyds eine sehr bedeutsame Funktion zu erfüllen. Dort wo die Katalase fehlt (bei vielen anoxydativen Organismen, wie z. B. vielen Milchsäurebakterien) kommt es auch tatsächlich unter bestimmten Bedingungen zu einer Anreicherung von Wasserstoffsuperoxyd, und zwar in einer dem Sauerstoffverbrauch äquivalenten Menge. Es ist demnach hier die WIELANDsche Dehydrierungstheorie voll bestätigt[2].

<h3 align="center">37. Übung:</h3>

<h3 align="center">Oxydation verschiedener Alkohole.</h3>

a) Oxydation von n-Propylalkohol zu Propionsäure. In zwei FERNBACH-Kolben von 2 l Inhalt werden je 400 ccm Hefewasser, enthaltend 2% n-Propylalkohol in üblicher Weise mit Bact. suboxydans oder ascendens (vorbereitet in einem kleinen Ansatz des gleichen Nährmediums) geimpft. Nach etwa 10 Tagen bei 28⁰ Entnahme einer Probe und Titration; weitere Probeentnahmen in Intervallen von etwa 10 Tagen. Versuchsabbruch, sobald das Säuremaximum erreicht ist. Quantitative Bestimmung der Propionsäure durch Destillation und Titration einer entnommenen Probe (etwa 100—200 ccm). Der zweite Kolbeninhalt wird zur Gänze der Destillation unterworfen, das Destillat mit n-Lauge neutralisiert und zur Trockne verdampft (propionsaures Natrium bleibt zurück).

Identifizierung der Propionsäure als p-Chlorphenacylester: 1 g p-Chlorphenacylbromid mit der berechneten Menge propionsauren Natriums (gelöst in wenig Wasser) und mit 10 ccm 95%igem Alkohol auf dem Wasserbad eine Stunde unter Rückfluß erhitzt.

---

[1] Näheres vgl. besonders BERTHO-GRASSMANN: Biochemisches Praktikum, Berlin: Walter de Gruyter & Co., 1936.

[2] Vgl. BERTHO und GLÜCK: A. **494**, 159 (1932).

Beim Abkühlen findet Krystallisation statt. Nach dem Umkrystallisieren aus Alkohol schmilzt der Propionsäure-p-Chlorphenacylester bei 98⁰.

b) Oxydation von Isopropylalkohol zu Aceton. Es sei hier die Durchführung dieser Oxydation mittels getöteter Essigbakterien angeführt[1]. 1,8 g getötete Essigbakterien (Gewinnung vgl. Übung 34 d) werden mit 1,8 g Calciumcarbonat und 18 ccm einer 3%igen Isopropylalkohollösung verrührt, auf Filtrierpapier ausgebreitet und in verschlossenen Gläsern 3 Stunden bei 25⁰ aufbewahrt. Dann wird in wenig Wasser aufgenommen und in eine eisgekühlte Vorlage mit 10 ccm 30%iger Essigsäure, enthaltend 0,17 g p-Nitrophenylhydrazin, destilliert. Das in Form feiner gelber Nadeln auskrystallisierende Aceton-p-Nitrophenylhydrazon wird abgesaugt, mit 20%igem Alkohol gewaschen und aus verdünntem Alkohol umkrystallisiert. Schmelzpunkt 144—146⁰.

38. Übung:

Alkoholische Gärung der Essigbakterien [2].

2 g Glucose werden mit einer Suspension der abzentrifugierten, gewaschenen und in sterilem Leitungswasser aufgeschwemmten Bacterien[3] (entsprechend etwa 2 g Trockensubstanz) versetzt und das Ganze auf 200 ccm aufgefüllt. 10 ccm des Ansatzes werden in ein Eudiometer (vgl. S. 85) eingefüllt und bei 30⁰ stehen gelassen. Die CO_2-Entwicklung wird im Laufe von 2—3 Tagen festgestellt. Der Hauptansatz verbleibt bei 30⁰ in dem Kolben, der mit CO_2 oder N_2 gefüllt ist und der mit einem Gärverschluß versehen wird (noch zweckmäßiger ist es, die Gärung in einer Schüttelflasche unter dauerndem Schütteln durchzuführen). Nach Beendigung der Gärung wird an Proben die bakteriologische Prüfung und in aliquoten Teilen des Ansatzes die Alkoholbestimmung vorgenommen (vgl. S. 88). CO_2 und Alkohol entstehen in äquimolekularen Mengen. Die Gärung geht nur bis etwa 15—20% der Theorie vor sich.

---

[1] Nach MÜLLER: Biochem. **Z. 238**, 253 (1931). — Die Oxydation kann auch mit lebenden Bakterien (B. pasteurianum u. a.) in ähnlicher Weise wie unter a oder mittels Suspensionen der lebenden Bakterien vorgenommen werden. Ferner ist auch von Wichtigkeit, die Sauerstoffabsorption im Mikrorespirationsapparat zu verfolgen.

[2] Vgl. NEUBERG und SIMON: Biochem. Z. **197**, 259; **199**, 235 (1928); SIMON: Biochem. Z. **224**, 253 (1930).

[3] Acetobacter suboxydans oder B. pasteurianum u. a.; gewonnen gemäß Übungsbeispiel 33a oder b.

Zur Kontrolle der CO_2-Entwicklung setzt man noch einen Blindversuch mit der Bakteriensuspension ohne Glucose im Eudiometer an; die dabei gefundene meist sehr geringe CO_2-Menge ist von der des Hauptversuches in Abzug zu bringen.

Die Essigbakterien vermögen unter anaeroben Bedingungen normale alkoholische Gärung hervorzurufen und verfügen über ein komplettes Zymasesystem; sie besitzen Carboxylase, Ketonaldehydmutase, Phosphatase und Glycolase. So vermag auch das Bact. Bordeaux Hexosediphosphat zu Methylglyoxal abzubauen[1]. Diese Befunde bilden eine weitere Stütze für die grundsätzliche Einheitlichkeit der biologischen Abbauprozesse und erscheinen auch im Hinblick auf die bei den Säuregärungen der Schimmelpilze stattfindenden Vorgänge von Interesse (vgl. S. 211).

B. Erzeugung von Zuckerarten.

39. Übung:

Darstellung von l-Sorbose.

a) Auswahl geeigneter Bakterien[2]. In einer größeren Anzahl von ERLENMEYER-Kolben von 200 ccm Inhalt werden je 50 ccm Nährlösung nach dem Sterilisieren mit Kulturen verschiedener Essigbakterien wie Bact. xylinum, xylinoides, gluconicum, orleanse usw. geimpft. Nährlösung: 5% Sorbit (Sionon der I. G.-Farbenindustrie) in Hefeextrakt (5 Teile Hefe auf 100 Teile Wasser, Herstellung vgl. S. 30). Temperatur 26—28°. Vom 10. Tag an Probeentnahme von je 1—2 ccm Lösung und Bestimmung des Reduktionsvermögens nach Bertrands Methode. Etwa alle 3 Tage weitere Entnahme von Proben und Analysierung derselben. Nach etwa 20—25 Tagen ist die Oxydation stets beendet. Darstellung der Resultate in Form von Kurven. Reduktionstabelle vgl. S. 222.

b) Präparative Gewinnung von l-Sorbose. Einige FERNBACH-Kolben von je 5 l Inhalt mit je 1 l Nährlösung beschickt, sterilisiert (entweder fraktioniert oder unter schwachem Überdruck) und mit Bact. gluconicum geimpft (je 10 ccm einer 3—8 Wochen alten Kultur, wie unter a). Nährlösung: 5% Sorbit, 0,2% Ammoniumdihydrophosphat, 0,1% Kaliumdihydrophosphat, 0,025% Magnesiumsulfat und die 1% Hefe entsprechende Menge Hefewasser. Etwa 30—36 Tage bei 26—28° belassen. Aufarbeitung: Alle Lösungen vereinigt und mit Bleiacetatlösung gefällt (für je 1 l Flüssigkeit etwa 5—8 g Bleiacetat); Filtrat mit Schwefelwasserstoff behandelt und im Vakuum zum Sirup verdampft. Die l-Sorbose

---

[1] NEUBERG und SIMON: Biochem. Z. **253**, 225 (1932).
[2] BERNHAUER und GÖRLICH: Biochem. Z. **280**, 375 (1935).

krystallisiert in weißen, schon fast reinen Krystallen aus. Schmelzpunkt 160—161⁰. Absaugen, mit Methanol waschen. Durch
Einengen der Mutterlauge im Vakuum und analoge Behandlung
sind noch weitere Mengen erhältlich. Gesamtausbeute rund gegen
70%. Umkrystallisieren aus wenig heißem Wasser.

40. Übung:

Darstellung von Dioxyaceton.

a) Auswahl geeigneter Bakterien. Ebenso durchzuführen wie
in Übung 39a, aber mit 5% Glycerin. Reduktionstabelle für
Dioxyaceton vgl. S. 222.

b) Präparative Darstellung von Dioxyaceton[1]. In einem großen
Emailletopf werden 2 l Leitungswasser zum Sieden erhitzt, mit
einem Brei aus 750 g frischer, abgepreßter Bierhefe und 1 l heißem
Wasser versetzt und unter dauerndem Rühren 20 Minuten gekocht;
absetzen lassen, dekantieren, Rest filtrieren (oder das Ganze nach
dem Erkalten sofort zentrifugieren). Abkochung mit 100 ccm
(= 123 g) reinem Glycerin (D. A. B. VI) versetzt; mit Leitungswasser auf 10 l aufgefüllt und auf vier Stehrundkolben von je 5 l
Inhalt verteilt. Diese fraktioniert sterilisiert und mit Acetobacter
suboxydans geimpft (pro Kolben 50 ccm einer kräftig entwickelten analogen Hefewasser-Glycerin-Kultur). Bei 25—30⁰
stehen gelassen. Vom 8. Tage an alle 2 Tage Probe (5 ccm)
entnommen und Reduktionsvermögen bestimmt. Nach etwa
12 Tagen ist das Maximum erreicht.

Aufarbeitung: Lösungen vereinigt, mit $CaCO_3$, Kieselgur und
Tierkohle versetzt und filtriert. Filtrate im Verdunstungskasten
und zum Schluß im Vakuum bei 33⁰ eingeengt. Sirup mit so viel
Alkohol aufgenommen, daß erneuter Zusatz keine Trübung mehr
verursacht. Filtriert, Alkohol zum größten Teil im Vakuum verdampft, Rückstand (etwa 250 ccm) in 3 l Aceton eingerührt.
Abscheidung eines zähen Sirups, abdekantiert. Lösung im Vakuum
verdampft, Sirup im Vakuumexsiccator von Aceton und Wasser
vollständig befreit, angeimpft, im Eisschrank aufbewahrt;
Krystallbrei nach etwa 2 Tagen mit kaltem Aceton verrieben,
abgesaugt, mit kaltem Alkohol gewaschen. Aus dem Filtrat in
analoger Weise ein weiterer Anteil erhältlich. Gesamtausbeute 95 g
bereits fast reines Produkt (77% d. Th.). Weitere Reinigung: in
heißem Alkohol lösen, in viel Aceton eingießen, mit Tierkohle
schütteln, filtrieren, zum Sirup einengen, auskrystallisieren
lassen, ergibt völlig reines Produkt.

---

[1] Nach NEUBERG und HOFMANN: Biochem. Z. **279**, 318 (1935).

Anhang: Die Oxydation von Zuckeralkoholen zu Zuckern.

Wir haben hier grundsätzlich zweierlei Vorgänge zu unterscheiden, nämlich, je nachdem ob eine primäre oder eine sekundäre Carbinolgruppe angegriffen wird; dabei kommt es also entweder zur Bildung von Aldosen oder von Ketosen[1].

a) Bildung von Aldosen wurde bisher nur selten beobachtet; z. B. Mannit ⟶ d-Mannose (Hauptvorgang ⟶ d-Fructose, vgl. unten), eventuell auch d-Dulcit ⟶ d-Galaktose.

b) Bildung von Ketosen bzw. von Oxy-keto-Verbindungen findet sehr häufig statt, und zwar:

Glykole: Bildung von Acetol aus Propylenglykol oder Acetoin aus 2, 3-Butylenglykol.

Glycerin: Bildung von Dioxyaceton.

Tetrite: Erythrulose aus Erythrit.

Pentite: l-Arabinoketose aus l-Arabit.

Hexite: l-Sorbose aus l-Sorbit, d-Fructose aus Mannit.

Heptite: Perseulose aus Perseit, Glucoheptulose aus Glucoheptit.

Auf Grund der gemachten Befunde wurde eine allgemeine Gesetzmäßigkeit für die Oxydation von sekundären Carbinolgruppen durch Essigbakterien abgeleitet (Bertrandsche Regel); und zwar soll die Oxydation nur dann stattfinden, wenn der zu oxydierenden Carbinolgruppe eine zweite OH-Gruppe benachbart ist, die sich in der Projektionsformel in cis-Lage befindet; dagegen werden Carbinolgruppen bei denen diese Voraussetzung nicht erfüllt ist, nicht angegriffen:

$$
\begin{array}{cccc}
\text{R} & \text{R} & \text{R} & \\
| & | & | & \\
\text{H.C.OH} & \text{H.C.OH} & \text{HO.C.H} & \\
| \;\longrightarrow & | & | \;\longrightarrow & \text{nicht oxydierbar} \\
\text{H.C.OH} & \text{C:O} & \text{H.C.OH} & \\
| & | & | & \\
\text{CH}_2\text{OH (oder CH}_3) & \text{CH}_2\text{OH} & \text{CH}_2\text{OH} &
\end{array}
$$

Hinsichtlich einer Einschränkung dieser Regel vgl. S. 191.

C. Bildung und Abbau von Zuckercarbonsäuren.

41. Übung:

Darstellung von d-Gluconsäure.

a) Präparativer Versuch mit hautbildenden Essigbakterien. Einige FERNBACH-Kolben von 5 l Inhalt mit je 1 l Nährlösung (10% Glucose in Hefewasser mit 3% CaCO$_3$) nach dem Sterilisieren mit einer Kultur des Bact. xylinum oder xylinoides usw. geimpft. 12 bis 15 Tage bei 26—28° stehen gelassen. Einer der Kolben wird zur Probeentnahme eingerichtet (vgl. Abb. 13, S. 66). Probeentnahme etwa am 6., 9., 12. und 15. Tag: Filtration, Bestimmung des Ca-Gehaltes

---

[1] Literatur vgl. BERNHAUER: Die oxydativen Gärungen, Berlin: Julius Springer 1932.

(vgl. S. 128) an 10 ccm, Reduktionsvermögen (nach BERTRAND, vgl. S. 128) an 1 ccm, später bis 5 ccm Probe. Abnahme des Glucosegehaltes und Anstieg des Ca-Gluconatgehaltes. 1 ccm n/10-$KMnO_4$ = 2 mg Ca = 22,5 mg Ca-Gluconat (. H_2O) = 19,6 mg Gluconsäure (entspricht 18 mg Glucose).

Aufarbeitung (sobald das Maximum erreicht ist): Lösungen vereinigt, unter Zusatz von etwas Calciumhydroxyd völlig abneutralisiert, aufgekocht und filtriert (alles in einem großen Emailletopf), Bakterienhäute ausgepreßt. Filtrat im Vakuum zum dünnen Sirup eingeengt. Beim Stehen, eventuell erst nach dem Animpfen mit Ca-Gluconat erstarrt das ganze zu einem Krystallbrei. Scharf abgesaugt, mit etwa 50%igem Alkohol angerührt und wieder abgesaugt, nachgewaschen (rascher kommt man durch Abpressen in einer hydraulischen Presse zum Ziel). Aus heißem Wasser umkrystallisiert (etwa 4 Teile Wasser auf 1 Teil Substanz) und wie oben ausgewaschen (bis kein Reduktionsvermögen mehr vorhanden ist. Ausbeute 70—80%.

b) Präparativer Versuch mit nicht hautbildenden Essigbakterien. Apparatur wie bei der Milchsäuregärung, Verwendung von Bact. gluconicum. 6 l 10%iger Glucoselösung in Hefewasser, Zusatz von 180 g $CaCO_3$. Nach dem Sterilisieren eingefüllt, geimpft (mit 150 ccm einer etwa 10—20 Tage alten Kultur im gleichen Medium). Täglich des öfteren unter sterilen Bedingungen Luft durchgeleitet und das $CaCO_3$ aufgerührt. Vom 8. Tag an Proben entnommen und wie unter a weiterbehandelt. Aufarbeitung wie unter a).

c) Präparativer Versuch nach dem Aufgußverfahren, grundsätzlich analog wie Übung 34 c[1].

Anhang: Oxydation anderer Aldosen zu Aldonsäuren.

Hexosen: Bildung von d-Galaktonsäure aus Galaktose[2,3], sowie von d-Mannonsäure aus Mannose[4]. In diesen Fällen scheint insbesondere die Gewöhnung der Bakterien an das zu oxydierende Substrat von großer Bedeutung; so gelang es mit Hilfe von Passagen das Oxydationsvermögen des Bact. gluconicum gegenüber den erwähnten Substraten sehr stark zu erhöhen[3,4].

Pentosen: Bildung von l-Arabonsäure aus l-Arabinose[2] und von l-Xylonsäure aus l-Xylose[2].

[1] Näheres vgl. HERMANN und NEUSCHUL: C. Bacter. II, **93**, 25 (1935).

[2] BERTRAND: C. r. **127**, 729 (1898); Bl. (3) **19**, 1003 (1898); A. ch. (8) **3**, 275 (1904).

[3] HERMANN und NEUSCHUL: Biochem. Z. **270**, 6 (1934).

[4] HERMANN und NEUSCHUL: Bl. Soc. Biol. **18**, 390 (1936).

42. Übung:

Einfache Oxydationsprodukte der d-Gluconsäure.

a) Darstellung der d-5-Ketogluconsäure[1]. Einige FERNBACH-Kolben mit je 1 l Nährlösung (5% Ca-Gluconat, 0,2% $NH_4H_2PO_4$, 0,1% KH_2PO_4, 0,025% $MgSO_4$ und die 1% Hefe entsprechende Menge Hefeextrakt) nach dem Sterilisieren geimpft (mit je 10—20 ccm einer Kultur des Bact. gluconicum auf Glucose oder Ca-Gluconat in Hefewasser), 30—36 Tage bei 26—28⁰.

Aufarbeitung: Gewinnung des in großen Krystallen abgeschiedenen Ca-5-Ketogluconates durch Abdekantieren der aufgeschlämmten Bakterien und Waschen mit Wasser; Krystallmasse aus den Kolben schließlich gemeinsam abgesaugt. Weitere Mengen manchmal erhältlich durch Einengen der vereinigten Filtrate im Vakuum auf etwa $\frac{1}{4}$ des Volumens. Gesamtausbeute etwa gegen 70%. Reinigung: 1 Teil des rohen Salzes in 1 Teil 20%iger Salzsäure gelöst, mit 10 Teilen Wasser versetzt, filtriert und 4 Teile Na-Acetat in 5 Teilen Wasser hinzugefügt. Nach einiger Zeit krystallisiert das reine Ca-Salz in einer Ausbeute von 80—90% des Rohproduktes aus (eine weitere Menge ist aus der Mutterlauge gewinnbar). Identifizierungsreaktionen:

Orcinprobe: Etwas Ca-5-Ketogluconat wird in Salzsäure gelöst und mit einigen ccm Reagens versetzt (1 g Orcin in 500 ccm 25%iger Salzsäure mit 25 Tropfen einer 10%igen Eisenchloridlösung versetzt): Intensiv grüne Färbung, löslich in Amylalkohol.

Phloroglucinprobe: Etwas Ca-5-Ketogluconat wird in 1 bis 2 ccm 18%iger Salzsäure gelöst und nach dem Zusatz von etwas Phloroglucin einige Minuten im siedenden Wasserbad erhitzt: Dunkelgrüne Färbung (später braun werdend).

b) Darstellung der d-2-Ketogluconsäure[1]. Einige FERNBACH-Kolben mit je 1 l Nährlösung (5% Ca-Gluconat in der 5% Hefe entsprechenden Menge Hefewasser) wie unter a) weiterbehandelt. Versuchsdauer etwa 40 Tage. Aufarbeitung: Abtrennung des Ca-5-Ketogluconates wie zuvor (Ausbeute etwa 40%). Vereinigte Filtrate mit Tierkohle behandelt, filtriert, Filtrat mit Bleiacetat versetzt, Niederschlag abfiltriert, Filtrat mit Schwefelwasserstoff behandelt, Lösung nach dem Filtrieren im Vakuum auf etwa 500 ccm eingedampft und dann mit der äquivalenten Menge Kaliumcarbonat genau umgesetzt, so daß das ganze Calcium ausgefällt ist; filtriert, im Vakuum zum dünnen Sirup verdampft

---

[1] Vgl. BERNHAUER und GÖRLICH: Biochem. Z. **280**, 367 (1935).

und mit Alkohol versetzt (dann vorteilhafterweise mit 2-keto-gluconsaurem Kalium geimpft); nach kurzer Zeit krystallisiert das 2-ketogluconsaure Kalium aus. (Die Mutterlauge zeigt starke Reaktion mit Naphthoresorcin-Salzsäure, was auf die Anwesenheit von Aldehydgluconsäure hinweist: Rotviolette Färbung, löslich in Äther.)

Identifizierung der 2-Ketogluconsäure mittels ihres Chinoxalinderivates[1]: 0,2 g des K-Salzes werden in 1 ccm Wasser gelöst und mit 0,1 ccm konzentrierter Salzsäure und 0,12 g o-Phenylendiamin versetzt; beim Umrühren findet Lösung statt. Nach kurzer Zeit erstarrt die Lösung zu einem Krystallbrei; abgesaugt, mit Wasser gewaschen, aus heißem Wasser umkrystallisiert. Schmelzpunkt 199—200⁰ (unter Zersetzung).

Anhang: Der Abbau der Gluconsäure kann in dreifacher Richtung erfolgen, und zwar: entweder werden sekundäre Carbinolgruppen angegriffen, oder es wird die primäre Carbinolgruppe oxydiert:

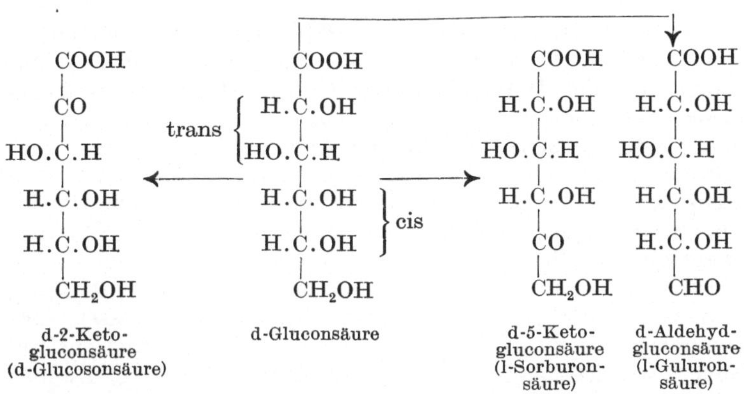

d-2-Keto-
gluconsäure
(d-Glucosonsäure)

d-Gluconsäure

d-5-Keto-
gluconsäure
(l-Sorburon-
säure)

d-Aldehyd-
gluconsäure
(l-Guluron-
säure)

Durch den Befund über die Bildung der 2-Ketogluconsäure[2] erscheint auch in gewissem Sinn die BERTRANDsche Regel (vgl. S. 188) durchbrochen, indem es sich in diesem Fall um die Oxydation einer Carbinolgruppe handelt, deren benachbarte OH-Gruppe sich in Transstellung befindet. Die Oxydationsfähigkeit dieser Gruppe könnte wohl mit der Nachbarschaft der Carboxylgruppe zusammenhängen. Die Isolierung und Reindarstellung der Aldehydgluconsäure ist mit Schwierigkeiten verknüpft[3], so daß der endgültige Konstitutionsbeweis noch aussteht.

---

[1] Vgl. OHLE: B. **67**, 155 (1934).
[2] BERNHAUER und GÖRLICH: Biochem. Z. **280**, 367 (1935).
[3] TAKAHASHI und ASAI: C. Bacter. II, **84**, 193 (1931). — BERNHAUER und IRRGANG: Biochem. Z. **280**, 360 (1935).

IV. Schimmelpilzgärungen.

A. Kultivierung der Pilze und einfache Oxydationsprozesse.

43. Übung:

Züchtung von Schimmelpilzen und Gewinnung von Sporenkulturen.

a) Isolierung von Pilzen aus natürlichen Substraten. Man läßt in Schalen verschiedene natürliche Nährböden wie Brot, saure Früchte usw. offen stehen und beobachtet das Auftreten von Pilzkulturen. Von den sich entwickelnden Pilzen werden mittels der Platinnadel Conidiosporen abgeimpft und auf Würzeagarplatten übertragen (PETRI-Schalen); diese läßt man bei 25—35⁰ stehen, beobachtet das Auskeimen der Sporen und impft bald auf frische Platten ab. Schließlich sucht man die erhaltenen Pilze durch makroskopische und mikroskopische Untersuchung zu identifizieren[1].

b) Züchtung von Pilzen aus einer einzelnen Conidiospore. Von einer Röhrchenkultur des betreffenden Pilzes werden Conidiosporen mit der Impfnadel unter sterilen Bedingungen in ein kleines Fläschchen, enthaltend 5 ccm steriles Leitungswasser und 5—10 Tropfen Alkohol, gebracht und die Sporen durch kräftiges Schütteln voneinander getrennt. Ein Tropfen dieser Suspension wird dann zu 5 ccm Wasser in einem zweiten Fläschchen hinzugefügt und nach jedesmaligem guten Schütteln dieser Vorgang fünf- bis sechsmal wiederholt. Schließlich wird die Flüssigkeit der beiden letzten Fläschchen auf je eine fertige Würezagarplatte aufgegossen, das überschüssige Wasser durch Umdrehen der PETRI-Schale im Deckel gesammelt und entfernt. Nach etwa 24stündigem Verweilen in einer feuchten Kammer bei 28—35⁰ (je nach der Art des Pilzes) wird von den einzelnen Mycelinseln auf Agarröhrchen abgeimpft. Falls ein Mikromanipulator zur Verfügung steht, führt man die Isolierung einzelner Sporen mit dessen Hilfe durch[2].

Zur Fortzüchtung der Schimmelpilze dienen zumeist Würzeagarröhrchen (Schrägagar; vgl. S. 32).

c) Anlegung von Impfkulturen und Übertragung derselben auf flüssige Substrate. Von den Röhrchen, die zur Fortzüchtung dienen, werden vor dem Ansetzen größerer Pilzkulturen bzw.

---

[1] Vgl. die einschlägige botanisch-mycologische Literatur (s. S. 23).
[2] Vgl. z. B. GREENE und GILBERT: Science (N. Y.) II, **75**, 388 (1932); GREENE: Mycologia, (N. Y.) **25**, 117 (1933).

Gäransätze Sporen auf frische Röhrchen übertragen (bei größeren Ansätzen empfiehlt sich die Anwendung von Agarplatten in Roux-Kolben). Sobald in diesen kräftige Sporenbildung stattgefunden hat, wird eine Sporensuspension in sterilem Wasser zwecks Impfung flüssiger Substrate hergestellt und zwar: Man fügt in ein Kulturröhrchen mittels einer Pipette einige ccm steriles Wasser und schwemmt mit Hilfe eines Platindrahtes die Sporen in der Flüssigkeit auf und spült des öfteren mit Wasser nach. Die in einem sterilen Kölbchen gesammelte Sporensuspension wird dann zu dem betreffenden Ansatz hinzugefügt. Bei Reihenversuchen empfiehlt es sich, die Sporensuspension mittels einer sterilen Pipette auf die einzelnen Kolben gleichmäßig zu verteilen (z. B. je 0,5 — 2 ccm Sporensuspension pro Kolben).

d) **Gewinnung von „Rohsporenmasse"**[1]. In einem ERLENMEYER-Kolben wird das Pilzmycel auf Würze von 8^0 Bllg. zur Entwicklung gebracht. Sobald die Pilzdecke geschlossen ist, und nach 7—10 Tagen reichliche Sporenbildung stattgefunden hat, wird die Würze abgegossen und das Mycel durch Unterschichtung mit sterilem Wasser so lange ausgewaschen, bis sämtliche Spuren FEHLINGsche Lösung reduzierender Substanzen verschwunden sind. Die Mycelien werden sodann unter sterilen Bedingungen bei 35^0 getrocknet, in einem sterilen Kasten (Impfkasten) im Mörser zerrieben und in sterilen Gefäßen aufbewahrt. Derartige „Rohsporenmasse" kann insbesondere für Versuche benutzt werden, bei denen Substrate zur Verwendung kommen, die nur eine schwache Mycelentwicklung hervorrufen (vgl. S. 208).

e) **Abernten reifer Conidiosporen.** Die die Kulturen enthaltenden Agarröhrchen, die an den Glaswänden kein Kondenswasser enthalten sollen, werden bei der gleichen Temperatur (z. B. im Gärraum) mit sterilem Talkumpulver versetzt und mit dessen Hilfe werden die Sporen von der Oberfläche des Agarröhrchens abgestreift; bei 35^0 noch 2—3 Stunden in sterilen Gefäßen übertrocknet und in diesem Zustand aufbewahrt. Derartig aufbewahrtes Impfmaterial behält seine physiologischen Eigenschaften besser und konstanter als in Agarröhrchen.

44. Übung:

Herstellung von Massenkulturen und Trockenpräparaten.

a) **Massenkultur von Schimmelpilzen zur Mycelgewinnung.** Die Nährlösung (z. B. Bierwürze von 8^0 Bllg. oder eine 10—15%ige Zuckerlösung mit Nährsalzen, vgl. S. 201) wird in einer größeren

---

[1] Vgl. CHRZ SZCZ und ZAKOMORNY: Biochem. Z. **279**, 64 (1935).

Anzahl großer FERNBACH-Kolben vorbereitet (und zwar bei solchen von 2 l Inhalt je 400—500 ccm, bei solchen von 5 l Inhalt je 1200—1500 ccm). Impfung mit einer Sporensuspension des betreffenden Pilzes. Nachdem ausreichendes Wachstum stattgefunden hat (bei 25—35⁰) werden die Pilzmycelien gesammelt und in einer Spindelpresse von anhaftender Flüssigkeit befreit, sodann zwecks weiterer Entfernung des Substrates wiederholt mit Wasser angeteigt und wieder abgepreßt[1]. Man kann auch so vorgehen[2], daß die in einem großen Kolben befindliche sterile Nährlösung direkt mit der Sporensuspension versetzt wird und daß dann die ganze Lösung in trocken sterilisierte DRIGALSKI-Schalen (von etwa 20 cm Durchmesser) gleichmäßig in 1—2 cm Schichthöhe verteilt wird. Für 10 l Nährlösung verwendet man dabei Sporen von 3—4 ERLENMEYER-Kolben, in denen man den Pilz auf dem gleichen Substrat zur Entwicklung gebracht hat (Aufschwemmung der Sporen im Nährsubstrat durch gutes Umschütteln). Mit 10 l Nährlösung können etwa 70 Schalen von den genannten Dimensionen beschickt werden.

Zur Massenkultur von Schimmelpilzen in großem Maßstab im Laboratorium dienen eigene Apparate, die eine Züchtung der Pilze in großen Schalen ermöglichen[3].

Verwendungszwecke des Pilzmycels: Herstellung von Trockenpräparaten für enzymatische Versuche, oder zur Untersuchung der Inhaltstoffe des Mycels usw.

b) Herstellung von Trockenpräparaten für enzymchemische Zwecke[2]. Das gut abgepreßte und ausgewaschene Mycel (vgl. oben) wird in kleine Stücke zerschnitten oder zerbröselt und mit Alkohol-Äther (2 Volumteile Alkohol und 1 Volumteil Äther), Aceton oder Methanol übergossen. Für je 100 g trockengepreßtes Mycel verwendet man 2,5 l Flüssigkeit. Nach 3—5 Minuten wird die Flüssigkeit abgegossen und 100—300 ccm Äther zugefügt. Dieser Prozeß wird nach ½—1 Minute nochmals wiederholt. Ein Teil des anhaftenden Äthers wird dann rasch mittels Filtrierpapier

---

[1] Falls die Entfernung von Reservestoffen des Mycels erforderlich ist (z. B. wenn das Mycel für enzymchemische Zwecke verwendet werden soll, läßt man die Mycelien vor dem Ernten nach dem Entfernen des Substrates auf Leitungswasser (dem man etwa 0,1% Citronensäure zusetzt) 2—6 Stunden hungern („verarmtes" Mycel).

[2] Vgl. MÜLLER: In OPPENHEIMER und PINCUSSEN, Methodik der Fermente, S. 507, 510. Leipzig: Thieme 1929.

[3] Vgl. PETERSON, PRUESS, GORCICA und GREENE: Ind. Chem. **25**, 213 (1933); s. ferner MAY, HERRICK, MOYER und HELLBACH: Ind. Chem. **21**, 1198 (1929); RAISTRICK und Mitarbeiter: Trans. Roy. Soc. London B **220**, 136 (1931).

entfernt und sodann das Material im Vakuumexsiccator 24 Stunden über Schwefelsäure getrocknet. Das Präparat wird schließlich pulverisiert und aufbewahrt oder weiter verarbeitet (z. B. zur Herstellung von Enzymextrakten usw.).

Anhang: Technische Erzeugung von Pilzmycel.

Asp. orycae wird zur Erzeugung von „Taka-Diastase" im großen auf Weizenkleie gezüchtet[1]. Dieselbe wird mit 30—40% Wasser angeteigt und im Dampfstrom bis zur Verkleisterung der Stärke behandelt. Bei 40^0 werden Sporen des Asp. orycae gut eingemengt und die Masse sodann in 3—5 cm dicken Schichten auf Zementdielen ausgebreitet; die Raumtemperatur soll etwa 25^0 betragen und die Luft mit Feuchtigkeit fast gesättigt sein. In der Masse findet beträchtliche Selbsterwärmung statt, die Temperatur soll aber nicht über 40^0 steigen. Die ganze Masse ist bald mit einem dichten Geflecht des Pilzmycels durchsetzt und wird nach 48 Stunden entfernt und gekühlt, sodann getrocknet („Taka-koji"). Das Produkt ist reich an verschiedenen Enzymen und wird technisch auf „Taka-Diastase" verarbeitet.

<h2 style="text-align:center">45. Übung:</h2>

<h3 style="text-align:center">Die Gluconsäurebildung durch Schimmelpilze.</h3>

a) Analytische Versuchsreihe zur Auswahl geeigneter Pilze. Eine größere Anzahl 300 ccm-ERLENMEYER-Kolben (etwa 10—20, je nach der Anzahl der Pilzstämme), mit je 50 ccm folgender Nährlösung beschickt: 10% Glucose, 0,1% Ammonsulfat, 0,1% Kaliumdihydrophosphat, 0,025% Magnesiumsulfat (in Leitungswasser); nach dem Sterilisieren je 2 Kolben (Parallelversuche) mit einer Sporensuspension verschiedener Pilzstämme (Asp. niger, Penicilliumarten usw.) geimpft (vgl. Übung 43 c, S. 193); nach etwa 3 Tagen (nachdem die entwickelte Pilzdecke die ganze Oberfläche völlig bedeckt hat) werden pro Kolben je 1,5 g $CaCO_3$ zugesetzt (bei etwa 130^0 in Eprouvetten mit Wattestöpsel im Trockenschrank sterilisiert). Die Technik des Zusatzes ist folgende: Mittels des Sporns eines Einfülltrichters (vgl. Abb. 26) wird die Pilzdecke unter Drehen des Trichters so aufgehoben, daß das $CaCO_3$, ohne das Mycel zu berühren, direkt in die Flüssigkeit hineingebracht werden kann. Nach weiteren 4—5 Tagen, wobei das $CaCO_3$ zeitweise durch vorsichtiges Umschwenken aufgerührt wird, ist der Prozeß in der Regel beendet. Versuche absterilisiert, Lösungen filtriert, Pilzdecken ausgepreßt, Filtrat aus je zwei Parallelversuchen vereinigt, mit Waschwasser auf 150 ccm aufgefüllt. Proben entnommen zur Bestimmung der restlichen Glucose

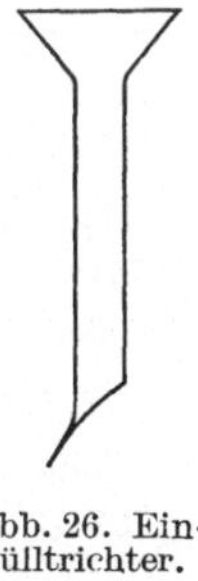

Abb. 26. Einfülltrichter.

[1] TAKAMINE: J. Soc. chem. Ind. **17**, 118 (1898).

(2—5 ccm), sowie des Ca-Gehaltes (5—10 ccm) in üblicher Weise (vgl. Übung 19a, S. 128 sowie 41a, S. 188). Der Vergleich der Ausbeute an Ca-Gluconat ergibt den geeignetsten Pilzstamm.

b) Präparativer Versuch in Schalen (niedrige Flüssigkeitsschicht[1]). Eine Aluminiumschale (etwa $60 \times 40 \times 8$ cm), die mit einem aufhängbaren grobmaschigem Netz aus Aluminiumdraht versehen ist, wird nach dem gründlichen Ausspülen mit heißem Wasser mit 8 l der sterilisierten, noch heißen Nährlösung versetzt (Schichthöhe etwas über 3 cm). Die Nährlösung besteht aus 15—20% Rohrzucker, 0,1% Ammoniumsulfat, 0,01% Kaliumdihydrophosphat und 0,025% Magnesiumsulfat in Leitungswasser. Nach dem Erkalten impft man mit der Sporenmasse von zwei Kleinversuchen (je 50 ccm Nährlösung in 300 ccm fassenden ERLENMEYER-Kolben) durch kräftiges Aufschütteln der Sporen im Nährsubstrat. Die Schale wird dann mit einem großen Bogen Filtrierpapier bedeckt, das mittels eines Gummibandes festgehalten wird. Nach 3—4 Tagen bei 30° ist das Mycel genügend stark entwickelt. Man setzt nun täglich in Portionen von je etwa 60 g insgesamt etwa 300—400 g Calciumcarbonat nach vorsichtigem Aufheben der Pilzdecke mittels des eingesetzten Netzes zu und rührt mit einem Glashaken gut um; nach dem Entweichen des CO_2 wird die Pilzdecke wieder aufgesetzt. Nach einer Gesamtdauer von etwa 6—10 Tagen ist der Prozeß beendet. Die Flüssigkeit wird abgehebert und die Pilzdecke mit einer neuen Zuckerlösung (ohne Nährsalze) unterschichtet. Der gleiche Prozeß kann noch zwei- bis dreimal wiederholt werden. Die verarbeiteten Lösungen werden durch Erhitzen unter eventuellem Zusatz von etwas Calciumhydroxyd völlig neutralisiert (Lackmus), filtriert und im Vakuum auf etwa 1—2 l verdampft. Nach längerem Stehen krystallisiert das Ca-Gluconat aus (manchmal auch bereits während der Vakuumverdampfung); es wird abgesaugt oder auf einer Siebzentrifuge abgeschleudert und sodann nach dem Anteigen mit etwas Wasser auf einer Spindelpresse oder hydraulischen Presse abgepreßt. Umkrystallisieren aus heißem Wasser.

Anhang I. Theoretisches.

Die Bildung von Gluconsäure ist für fast alle säurebildenden Aspergillaceen sowie auch für viele andere Mycelpilze charakteristisch. Die meisten Pilze bilden Gluconsäure insbesondere in Gegenwart von Calciumcarbonat, manche Pilze erzeugen aber auch in saurer Lösung fast nur Gluconsäure[2]. Insbesondere diese sind für die technische Gluconsäuredarstellung auf großen Oberflächen von Wichtigkeit

---

[1] In prinzipiell gleicher Weise kann der Versuch in großen FERNBACH-Kolben durchgeführt werden.

[2] Vgl. MAY, HERRICK, MOYER und HELLBACH: Ind. Chem. **21**, 1198 (1929).

(vgl. unten). Pilzdecken mit gutem Gluconsäurebildungsvermögen entwickeln sich insbesondere in Gegenwart von wenig Stickstoff, wobei auch nur geringe Mengen anderer Nährsalze anwesend sein sollen[1]. Manche Pilze vermögen auch andere Aldosen zu den zugehörigen Aldonsäuren zu oxydieren, wie Mannose zu Mannonsäure.

Bei der Bildung der Gluconsäure handelt es sich um eine einfache Oxydation der Glucose. Der Prozeß spielt sich an einem Enzym, der Glucoseoxydase ab[2]. Dieselbe nimmt eine Sonderstellung unter den Oxydationsenzymen ein, da sie cyanunempfindlich ist, spezifisch auf die Oxydation von Glucose, Mannose und Galaktose eingestellt ist und dabei nur freien Sauerstoff reduziert.

Anhang II: Technologie der Gluconsäuregärung.

Die Darstellung von Gluconsäure in halbtechnischem Ausmaß wurde von MAY, HERRICK, MOYER und HELLBACH[3] eingehend beschrieben. Die Vergärung wird in 20%iger Glucoselösung unter Zusatz von Nährsalzen in übereinander befindlichen flachen Aluminiumpfannen von je 1 qm Fläche mittels Penicillium luteum purpurogenum (ohne Zusatz von Säurebindungsmitteln) unter Einblasen von Luft (etwa 100 l per Minute) durchgeführt; Schichthöhe 3,3—4 cm, entsprechend einem Oberflächenquotienten von 0,3—0,25 (Verhältnis von Fläche in qcm zum Volumen in ccm).

46. Übung:
Die Kojisäurebildung.

a) Analytischer Versuch und Auswahl eines geeigneten Pilzes. In einer Anzahl von ERLENMEYER-Kolben von 300 ccm Inhalt werden je 100 ccm folgender Nährlösung vorbereitet[4]: 15—20% Glucose[5], 0,2% Ammoniumnitrat (entsprechend 0,07% Stickstoff), 0,1% Kaliumdihydrophosphat und 0,2% Magnesiumsulfat. Temperatur etwa 30°. Man impft mit einer Sporensuspension von Asp. flavus (bzw. verschiedener anderer Asp. flavus-Stämme oder auch anderer Pilze wie Asp. orycae, Awamori, candidus u. a.). Vom 8. Tag an werden je zwei Versuche abgebrochen und analytisch aufgearbeitet: Bestimmung des Mycelgewichtes nach gründlichem Auswaschen und Trocknen bei 90°, Bestimmung des Zuckergehaltes und der Kojisäure.

Qualitative Prüfung auf Kojisäure: Die Kulturflüssigkeit gibt auf Zusatz von Eisenchloridlösung eine tiefrote Färbung.

Quantitative Bestimmung der Kojisäure: Eine aliquote Menge der Kulturflüssigkeit (etwa 20 ccm) wird mit n-Lauge neutralisiert

---

[1] Näheres vgl. BERNHAUER: Die oxydativen Gärungen, Berlin: Julius Springer 1932.

[2] MÜLLER: Vgl. die zusammenfassende Darstellung in den Erg. Enzymforsch. **5**, 259 (1936).

[3] Vgl. MAY HERRICK, MOYER und HELLBACH: Ind. Chem. **21**, 1198 (1929).

[4] Vgl. MAY, MOYER, WELLS und HERRICK: Amer. Soc. **53**, 774 (1931).

[5] Man kann ein technisch reines Produkt von etwa 90% Glucosegehalt verwenden.

und die Kojisäure durch Zusatz von n/10 Kupferacetatlösung als
Cu-Salz ausgefällt, der Niederschlag bei 100⁰ getrocknet und gewogen; Zusammensetzung desNiederschlages: $Cu(C_6H_5O_4)_2 . \frac{1}{2}H_2O$.
Das Filtrat kann dann aufgefüllt und in einem aliquoten Teil desselben die Zuckerbestimmung nach BERTRAND vorgenommen
werden. (Kojisäure selbst reduziert auch FEHLINGsche Lösung,
so daß die Zuckerbestimmung nach ihrer Ausfällung zu erfolgen
hat.) Die Menge der gebildeten Kojisäure kann bis über 40%
des verwendeten Zuckers (50—60% des verbrauchten Zuckers)
ansteigen.

b) Präparativer Versuch. In einem oder mehreren FERNBACH-
Kolben von 2 l Inhalt werden je 400 ccm des gleichen Mediums
wie bei a) mit einem geeigneten Pilzstamm von Asp. flavus geimpft, nach etwa 12 Tagen bei 30—35⁰ wird der Versuch aufgearbeitet: Bestimmung des Gehaltes an Kojisäure in einem
aliquoten Teil; der Rest wird mit Hilfe eines Flüssigkeitsextraktors
erschöpfend mit Äther extrahiert; die nach dem Vertreiben des
Äthers verbleibende Krystallmasse wird aus Alkohol umkrystallisiert. Schmelzpunkt 152⁰.

Anhang: Theoretisches.

Die Kojisäure wurde bei Pilzen auch aus anderen Hexosen wie
auch aus Pentosen, Zuckeralkoholen, Triosen und Glycerin, sowie
schließlich auch aus Äthanol erhalten. Bei der Bildung der Kojisäure
aus diesen verschiedenen Substanzen könnten zunächst Hexosen
synthetisiert werden, aus denen dann die Kojisäure entstehen würde[1].
Weiterhin ist von Interesse, daß die Kojisäure auch durch Essigbakterien gebildet werden kann, jedoch nur aus Mannit oder Fructose[2].

Bei der Umwandlung von Hexosen (Glucose bzw. Fructose) in
Kojisäure könnte es sich um einen direkten, mit Dehydratationen
verbundenen, einfachen Oxydationsvorgang handeln:

$$
\begin{array}{c}
CO \\
HC \diagup \quad \diagdown C.OH \\
\| \qquad \| \\
CH_2OH.C \diagdown \quad \diagup C.H \\
O \\
\text{Kojisäure}
\end{array}
$$

$$
\begin{array}{c}
CHOH \\
HOHC \diagup \quad \diagdown CHOH \\
| \qquad | \\
CH_2OH.HC \diagdown \quad \diagup CHOH \\
O \\
\text{Glucopyranose}
\end{array}
\qquad\qquad
\begin{array}{c}
CHOH \\
HOHC \diagup \quad \diagdown CHOH \\
| \qquad | \\
CH_2OH. (OH)C \diagdown \quad \diagup CH_2 \\
O \\
\text{Fructopyranose}
\end{array}
$$

---

[1] Vgl. KLUYVER und PERKIN: Biochem. Z. **266**, 82 (1933).
[2] TAKAHASHI und ASAI: C. Bacter. II, 88, 286 (1933).

In diesem Zusammenhang sei auch noch darauf hingewiesen, daß durch Einwirkung verschiedener Pilze auf Zuckerarten eine große Anzahl verschiedener Substanzen in meist relativ geringen Mengen gebildet werden; so z. B. Substanzen vom Tetronsäuretypus, ferner eine große Anzahl aromatischer Oxysäuren und chinonartiger Säuren und vieles andere (RAISTRICK und Mitarbeiter). Bei allen diesen Vorgängen handelt es sich um komplizierte Vorgänge synthetischer Natur, deren Chemismus noch ganz unaufgeklärt ist.

B. Oxydative Säuregärungen der Schimmelpilze.

47. Übung:

Die Citronensäuregärung.

a) Auswahl von Citronensäurebildnern[1]. In einer größeren Anzahl von 300 ccm ERLENMEYER-Kolben je 100 ccm Nährlösung: 15% Rohrzucker, 0,2% NH_4NO_3, 0,1% KH_2PO_4, 0,025% $MgSO_4$; nach dem Sterilisieren Zusatz von 1 ccm 2 n-HCl zu jedem Kolben (entsprechend einer $^1/_{50}$ normalen HCl, p_H 2,4—2,6). Je 2 bis 4 Parallelversuche für jeden Pilzstamm. Geimpft mit Sporensuspensionen verschiedener Pilzstämme (insbesondere Asp. niger) auf Bierwürze-Agar. Pilzstämme, die unter diesen Bedingungen (bei 32—34⁰) kräftiges Wachstum zeigen (bis zum 3. oder 4. Tag geschlossene Pilzdecke, bei reichlicher Sporenimpfung) werden für eine zweite gleichartige Versuchsreihe verwendet; bei dieser aber pro Kolben Zusatz von 1 ccm n/10 HCl (entsprechend einer $^1/_{1000}$ normalen Lösung, p_H 3,4). Untersuchung der Säurebildung: Entnahme von 2 ccm Probe vom 8. Tag an (sodann jeden zweiten Tag) und Titration mit n/10 Lauge. Pilze, bei denen für 2 ccm Probe die Acidität auf etwa 30 ccm (und darüber) ansteigt, sind als gute Citronensäurebildner anzusehen, und für die Durchführung präparativer Versuche geeignet. 1 ccm n/10 Lauge = 6,4 mg Citronensäure (wasserfrei). Aufarbeitung: Parallelversuche vereinigt, filtriert und Analysen an Proben vorgenommen. Zuckerbestimmung an 2—5 ccm in üblicher Weise (nach BERTRAND vgl. S. 128; Tabelle für Invertzucker vgl. S. 222).

Bestimmung der Citronensäure; Etwa 10 ccm der Kulturflüssigkeit werden bei Siedetemperatur mit einer Lösung von Calciumchlorid (etwa 10%ig) versetzt (dabei soll kein Niederschlag ausfallen: Abwesenheit von Oxalsäure), sodann wird zum Sieden erhitzt und Ammoniak zugefügt; die Flüssigkeit wird sodann auf

---

[1] Vgl. CURRIE: J. of biol. Chem. **31**, 15 (1917). — BERNHAUER, DUDA und SIEBENÄUGER: Biochem. Z. **230**, 475 (1931); BERNHAUER, BÖCKL und SIEBENÄUGER: Biochem Z. **253**, 37 (1932); BERNHAUER und IGLAUER: Biochem. Z. **286**, 45 (1936).

etwa $^2/_3$ eingekocht, wobei sie dauernd ammoniakalisch sein soll. Das Ca-Citrat scheidet sich krystallinisch aus und wird auf einem gewogenen Sinterglastiegel abgesaugt, zunächst mit siedendem Wasser gut ausgewaschen, schließlich mit 60%igem Alkohol nachgespült; nach dem Trocknen bis zur Gewichtskonstanz bei 130—135° erhält man krystallwasserfreies Ca-Citrat. 1 g Ca-Citrat $=0,843$ g Citronensäure $(+H_2O)=0,77$ g Citronensäure (ohne H_2O).

b) Präparativer Versuch. In einigen FERNBACH-Kolben von 2 l Inhalt werden je 400 ccm Nährlösung [enthaltend 17,5—20% Rohrzucker, 0,2% Ammoniumnitrat (oder 0,64% Magnesium-nitrat[1]), 0,1% Kaliumdihydrophosphat und 0,025% Magnesiumsulfat in Leitungswasser] nach dem Sterilisieren mit einer Sporensuspension eines gärkräftigen Aspergillus niger-Stammes geimpft und bei etwa 30—32° belassen. Etwa vom 6. oder 8. Tag an werden je 2 ccm Probe entnommen und mit n/10 Lauge titriert. Sobald das Säuremaximum erreicht ist, wird der Versuch abgebrochen.

Aufarbeitung: Pilzdecken abgepreßt, Lösung filtriert und aufgefüllt. In einer Probe (10 ccm) wird die Citronensäure wie oben bestimmt. Der Rest der Lösung wird in einem Topf mit Calciumcarbonat allmählich, zum Schluß unter Erwärmen, neutralisiert und unter Zusatz eines kleinen Überschusses schließlich längere Zeit im Sieden gehalten. Der Niederschlag wird heiß abgesaugt, mit heißem Wasser gewaschen, dann in Salzsäure gelöst und mit Tierkohle entfärbt. Das Filtrat wird sodann in der Siedehitze in einem Topf allmählich unter ständigem Rühren mit Ammoniak versetzt, nach längerem Kochen wird heiß abgesaugt und das Produkt mit heißem Wasser gründlich ausgewaschen. Durch Einengen des Filtrates kann eine weitere Menge Ca-Citrat gewonnen werden. Das möglichst trocken gepreßte Produkt wird sodann auf freie Citronensäure verarbeitet: Behandlung mit der äquivalenten Menge verdünnter Schwefelsäure, Filtration, Nachwaschen mit Wasser, Verdampfung des Filtrates im Vakuum, Entfernung noch ausfallenden Calciumsulfats; schließlich wird völlig verdampft und Krystallisieren gelassen.

Anhang: Technologie der Citronensäuregärung.

Die Citronensäuregärung wird in großen, übereinander angeordneten flachen Schalen durchgeführt (andere Anordnungen, wie das Arbeiten mit submersem Mycel unter Luftdurchleitung in Bottichen, scheinen sich großtechnisch noch nicht bewährt zu haben). Es werden 17,5—20%ige Rohrzuckerlösungen (oder Melasse), die

---

[1] Vgl. dazu BERNHAUER und IGLAUER: Biochem. Z. **287,** 153 (1936).

die erforderlichen Salze enthalten bei 25—35⁰ verarbeitet. Während
des Prozesses muß für die Zufuhr steriler Luft gesorgt werden. Es
sammelt sich freie Citronensäure bis zu einem Gehalt von 10—15%
in der Lösung an. Zur geeigneten Zeit wird der Prozeß unterbrochen
und die Säure mit Hilfe ihres Ca-Salzes abgeschieden und aus diesem
die freie Citronensäure gewonnen. Von Wichtigkeit ist insbesondere
die richtige Züchtung der Pilze und eine genaue Betriebskontrolle.
Die Auswahl eines geeigneten Citronensäurepilzes ist zunächst von
grundsätzlicher Bedeutung. Die Durchführung der Gärung in Gegenwart von Kreide ist bei Anwendung der Oberflächengärung technisch
nicht durchführbar, außerdem besteht dabei die Gefahr, daß zugleich
Oxalsäure gebildet wird. Es kommt daher technisch nur die Vergärung in saurer Lösung in Frage.

<h2 style="text-align:center">48. Übung:</h2>

<h2 style="text-align:center">Zwischenprodukte der Citronensäuregärung.</h2>

a) Umwandlung von Ca-Acetat in Gegenwart von etwas Zucker [1].

Fünf ERLENMEYER-Kolben von 750 ccm Inhalt werden mit je
100 ccm einer Nährlösung von folgender Zusammensetzung beschickt: 4% Ca-Acetat, 0,5—1% Zucker, 0,2% Ammoniumnitrat,
0,3% Kaliumdihydrophosphat und 0,05% Magnesiumsulfat. Nach
dem Sterilisieren wird mit je 0,1 g „Rohsporenmasse" eines
geeigneten Pilzes (vgl. S. 193) versetzt und bei 29—30⁰ stehen gelassen. Nach 10—14 Tagen werden die Versuche abgebrochen und
vereinigt. Die Niederschläge und Mycelien werden abfiltriert und
mit kaltem Wasser gründlich ausgewaschen. Die Lösung wird auf
ein bestimmtes Volumen (etwa 600—800 ccm) aufgefüllt und aliquote Teile zur Bestimmung von Citronensäure, Zucker und Essigsäure verwendet (vgl. unten). Der Filterrückstand wird mit verdünnter Salzsäure behandelt, das ganze nochmals filtriert, das
Pilzdeckengewicht in üblicher Weise ermittelt (Gesamtgewicht
etwa 3—5 g, entsprechend einer Mycelzunahme von 2,5—4,5 g)
und das Filtrat auf ein bestimmtes Volumen aufgefüllt. Aliquote
Teile des Filtrates verwendet man zur Bestimmung der Oxalsäure in üblicher Weise: Zusatz von Ammoniak zur siedenden
Lösung, Filtration, Lösen des Niederschlages in 20%iger Schwefelsäure und Titration mit n/10 Kaliumpermanganat (1 ccm n/10
Permanganat entspricht 4,5 mg wasserfreier Oxalsäure = 6,3 mg
Oxalsäure +2 H$_2$O) Durchführung der Bestimmungen im ersten
Filtrat:

Bestimmung der Citronensäure (nach der Pentabromaceton-
methode)[2]. 50 ccm Probe werden mit 2 ccm Schwefelsäure und

---

[1] CHRĄZSCZ und ZAKOMORNY: Biochem. Z. **285**, 340 (1936).

[2] Modifizierte Methode von KUNZ; nach FREY: Arch. f. Mikrobiol. **2**, 285 (1931); Titration nach KOMETIANI: Z. anal. Chem. **86**,
362 (1931).

1 ccm einer 40%igen Kaliumbromidlösung versetzt. Der Kolben wird in einem Wasserbad von 50⁰ 10 Minuten lang erwärmt und dann sogleich mit 10 ccm einer 5%igen Kaliumpermanganatlösung in einem Guß versetzt (unterm Abzug, Bromentwicklung). Dann wird unter ständigem Umschwenken erkalten gelassen und falls keine Braunsteinabscheidung stattfand, eine weitere Menge Kaliumpermanganatlösung zugesetzt. Nach vollständigem Erkalten wird der ausgeschiedene Braunstein durch Zugabe einer ausreichenden Menge 20%iger Ferrosulfatlösung zersetzt und die Probe über Nacht im Kühlen (am besten Eiskasten) aufbewahrt. Das abgeschiedene Pentabromaceton wird dann durch einen Glassintertiegel filtriert, mit kaltem Wasser gut ausgewaschen und in Alkohol gelöst. Die Flüssigkeit wird sodann mit Eisessig angesäuert, auf dem siedenden Wasserbad erwärmt und mit 5 ccm einer 20%igen alkoholischen Natriumjodidlösung versetzt. Man läßt noch 3—5 Minuten auf dem Wasserbad stehen, läßt erkalten, verdünnt stark mit Wasser und titriert das ausgeschiedene Jod mit n/10 Natriumthiosulfatlösung in üblicher Weise. 1 ccm n/10 Natriumthiosulfatlösung entspricht 3,501 mg Citronensäure $(+ 1\ H_2O)$[1].

Die Bestimmung eventuell noch vorhandenen Zuckers erfolgt in üblicher Weise nach BERTRAND. Zur Bestimmung der noch unverbrauchten Essigsäure wird ein aliquoter Teil der Flüssigkeit (50—100 ccm) mit Schwefelsäure angesäuert und destilliert; Titration des Destillates ergibt die Menge an Essigsäure; 1 ccm n/10 Lauge = 6 mg Essigsäure.

(Aus einem Ansatz von insgesamt 5 g Zucker und 20 g Ca-Acetat erhält man je nach der Art des verwendeten Pilzes etwa 2,5—4 g Mycel, etwa 2—3 g Citronensäure und gegen 1 g Oxalsäure, wobei zugleich gegen 50% des Ca-Acetates verbraucht werden).

b) Umwandlung von Calciumacetat in Gegenwart von etwas äpfelsaurem Natrium und Zucker[2]. Grundansatz wie bei a; die Lösung enthält außer den Nährsalzen 4% Ca-Acetat, 0,5% Zucker und 0,5% Äpfelsäure (als Na-Salz). Weitere Durchführung des Versuches und Aufarbeitung wie unter a. (Aus einem Ansatz von insgesamt 2,5 g Zucker, 2,5 g Äpfelsäure und 20 g Ca-Acetat erhält man bei Verwendung eines guten Pilzes über 2 g Mycel, über 4 g Citronensäure, Spuren Oxalsäure, wobei über 40% des Ca-Acetates verbraucht sind).

---

[1] In der alkoholischen Pentabromacetonlösung werden durch HJ 6 Atome Jod frei; die Reaktion verläuft formell folgendermaßen:
$$CHBr_2 . CO . CBr_3 + 6\ HJ + 2\ H_2O = CH_2OH . CO . CH_2OH + 5\ HBr + 6\ J.$$
[2] CHRĄSZCZ und ZAKOMORNY: Biochem. Z. **285**, 348 (1936).

49. Übung:

Die Fumarsäuregärung.

a) Analytische Versuchsreihe unter zeitlicher Verfolgung der Säurebildung[1]. In zwölf ERLENMEYER-Kolben von 2 l Inhalt werden je 300 ccm Nährlösung in üblicher Weise vorbereitet (10% technische Glucose[2] mit 0,2% Ammoniumsulfat[3]). Die Kolben werden mit einem Trichterrohr versehen, das durch den Wattebausch hindurchführt, und auch mit Watte verschlossen ist [ähnlich wie in Abb. 12 (S. 66), aber ohne das Absaugrohr]. Sodann wird in üblicher Weise mit einer Sporensuspension einer kräftigen Kultur von Rhizopus nigricans (gezüchtet auf Bierwürzeagar mit Calciumcarbonat) geimpft. Nachdem sich bei 28—30⁰ ein kräftiges Mycel entwickelt hat (etwa nach 4—6 Tagen) wird durch das Trichterrohr trocken sterilisiertes Calciumcarbonat (etwa 16—18 g) eingefüllt, ohne Beschädigung der Pilzdecke. Etwa am 9. oder 10. Tag werden die ersten Versuche abgebrochen und sodann in Intervallen von etwa 3 Tagen die weiteren, etwa bis zum 24. Tag. Im Laufe des Versuches scheiden sich große Krystalle von Ca-Fumarat am Boden der Gefäße und an den Pilzdecken aus.

Aufarbeitung: Nach dem Absterilisieren der Versuche wird filtriert, die Pilzdecke von anhaftenden Krystallen befreit, gut ausgewaschen, ausgepreßt, getrocknet und gewogen. Die groben Ca-Fumaratkrystalle werden gesondert isoliert, mit Wasser gründlich abgeschwemmt, bei 100⁰ getrocknet und gewogen, man erhält Ca-Fumarat mit 3 Mol. Krystallwasser (1 g entspricht 0,558 g Fumarsäure). Der Rückstand (hauptsächlich Calciumcarbonat) wird mit Wasser in der Siedehitze erschöpfend extrahiert und das Filtrat mit dem Hauptanteil vereinigt. In diesem werden sodann nach dem Auffüllen an aliquoten Teilen die weiteren Bestimmungen durchgeführt, und zwar Zucker- und Ca-Bestimmung in üblicher Weise und die Bestimmung der Säuren folgendermaßen:

Ein aliquoter Teil der Lösung (50—100 ccm) wird im Vakuum vollständig verdampft, der sirupöse Rückstand mit einer ausreichenden Menge 50%iger Schwefelsäure (dem Ca-Gehalt entsprechend) versetzt und unter Zusatz von frisch geglühtem

---

[1] Vgl. BERNHAUER und THOLE: Biochem. Z. **287**, 167 (1936).

[2] Enthaltend etwa 70—80% Reinglucose; dieselbe ist besser geeignet als ein reines Präparat.

[3] Die übrigen Nährsalze sind in der technischen Glucose in ausreichendem Maße vorhanden.

Natriumsulfat zu einem trockenen Pulver verrieben, das dann in einem Soxhlet-Apparat mit Äther extrahiert wird. Nach etwa zwei- bis dreitägiger Extraktion ist auch die Äpfelsäure im Äther. Dieser wird sodann vollständig vertrieben und der Rückstand in Wasser aufgenommen; nach dem Auffüllen (auf 100—200 ccm, wegen der Schwerlöslichkeit der Fumarsäure) werden Proben zur Bestimmung der einzelnen Säuren entnommen.

Bestimmung der Fumarsäure[1]. Ein aliquoter Teil der Lösung (etwa 10—50 ccm je nach der Fumarsäuremenge) wird mit so viel konzentrierter Salpetersäure versetzt, daß die Lösung 5% freie Salpetersäure enthält, und auf dem Wasserbad erhitzt, dann setzt man 25 ccm einer Lösung zu, die 10% Mercuronitrat und 7% Salpetersäure enthält. Nach $\frac{1}{2}$stündigem Stehen auf dem Wasserbad hat sich die anfangs milchige Trübung in einen gut krystallisierten Niederschlag umgewandelt. Nach dem Erkalten kann sogleich durch ein Weißbandfilter filtriert werden, sodaß die Hauptmenge des Niederschlags im Kolben zurückbleibt. Man wäscht unter Dekantieren mit 5%iger Salpetersäure nach, und schließlich mit etwas Wasser. Das Filter wird in das Fällungsgefäß zurückgebracht, etwas starke Salpetersäure zugesetzt und etwa $\frac{1}{2}$ Stunde auf dem Wasserbad erhitzt. Das Mercurofumarat geht als Mercurinitrat in Lösung. Dann wird mit Wasser verdünnt und mit n/10 Ammoniumrhodanidlösung unter Anwendung von Eisenammoniumalaun[2] titriert. 1 ccm dieser Lösung entspricht 2,9 mg Fumarsäure.

Bestimmung der Äpfelsäure[3] durch Überführung in Fumarsäure. Ein aliquoter Teil der Lösung (etwa 50 ccm) wird mit Lauge neutralisiert (Phenolphthalein) und auf dem Wasserbad auf ein kleines Volumen (etwa 10 ccm) verdampft, in einen Silbertiegel gebracht und nach Zusatz von 10 g festem Ätznatron im Trockenschrank auf 130⁰ bis zur Vertreibung des Wassers erhitzt und dann noch 3 Stunden. Dann wird in Wasser gelöst (etwa 50 ccm), mit stark verdünnter Salpetersäure neutralisiert (gegen Kongo) und aufgefüllt. Eine Probe wird sodann mit so viel Salpetersäure versetzt, daß die Lösung 5% freie Salpetersäure enthält

---

[1] Modifizierte Methode von Hahn und Haarmann, nach Versuchen mit Schwind, Diss. Prag 1936.

[2] Herstellung der Indicatorlösung: Eine bei Zimmertemperatur gesättigte Lösung von Eisenammoniumalaun wird mit konz. Salpetersäure bis zum Verschwinden der Braunfärbung versetzt. Man nimmt 1 ccm dieser Lösung für 25 ccm Flüssigkeit und titriert nur bis zum Farbumschlag (Verschwinden des grünlichen Farbtons; der Umschlag ist scharf).

[3] Hahn und Haarmann: Z. f. Biol. 87, 107 (1928); 89, 159 (1929).

und die Bestimmung der Fumarsäure vorgenommen. Man erhält so die Summe der ursprünglich vorhandenen Fumarsäure und der aus der Äpfelsäure entstandenen; durch Abzug der wie oben bestimmten bereits vorhandenen Fumarsäuremenge vom hier erhaltenen Wert ergibt sich die der vorhandenen Äpfelsäure entsprechende Menge Fumarsäure. 1 g Fumarsäure entspricht 1,15 g Äpfelsäure.

Bestimmung der Bernsteinsäure. Ein aliquoter Teil der Lösung (etwa 50 ccm) wird mit Lauge neutralisiert (Phenolphthalein) und auf dem Wasserbad in einer Schale zwecks Zerstörung der Fumarsäure und Äpfelsäure mit 4%iger Kaliumpermanganatlösung so lange versetzt, bis die Rotfärbung $\frac{1}{4}$ Stunde lang erhalten bleibt. Dann wird der Braunstein durch Einleiten von SO_2 gelöst, nach Zusatz einiger ccm 50%iger Schwefelsäure (bis zur schwach kongosauren Reaktion) das SO_2 auf dem Wasserbad vertrieben, die Lösung auf ein kleines Volumen verdampft und der Rückstand mit so viel frisch geglühtem Natriumsulfat verrieben, daß ein trockenes Pulver entsteht, das im SOXHLET-Apparat extrahiert wird. Der Rückstand nach dem Abdampfen des Äthers wird mit n/10 Lauge neutralisiert (gegen Phenolphthalein, dann Zusatz von einem Tropfen verdünnter Salpetersäure), sodann wird bernsteinsaures Silber durch Zusatz von n/10 Silbernitratlösung ausgefällt, und das überschüssige Silber mittels n/10 Ammoniumrhodanidlösung nach VOLHARD zurücktitriert. 1 ccm n/10 Silbernitratlösung entspricht 5,8 mg Bernsteinsäure.

(Aus dem Versuch wird der allmähliche Anstieg der Fumarsäuremenge bis zu einem Maximum von 40—60% der Theorie ersichtlich, sodann findet wieder ein Abfall der Fumarsäuremenge statt, die Äpfelsäure steigt bis zu einem Maximum von etwa 20—30% an, das allerdings wesentlich später erreicht wird als bei der Fumarsäure, die Menge an Bernsteinsäure bleibt dauernd relativ gering und zwar etwa 4—6% d. Th.)

b) Präparativer Versuch. In einigen FERNBACH-Kolben von 2 l Inhalt (versehen mit einer Einrichtung zur Probeentnahme; vgl. Abb. 13, S. 66) werden je 500 ccm Nährlösung (von der gleichen Zusammensetzung wie unter a) grundsätzlich genau so wie unter a) weiter behandelt. Der Versuchsabbruch erfolgt in dem Zeitpunkt, in dem nur noch relativ wenig reduzierende Substanz vorhanden ist, wie durch Probeentnahmen und quantitative Zuckerbestimmung festgestellt wird. Alle Versuche werden dann absterilisiert und vereinigt, Pilzdeckengewicht wie oben ermittelt, Ca-Fumaratkrystalle gesammelt und durch Abspülen gereinigt.

Die Lösung wird auf ein kleines Volumen verdampft, wobei weitere Mengen Ca-Fumarat auskrystallieren, die abgesaugt und gewaschen werden. — Gewinnung der freien Fumarsäure: Das vereinigte Ca-Fumarat wird unter Anwendung eines großen Überschusses verdünnter Salzsäure umkrystallisiert, wobei freie Fumarsäure auskrystallisiert. Schmelzpunkt nach nochmaligem Umkrystallisieren aus Wasser 286^0. Aus der salzsauren Mutterlauge kann durch Ausäthern am Flüssigkeitsextraktor noch eine weitere Menge Fumarsäure gewonnen werden. Aus der ursprünglichen Mutterlauge erhält man nach dem Ansäuern mit Schwefelsäure durch Extraktion mit Äther am Flüssigkeitsextraktor neben etwas Fumarsäure vor allem Bernsteinsäure. Äpfelsäure kann nach dem Verdampfen der wäßrigen Lösung im Vakuum durch Ätherextraktion des mit geglühtem Natriumsulfat behandelten Rückstandes im Soxhlet-Apparat gewonnen werden.

50. Übung:

Zwischenprodukte der Fumarsäuregärung..

a) Umwandlung von Alkohol[1]. In zwei oder mehreren 2 l fassenden Erlenmeyer-Kolben werden Pilzdecken ebenso wie in Übung 49a 6—8 Tage zur Entwicklung gebracht, dann wird die Kulturflüssigkeit abgehebert, durch Nachspülen mit physiologischer Kochsalzlösung vollständig entfernt und durch je 300 ccm einer neuen Kulturflüssigkeit folgender Zusammensetzung ersetzt: 2% Äthylalkohol, 0,05% Ammoniumnitrat, 0,2% Kaliumdihydrophosphat, 0,01% Magnesiumsulfat und 0,3% Natriumchlorid; weiterhin werden durch das Trichterrohr je 10 g Calciumcarbonat zugesetzt. Etwa alle 4—5 Tage fügt man die 1% Alkohol entsprechende Menge hinzu (pro Versuch daher 3 g Alkohol), so daß schließlich pro Versuch insgesamt etwa 15—18 g Alkohol zugesetzt sind. Nach dem letzten Zusatz läßt man die Kolben noch etwa 6—8 Tage bei 28—30^0 stehen und bricht dann die Versuche ab. Während der Verarbeitung des Alkohols findet weitere beträchtliche Mycelentwicklung statt. Es krystallisiert hier kein Ca-Fumarat aus, da die gebildete Menge relativ klein ist, dagegen scheidet sich Ca-Oxalat ab.

Analyse der Kulturen wie in Übung 49a: Bestimmung des Mycelgewichtes und der ätherlöslichen Säuren, ferner Bestimmung des Ca-Gehaltes der Lösung, des verbrauchten Alkohols und der eventuell vorhandenen Essigsäure (durch Ansäuern, Dampf-

---

[1] In Anlehnung an Butkewitsch und Fedoroff: Biochem. Z. **219**, 103 (1930).

destillation und Titration des Destillates, vgl. S. 202). Die im Niederschlag befindliche Oxalsäure wird in folgender Weise bestimmt: Der Rückstand wird in verdünnter Salzsäure gelöst, filtriert und das Filtrat aufgefüllt; in einem aliquoten Teil bestimmt man dann die Oxalsäure durch Zusatz von Ammoniak usw.

b) Umwandlung von Essigsäure[1]. Herstellung einiger Pilzdecken und Vornahme der Versuche wie unter a. Die zweite Kulturflüssigkeit besteht aus 4% Essigsäure (als Ca-Acetat), unter Zusatz der gleichen Salze wie oben. Nach etwa 10, 20 und 30 Tagen werden die Versuche abgebrochen; Bestimmung der unverbrauchten Essigsäure und der ätherlöslichen Säuren wie zuvor. Man erhält dabei hauptsächlich Bernsteinsäure (10—14%).

51. Übung:

Die Oxalsäuregärung.

a) Analytische Versuchsreihe (unter zeitlicher Verfolgung der Säurebildung). In acht ERLENMEYER-Kolben von 300 ccm Inhalt je 100 ccm Nährlösung: 15% Rohrzucker, 0,2% Ammonsulfat, 0,1% Kaliumdihydrophosphat, 0,025% Magnesiumsulfat. Mit Sporensuspension von Aspergillus niger in üblicher Weise geimpft. Nach etwa 4 Tagen bei 30—35⁰ (Pilzdecken völlig geschlossen) Zusatz von 10 g $NaHCO_3$ und 5 g Na-Acetat pro Versuch; weiter etwa 8—10 Tage belassen. Abbruch von je zwei Kolben am 8., 10., 12 und 14. Tag. Aufarbeitung: Mit Essigsäure neutralisieren, erhitzen, filtrieren (je zwei Parallelversuche gemeinsam), waschen und auf 250 ccm auffüllen. Bestimmung von Zucker in üblicher Weise (2—5 ccm Probe). Bestimmung der Oxalsäure in üblicher Weise (etwa 10 ccm Probe): Fällung mit Calciumchlorid und Titration des in Schwefelsäure gelösten Niederschlages mit Kaliumpermanganat. 1 ccm n/10 $KMnO_4 = 6{,}3$ mg Oxalsäure ($+ 2 H_2O$) $= 4{,}5$ mg Oxalsäure (krystallwasserfrei).

b) Präparativer Versuch. In einem 5 l-FERNBACH-Kolben 1 l Nährlösung (wie zuvor); weitere Behandlung wie zuvor. Zusatz von 100 g $NaHCO_3$ und 50 g Na-Acetat. Probeentnahme wie in Versuch 49b, vom 8. Tag an täglich. Aufarbeitung: Mit Essigsäure neutralisieren, Filtrat mit Bleiacetat fällen, Niederschlag absaugen, auswaschen, in etwas Wasser suspendieren, Schwefelwasserstoff einleiten, Bleisulfid abfiltrieren, Filtrat am Wasserbad verdampfen; Krystallisation der Oxalsäure; aus Wasser umkrystallisieren. Fp. 100⁰ (krystallwasserhaltiges Produkt).

---

[1] Vgl. BUTKEWITSCH und FEDOROFF: Biochem. Z. **207**, 302 (1929); **219**, 87 (1930).

52. Übung:

Die Oxalsäurebildung aus Zwischenprodukten.

a) Umwandlung von Natriumacetat in Oxalsäure. In einigen
ERLENMEYER-Kolben werden in gleicher Weise wie in Übung 51a
Pilzdecken zur Entwicklung gebracht. Nach etwa 4—5 Tagen
bei 30—35⁰ wird die Nährlösung entfernt, durch Nachspülen mit
physiologischer Kochsalzlösung ausgewaschen und durch eine
neue Nährlösung folgender Zusammensetzung ersetzt (je 50 ccm):
5,6% Natriumacetat (entsprechend 2,5% Essigsäure). Zwischen
dem 7. und 10. Tag der Pilzdeckeneinwirkung werden die Versuche abgebrochen und analysiert. Bestimmung des Mycelgewichtes; Auffüllen des Filtrates und Bestimmung der Oxalsäure
an 5—10 ccm in üblicher Weise. Die Versuche werden zweckmäßigerweise mit verschiedenen Aspergillus niger-Stämmen
durchgeführt, um so den geeignetsten Pilz zu ermitteln.

b) Umwandlung von Ca-Formiat in Oxalsäure[1]. In fünf ERLEN-
MEYER-Kolben von 750 ccm Inhalt werden je 100 ccm Nährlösung vorbereitet, und zwar: 3,7% Ca-Formiat (entsprechend
2,5% Ameisensäure), 0,1% Ammoniumnitrat, 0,1% Kaliumdihydrophosphat und 0,05% Magnesiumsulfat. Pro Kolben
werden unter sterilen Bedingungen je 0,5 g „Rohsporenmasse"
(gewonnen aus Bierwürze von 8⁰ Bllg., vgl. S. 193) zugesetzt.
Innerhalb 3—5 Tagen bei etwa 30⁰ entwickelt sich eine dünne
Myceldecke. Im weiteren Verlauf des Versuches scheidet sich am
Boden des Gefäßes sowie im Mycel Calciumcarbonat und Calciumoxalat aus. Nach etwa 10—15 Tagen wird der Versuch abgebrochen.

Aufarbeitung: Die Kulturflüssigkeiten werden nach dem
Sterilisieren gemeinsam filtriert und der Filterrückstand gut ausgewaschen. Im Rückstand wird das Mycelgewicht, sowie abge-
schiedenes Calciumcarbonat und Calciumoxalat bestimmt. Das
Filtrat wird aufgefüllt und zur Bestimmung unverbrauchter
Ameisensäure verwendet. Behandlung des Filterrückstandes:
Derselbe wird bei 95—100⁰ bis zur Konstanz getrocknet und gewogen, sodann fein pulverisiert und mit verdünnter Essigsäure
von Calciumcarbonat befreit; nach gutem Auswaschen wird der
Filterrückstand wieder getrocknet und gewogen. Die Gewichtsdifferenz ergibt die Menge an Calciumcarbonat. Nun wird die getrocknete Masse mit verdünnter Salzsäure vom Ca-Oxalat befreit
(am Wasserbad längere Zeit digeriert, bis alles Ca-Oxalat in
Lösung gegangen ist). Der nach dem Filtrieren und Auswaschen

---

[1] In Anlehnung an CHRZĄSZCZ und ZAKOMORNY: Biochem. Z. **279,**
64 (1935).

nun verbleibende Rückstand wird als Mycelgewicht bestimmt. Die Gewichtsdifferenz ergibt die Ca-Oxalatmenge, die durch direkte Oxalsäurebestimmung im salzsauren Filtrat noch kontrolliert wird.

Bestimmung der Ameisensäure: Eine aliquote Probe des ursprünglichen Filtrates (etwa 200 ccm) wird am Wasserbad auf ein kleines Volumen verdampft (etwa 20—30 ccm), mit einer ausreichenden Menge Weinsäure versetzt und mit überhitztem Wasserdampf destilliert. Im Destillat wird die Bestimmung der Ameisensäure durch Titration mit n/10 Lauge (1 ccm entspricht 4,6 mg Ameisensäure) oder nach der Kalomelmethode vorgenommen, und zwar: Ein aliquoter Teil der Probe (etwa 20—50 ccm) wird mit Lauge genau neutralisiert, dann ein zehnfacher Überschuß 6%iger Sublimatlösung zugefügt, 1 Stunde auf dem siedenden Wasserbad erhitzt und etwas konz. HCl zugesetzt (für 100 ccm 2 ccm HCl). Filtriert, mit heißem Wasser gut ausgewaschen. Filter samt Niederschlag in einem Kolben mit eingeschliffenem Stöpsel mit einer genau abgemessenen Menge n/10-Jodlösung und 10 ccm 10%iger Jodkalilösung übergossen, gut geschüttelt, dann in üblicher Weise mit n/10 Thiosulfatlösung zurücktitriert. Die Differenz ergibt die verbrauchte Menge n/10-Jodlösung; 1 ccm davon entspricht 2,3 mg Ameisensäure[1].

53. Übung:
Alkoholische Gärung der Schimmelpilze.

a) Die alkoholische Gärung durch Rhizopus nigricans. Die Pilze werden in einigen Kolben in analoger Weise wie in Übung 49 a zur Entwicklung gebracht; dann wird die eine Hälfte der Versuche unter normalen Verhältnissen weiter belassen, die andere Hälfte mit einem Gärverschluß versehen. Nach weiteren etwa 4 Tagen werden Kolben von jeder Serie abgebrochen und analysiert, ebenso in weiteren Intervallen von 4—5 Tagen. Es wird jeweils das Mycelgewicht ermittelt, ferner der Zuckerverbrauch, die Acidität der Lösung usw.; die Bestimmung des Alkohols erfolgt im Destillat eines aliquoten Teiles in der gleichen Weise wie in Übung 4d. Es zeigt sich bei dem Versuch, daß auch unter normalen (aeroben) Bedingungen Alkohol in beträchtlichen Mengen in der Nährlösung (gegen 2%) angehäuft wird und unter anaeroben Bedingungen etwa doppelt so viel. Säuren treten unter anaeroben Bedingungen nur in geringen Mengen auf.

---

[1] Auf Grund der Reaktionsgleichungen:
$$H . COOH + 2\,HgCl_2 = Hg_2Cl_2 + CO_2 + 2\,HCl$$
$$Hg_2Cl_2 + J_2 = HgCl_2 + HgJ_2$$

Hinsichtlich einer besonderen Methodik und Apparatur zur Bestimmung des Gärvermögens der Schimmelpilze unter anaeroben Bedingungen vgl. TAMIYA und MIWA[1].

b) Die Sulfitgärung des Aspergillus niger[2]. In einigen ERLENMEYER-Kolben von 300 ccm Inhalt werden auf je 100 ccm Nährlösung (5% Zucker, 0,1% Ammoniumnitrat, 0,05% Kaliumdihydrophosphat und 0,01% Magnesiumsulfat) die Pilze bei 30⁰ zur Entwicklung gebracht (Aspergillus niger, vorteilhafter Weise einige verschiedene Pilzstämme); nach etwa 4 Tagen werden pro Kolben je 2 g Natriumsulfit zugesetzt; am 2., 4. und 6. Tag nach dem Zusatz werden die Versuche abgebrochen und aufgearbeitet, Filtration, Bestimmung des Pilzdeckengewichtes, Auffüllen des Filtrates, Entnahme von Proben für die Zuckerbestimmung und Acetaldehydbestimmung wie in Übung 5 b. (Die Ausbeute an Acetaldehyd beträgt bei Anwendung geeigneter Pilze 5—10% d. Th., bezogen auf verbrauchten Zucker. Bei Betrachtung des Zuckerverbrauches und der Acetaldehydbildung in den zweitägigen Intervallen sind die Ausbeutezahlen wesentlich höher.)

Unter grundsätzlich analogen Bedingungen konnte auch die Bildung von Brenztraubensäure und Dimethylbrenztraubensäure beobachtet werden[3]. (Isolierung derselben nach der Destillation mittels 2,4-Dinitrophenylhydrazin.)

c) Gewinnung von Methylglyoxal[4]. In vier ERLENMEYER-Kolben von 300 ccm Inhalt werden die Pilze auf einer Lösung von 5% Glucose mit den erforderlichen Nährsalzen (wie zuvor) zur Entwicklung gebracht, nach 2 Tagen bei 30⁰ wird die Kulturflüssigkeit entfernt, das Mycel gründlich ausgewaschen und die Pilzdecken zweimal je 3 Stunden bei 30⁰ hungern gelassen. Dann werden je 100 ccm einer 0,25%igen Lösung von Natriumhexosediphosphat und 1% Toluol zugesetzt. Nach 24 Stunden bei 30⁰ werden die Lösungen filtriert, vereinigt und mit etwa 100 ccm einer 1,6%igen Lösung von 2,4-Dinitrophenylhydrazin in 2 n-Salzsäure versetzt. Im übrigen wird wie in Übung 9b (S. 105) weiter vorgegangen.

Anhang: Zum Chemismus der Säuregärungen der Schimmelpilze.

Eine Reihe von Befunden spricht dafür, daß bei den oxydativen Säuregärungen der Schimmelpilze zunächst eine alkoholische Zucker-

[1] TAMIYA und MIWA: Z. Bot. **21**, 417 (1929).
[2] Vgl. BERNHAUER und THELEN: Biochem. Z. **253**, 30 (1932).
[3] HIDA: J. Shanghai Sci. Inst. **4** (1), 201 (1935).
[4] Vgl. SUTHERS und WALKER: Biochemic. J. **26**, 317 (1932).

spaltung stattfindet und daß dann erst die typischen oxydativen Prozesse einsetzen, die für die oxydativen Säuregärungen charakteristisch sind. Unter diesen Säurebildungsvorgängen können wir im allgemeinen zwei Gruppen unterscheiden, die auch im wesentlichen von zwei verschiedenen Pilzgruppen verursacht werden, nämlich die durch Mucoraceen bewirkte *Fumarsäuregärung* und die durch Aspergillaceen verursachte *Citronensäuregärung*. Dazu kommt noch die *Oxalsäurebildung*, ein Vorgang, der nicht so charakteristisch ist wie die beiden erstgenannten, und der auch von Organismen beider Gruppen veranlaßt werden kann. Aber auch bei den beiden erstgenannten Säuregärungen sind Übergänge vorhanden, indem z. B. manche Mucoraceen Citronensäuregärung bewirken können (z. B. M. piriformis) und anderseits manche Aspergillaceen Fumarsäuregärung (z. B. Asp. fumaricus). Weiterhin vermögen Vertreter beider Pilzgruppen auch die einfache Oxydation von Aldosen zu bewirken (*Gluconsäuregärung*).

a) Die alkoholische Gärung der Schimmelpilze ist insbesondere bei den *Mucoraceen* ausgeprägt, indem fast alle Arten auch unter aeroben Bedingungen Alkohol bilden. Derselbe häuft sich in der Flüssigkeit zu etwa 2—4% an, unter anaeroben Bedingungen in der Regel noch mehr. Als weitere Produkte der alkoholischen Gärung finden sich vielfach auch Glycerin und Acetaldehyd vor. Beide Produkte lassen sich in Gegenwart von Sulfit (2. Vergärungsform, vgl. S. 92) in reichlichen Mengen anhäufen (so besonders bei M. JAVANICUS[1]). Während nun in saurer Lösung der Alkohol nur langsam wieder abgebaut wird, verschwindet derselbe in Gegenwart von Calciumcarbonat recht rasch unter Bildung von Säuren (vgl. unten).

Die *Aspergillaceen* besitzen das Vermögen zur alkoholischen Gärung in recht verschiedenem Ausmaße. So vermag die Allescheria Gayoni bei beschränkter Luftzufuhr bis 8% Alkohol anzuhäufen und unter aeroben Bedingungen auch sehr hohe Konzentrationen von Alkohol anzugreifen (bis 10%). Ferner steht Asp. clavatus unter anaeroben Bedingungen in seinem Gärvermögen der Hefe kaum nach[2]. Auch andere Pilze wie Asp. orycae oder Asp. niger zeigen unter anaeroben Bedingungen ein recht erhebliches Gärungsvermögen: insbesondere jüngere Mycelien sind fast immer gärfähiger und zymasereicher als alte. Sonstige Daten, die für die alkoholische Gärung der Aspergillaceen sprechen: Abfangung von Acetaldehyd[3], Auffindung von Glycerin als Stoffwechselprodukt[4], Gewinnung von Methylglyoxal aus Hexosediphosphat[5]. Während sich also unter anaeroben Bedingungen die alkoholische Gärung der Schimmelpilze recht gut bewerkstelligen läßt, kommt es unter aeroben Bedingungen selten zur Anhäufung des Alkohols, sondern es setzt rasch Säurebildung ein.

b) Bildung von Essigsäure durch Schimmelpilze. In Zuckerkulturen der Mucoraceen (insbesondere der Rhizopusarten, also von Erregern

---

[1] NEUBERG und COHEN: Biochem. Z. **122**, 204 (1921).

[2] TAMIYA und MIWA: Z. Bot. **21**, 417 (1929).

[3] Vgl. BERNHAUER und THELEN: Biochem. Z. **253**, 30 (1932).

[4] Bei Asp. niger: MOLLIARD, 1922; bei Asp. Wentii: RAISTRICK und Mitarbeiter, 1931.

[5] SUTHERS und WALKER: Biochemic. J. **26**, 317 (1932).

der Fumarsäuregärung) kann fast stets, wenn auch meist nur in geringen Mengen, neben Alkohol Essigsäure nachgewiesen werden. Sehr häufig findet sich in solchen Kulturen auch Acetaldehyd. Ferner vermögen auch Aspergillaceen (so besonders das Pen. Johannioli[1]) aus Alkohol Essigsäure neben Citronensäure zu bilden. (Auch durch Hefe wird bei kräftiger Belüftung Alkohol in Essigsäure übergeführt.)

c) Die Fumarsäuregärung verläuft in Gegenwart von Calciumcarbonat. Schon die genauere Verfolgung des Verlaufes derselben deutet darauf hin, daß die Säurebildung im Anschluß an die alkoholische Gärung stattfindet[2]. Es können dabei folgende Reaktionsstufen nachgewiesen werden: Zucker $\rightarrow$ Alkohol $\rightarrow$ Essigsäure $\rightarrow$ Bernsteinsäure $\rightarrow$ Fumarsäure $\rightarrow$ Äpfelsäure[3]. Die Säurebildung findet auch statt, sobald kein Zucker mehr vorhanden ist. Gärungsgleichung:

$$C_6H_{12}O_6 + 3\,O_2 = C_4H_4O_4 + 2\,CO_2 + 4\,H_2O.$$

Es konnten auch Alkohol sowie Essigsäure selbst durch Rh. nigricans in Bernsteinsäure und Fumarsäure übergeführt werden. Auch bei der Einwirkung von Aspergillaceen (und zwar Citronensäurebildnern) auf Alkohol sowie Essigsäure konnte Bernsteinsäure und Fumarsäure nachgewiesen werden[4]. Schließlich sind auch Hefen zur Bildung von Bernsteinsäure aus Alkohol sowie Essigsäure befähigt[5].

d) Die Citronensäuregärung geht insbesondere in saurer Lösung vor sich, doch kann dieselbe auch in Gegenwart von Calciumcarbonat bewerkstelligt werden. Im Verlauf der Citronensäuregärung konnte zwar — zum Unterschied von der Fumarsäuregärung — noch kein direkter Anhaltspunkt dafür gewonnen werden, daß zunächst eine alkoholische Zuckerspaltung stattfindet, doch konnte bei Einwirkung der Pilze sowohl aus Alkohol als auch aus Essigsäure Citronensäure erhalten werden[4], und zwar vielfach sogar in recht erheblichen Mengen[6]. Ferner bilden die Pilze aus essigsauren Salzen insbesondere in Gegenwart von äpfelsauren Salzen und Zucker Citronensäure[7]. Dieselbe soll daher aus 1 Mol. Essigsäure und 1 Mol. Äpfelsäure durch Dehydrierung entstehen:

$$
\begin{array}{ccc}
CH_2.COOH & & CH_2.COOH \\
| & & | \\
H.C(OH).COOH & \longrightarrow & C(OH).COOH \\
& & | \\
H.CH_2.COOH & & CH_2.COOH
\end{array}
$$

---

[1] CHRZĄSZCZ, TIUKOW und ZAKOMORNY: Biochem Z. **250**, 254 (1932).

[2] BUTKEWITSCH und FEDOROFF: Biochem. Z. **219**, 103 (1930).

[3] Vgl. auch BERNHAUER und THOLE: Biochem. Z. **287**, 167 (1936).

[4] CHRZĄSZCZ und Mitarbeiter: Biochem. Z. **229**, 343 (1930); **250**, 254 (1932); **285**, 340 (1936).

[5] WIELAND und SONDERHOFF: A. **499**, 213 (1932).

[6] Über 16% der verbrauchten Essigsäure bzw. über 25% d. Th. des angewendeten Alkohols: BERNHAUER und Mitarbeiter: Biochem. Z. **240**, 232 (1931); **253**, 16 (1932).

[7] CHRZĄSZCZ und ZAKOMORNY: Biochem. Z. **285**, 348 (1936).

Bei der Citronensäuregärung läßt sich in der Regel auch Äpfelsäure nachweisen [1]. Es erscheint allerdings noch nicht mit Sicherheit erwiesen, daß die Citronensäure nur auf einem einzigen Weg entsteht (vielleicht auch aus 1 Mol. Glykolsäure und 1 Mol. Bernsteinsäure, oder aus 3 Mol. Essigsäure auf dem Weg über Tricarballylsäure und Aconitsäure, also parallel zur Bildung der Äpfelsäure bei der Fumarsäuregärung usw.). Gärungsgleichung:

$$3\ C_6H_{12}O_6 + 9\ O_2 = 2\ C_6H_8O_7 + 6\ CO_2 + 10\ H_2O$$

Danach würde die theoretische Ausbeute an Citronensäure aus einer Hexose 71% (384.100/540) und aus Rohrzucker (dem üblichen Substrat der Citronensäuregärung) 74,9% (384.100/513) betragen. Die vielfach beobachteten höheren Ausbeutezahlen (bis über 85%) [2] sprechen allerdings gegen den Ablauf der Citronensäuregärung nach dieser Gleichung und bedürfen noch einer eigenen Erklärung (vgl. unten).

c) Die Oxalsäuregäruug findet vor allem in neutraler bis alkalischer Lösung statt. Insbesondere die bei den bereits behandelten Säuregärungen auftretenden Säuren (Essigsäure, Bernsteinsäure, Fumarsäure, Citronensäure usw.) werden in Form ihrer Alkalisalze sehr intensiv in Oxalsäure übergeführt. Die Oxalsäurebildung findet von der Essigsäure aus auf einigen Wegen statt, und zwar vor allem über Glykolsäure ⟶ Glyoxylsäure, sowie anderseits über Bernsteinsäure ⟶ Fumarsäure ⟶ Glyoxylsäure. Von besonderem Interesse ist die letzte Phase des Prozesses, indem die Glyoxylsäure über Ameisensäure (die auch tatsächlich aufgefunden wurde) in Oxalsäure überzugehen scheint [3]:

$$\begin{array}{ccc} \text{COOH} & \text{H} & \\ | & + | & \\ \text{CHO} & \text{OH} & \end{array} \longrightarrow \begin{array}{c} \text{H.COOH} \\ \\ \text{H.COOH} \end{array} \quad -H_2 \longrightarrow \begin{array}{c} \text{COOH} \\ | \\ \text{COOH} \end{array}$$

Die Umwandlung von Formiaten in Oxalate konnte auch tatsächlich nachgewiesen werden [4].

Ein grundsätzlicher Unterschied im Stoffwechsel der säurebildenden Schimmelpilze scheint demnach nicht zu bestehen; denn Citronensäure kann auch durch Mucorarten gebildet werden, und Fumarsäure und Äpfelsäure treten auch bei Aspergillusarten auf. Es läßt sich daher ein einheitliches **Schema für den Ablauf der Säurebildungsvorgänge der Schimmelpilse** entwickeln, das allerdings noch nicht in allen Punkten bewiesen ist, und daher zunächst *nur formell* die Vorgänge zum Ausdruck bringen soll. Dasselbe geht von der Essigsäure als dem Ausgangskörper der weiteren Säurebildungsprozesse aus:

---

[1] BERNHAUER und BÖCKL: Biochem. Z. **253**, 25 (1932).

[2] Vgl. z. B. WELLS, MOYER und MAY: Am. Soc. **58**, 555 (1936). — BERNHAUER und IGLAUER: Biochem. Z. **286**, 45 (1936).

[3] CHRZĄSZCZ und ZAKOMORNY: Biochem. Z. **259**, 156 (1933).

[4] CHRZĄSZCZ und ZAKOMORNY: Biochem. Z. **263**, 105 (1933); **279**, 64 (1935). — BERNHAUER und SLANINA: Biochem. Z. **264**, 109 (1933), **274**, 97 (1934).

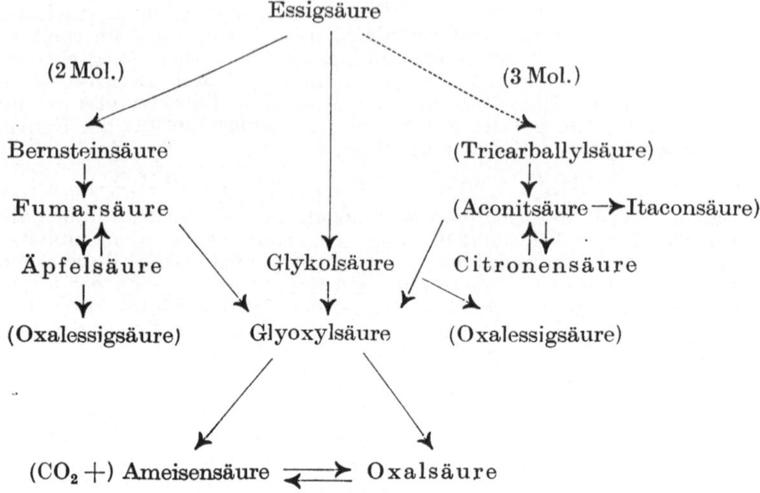

Es ergibt sich also die Vorstellung, daß die Säurebildungsprozesse wahrscheinlich im Anschluß an eine alkoholische Gärung vor sich gehen, die entweder äußerlich zum Ausdruck kommt (wie bei den Mucoraceen) oder intracellulär erfolgt (wie bei den Aspergillaceen). Gegen diese Vorstellung ergeben sich jedoch einige gewichtige Einwände, und zwar: Bei der Citronensäuregärung (und zwar bei dem in saurer Lösung stattfindenden Prozeß) wurden vielfach höhere Ausbeuten an Citronensäure erhalten, als mit dieser Theorie zu erklären wäre (vgl. oben). Weiterhin wurde bei Bilanzversuchen weniger CO_2 beobachtet als dieser Theorie entsprechen würde[1]. Ferner wird durch verschiedene Pilze Citronensäure in guten Ausbeuten auch in Gegenwart von Jodessigsäure gebildet, wobei dieselbe Jodessigsäurekonzentration die alkoholische Gärung der betreffenden Pilze unter anaeroben Bedingungen völlig hemmt[2]. Zur Erklärung könnte folgendes dienen: Es ist durchaus möglich, daß die Zuckerspaltung unter aeroben Bedingungen nicht bis zu Alkohol und CO_2 führt, sondern daß ein Zwischenprodukt, z. B. die Brenztraubensäure unter Bildung von Essigsäure und Ameisensäure gespalten wird und daß die letztere über Formaldehyd oder andere Zwischenprodukte zur Resynthese von Zucker verwendet wird[3]. Schließlich erscheint auch eine direkte Assimilation von CO_2 nicht ausgeschlossen, denn andere Mikroorganismen, wie insbesondere manche Bakterien vermögen auch CO_2 zu assimilieren (z. B. Propionsäurebakterien u. a., vgl. S. 145). Schließlich sei noch darauf hingewiesen, daß eine Resynthese von Zucker (bzw. Kohlehydraten) im Pilzstoffwechsel vielfach beobachtet werden kann; auch das Pilz-

---

[1] GUDLET, zitiert nach BUTKEWITSCH: Biochem. Z. **272**, 375 (1934). — WELLS, MOYER und MAY: Am. Soc. **58**, 555 (1936).
[2] Vgl. WALKER: J. Soc. chem. Ind. **55**, 61 (1936).
[3] Vgl. dazu BERNHAUER: Biochem. Z. **274**, 111 (1934).

wachstum auf den verschiedensten C-Quellen muß wohl von einer Synthese von Kohlehydraten eingeleitet werden, und zwar geht auch dieser Vorgang ohne Bildung von CO_2 vor sich und ebenso die direkte Assimilation verschiedener Säuren[1]; die Pilze müssen daher auch über einen sehr kräftigen Reduktionsapparat verfügen.

Der Unterschied im Stoffwechsel der Hefen und Mucoraceen besteht gemäß dem oben Gesagten vor allem darin, daß die im Anschluß an die alkoholische Gärung stattfindende oxydative Säurebildung bei den Hefen nur in sehr geringem Ausmaß vor sich geht, bei Mucoraceen dagegen vielfach sehr intensiv. Der Unterschied im Stoffwechsel der Hefen und Mucoraceen einerseits und der Aspergillaceen anderseits scheint insbesondere darin zu bestehen, daß die Aspergillaceen, obwohl sie ein komplettes Zymasesystem besitzen, unter aeroben Bedingungen in der Regel überhaupt keine ersichtliche (wohl aber vielleicht eine intracelluläre) alkoholische Gärung hervorrufen, und daß auch im Anfangsstadium des Zuckerabbaus sogleich die Säurebildung überwiegt; dagegen findet bei Mucoraceen und Hefen auch unter aeroben Bedingungen zunächst stets Bildung von Alkohol statt.

---

[1] BENNET-CLARK: New Phytologist **32**, 128 (1933); **34**, 211 (1935).

Anhang I.

Allgemeine Einrichtungen und Anordnungen im gärungschemischen Laboratorium.

(Organisatorisches zum Laboratoriumsbetrieb.)

1. Allgemeine Einrichtungen zum Mikroskopieren.

Die notwendigen Einrichtungsgegenstände werden am besten in einem gesonderten Raum untergebracht, in dem eine Anzahl von Plätzen für die Durchführung der mikroskopischen Arbeiten vorhanden sind. Ferner wird dieser Raum auch als Impfraum benutzt.

a) Geräte zum Mikroskopieren: Einige Mikroskope mit einfachem Stativ, mit Kondensor, Irisblende und Objektivrevolver, zwei bis drei Objektive und zwei bis drei Okulare, Einrichtung für Immersion; Vergrößerung etwa 50, 100, 200, 400, 600, für sehr kleine Bakterien (z. B. manche Essigbakterien) bis 1200. Ein Mikroskop mit größerem Stativ für besondere Zwecke, Vergrößerung bis 1500.

Sonstige Hilfsmittel: Okularmikrometer, Objektmikrometer, Zeichenapparat, Einrichtung zum Mikrophotographieren, SKARscher Apparat für Zählungen, Glasgeräte wie Objektträger (auch hohle), Deckgläschen usw.

b) Reagentien und Farbstofflösungen sind geordnet in einem eigenen Kasten oder auf einem Regal aufzubewahren. Man benutzt Stammlösungen, die von Zeit zu Zeit zu erneuern sind. Die wichtigsten Farbstoffe, von denen man Stammlösungen anfertigt, sind etwa: Methylenblau, Methylviolett, Fuchsin, Bismarckbraun, Methylgrün, Gentianaviolett, Nigrosin, Naphtoresorcin, Lackmusblau; ferner hält man bereit: Lugolsche Lösung, Tusche, Xylol, Alkohol usw.

c) Sonstige Hilfsmittel: Glasstäbe, Pinzetten, CORNETsche Pinzette, Skalpelle, Canadabalsam, Asphaltlack, Vaselin-Paraffinöl Präpariernadeln, Glasschälchen, Glasdosen, passende Brenner usw.

2. Anordnungen für die Kultivierung der Organismen.

a) Einrichtungen zur Züchtung der Gärungsorganismen. Die *Vorbereitung der Nährböden* wird in der sogenannten „Nährbodenküche“ (vgl. unten) vorgenommen, in der auch die Vorbereitung der Gärversuche erfolgt.

Die *Impfung der Nährböden mit den Organismen*, also die Anlegung der Kulturen, nimmt man am besten im Mikroskopierraum an besonderen, möglichst zugfreien Arbeitsplätzen vor, auf denen sich die erforderlichen Geräte befinden; z. B. Impfnadeln, Pinzetten, Skalpelle, Pipetten, die man in besonderen Holzblöcken unterbringt, so daß sie stets verwendungsbereit sind; Impfschränke, Einrichtungen für Reinzüchtungen (Federstrichkultur usw.) u. a.

b) Aufbewahrung der Nährböden und Substrate für die Züchtung der Gärungsorganismen. Dieselben werden in dem gleichem Raum wie die Kulturen selbst aufbewahrt (vgl. unten), also bei tiefer Temperatur[1]; manche Nährböden werden zweckmäßigerweise (um Austrocknen zu verhindern, z. B. Agarröhrchen) in Eisschränken aufbewahrt. Die wichtigsten Nährböden sollen stets in gebrauchsfertigem Zustand, bezeichnet mit allen erforderlichen Angaben (vgl. S. 28) vorhanden sein.

c) Einrichtungen für die Aufbewahrung der Gärungsorganismen. Proberöhren mit Organismen (z. B. Agarkulturen) werden am besten in Holzblöcken mit fünf bis sechs Löchern zur Aufnahme der Röhren aufgestellt. Ebenso verwendet man für die Aufbewahrung kleinerer Glaskölbchen mit den Kulturen (z. B. für FREUDENREICH-Kölbchen) besondere Holzblöcke. Die Holzblöcke mit den Kulturen bewahrt man in besonderen Schränken auf, die mit Löchern zum Luftaustausch versehen sind. Dieselben werden in einem eigenen Raum, der vom sonstigen Betrieb streng getrennt ist, aufgestellt. Derselbe soll relativ niedrige und möglichst konstante Temperatur haben (am besten ein trockener Kellerraum). Bei manchen Organismen ist zur Erhaltung des Gärvermögens die Aufbewahrung bei noch tieferer Temperatur (etwa 4—6°) erforderlich (am besten in Kühlschränken, die in dem gleichen Raum aufgestellt werden, in dem sich die Kulturen befinden).

3. Allgemeine Einrichtungen für die Durchführung von Gärversuchen.

a) Vorbereitung der Gärversuche. Es dient dazu am besten ein eigener Raum, der zugleich zur Herstellung der Nährböden für die Kultivierung der Organismen dient („Nährbodenküche"). Einrichtungsgegenstände: Wasserbäder, Tarawaagen und größere Waagen, Schränke mit den einfachen gebräuchlichsten Gärgeräten und Kulturgefäßen usw.[2]. Ferner bewahrt man hier die

---

[1] Ebenso können hier die für die Durchführung der Gärversuche erforderlichen Materialien verwahrt werden.

[2] Apparaturen und Gärgeräte für besondere Zwecke werden zweckmäßigerweise in einem eigenen Magazin aufbewahrt.

Stammlösungen der wichtigsten Nährsalze auf, und zwar in etwa 10—100fach konzentriertem Zustand, also z. B. wenn die Lösung 0,05% $MgSO_4$ enthalten soll, so bereitet man eine 5%ige Stammlösung vor und nimmt von dieser 1 ccm für 100 ccm Nährlösung. Lösungen organischer Substanzen (Pepton, Hefesaft usw.) werden zweckmäßigerweise frisch bereitet; für kurze Zeit können dieselben nach dem Sterilisieren im Kulturraum bzw. Kühlschrank aufbewahrt werden, ähnlich wie die fertigen Nährböden selbst. Ferner können sich im Vorbereitungsraum die Abzüge mit den Sterilisationsapparaten befinden (vgl. unter b). Für die Vorbereitung von Reihenversuchen braucht man hier. ferner geräumige Arbeitstische, auf denen die Gefäße aufgestellt und mit den Nährlösungen beschickt werden können.

Bei der *Vorbereitung der Reihenversuche* selbst geht man etwa folgendermaßen vor, wie an einem Beispiel erläutert sei: 20 ERLENMEYER-Kolben sollen mit je 100 ccm einer Nährlösung von bestimmter Zusammensetzung beschickt werden; und zwar z. B. 10% Rohrzucker, 0,2% NH_4NO_3, 0,1% KH_2PO_4 und 0,025% $MgSO_4$. Man löst zu diesem Zweck zunächst 220 g Rohrzucker in etwa 1 l Wasser in der Wärme auf, dann fügt man von den Stammlösungen (20%ige NH_4NO_2-Lösung, 10%ige KH_2PO_4-Lösung und 2,5%ige $MgSO_4$-Lösung) je 22 ccm hinzu und füllt das Ganze nach dem Erkalten auf 2200 ccm auf. Nach gutem Umschütteln füllt man die Lösung in einen Abfüllapparat (vgl. Abb. 27), mit dessen Hilfe je 100 ccm in die einzelnen ERLENMEYER-Kolben verteilt werden. Die Handhabung des Apparates ist folgende: Man läßt mittels des Zweiweghahnes die Flüssigkeit aus der Flasche in die Bürette einfließen (unter eventuellem schwachem Ansaugen bei a und stellt auf die oberste Marke ein. Durch Drehen des Zweiweghahnes läßt man dann das gewünschte Flüssigkeitsvolumen in die Kolben einfließen, ohne den Kolbenhals zu benetzen. (Der verbleibende Rest der Lösung kann für die Bestimmung des pH-Wertes, für die Kontrolle des Zuckergehaltes u. a. verwendet werden.)

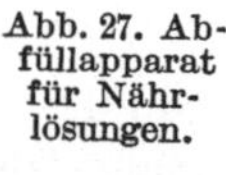

Abb. 27. Abfüllapparat für Nährlösungen.

b) Einrichtungen zum Sterilisieren. Für Proberöhren und kleine Kulturgefäße benutzt man zweckmäßigerweise einen kleinen Dampftopf, für große Gärgefäße sowie Reihenversuche entsprechend große Sterilisatoren, zur Keimtötung unter Druck Autoklaven. Man stellt diese Apparaturen zweckmäßigerweise in einem Abzug auf, der sich in der „Nährbodenküche" befindet (vgl. oben), oder man benutzt eigene, mit Ventilatoren sowie Ölanstrich versehene Sterilisationskammern, die an die „Nährbodenküche" angrenzen.

Hinsichtlich der *Handhabung der Sterilisatoren* sei noch bemerkt, daß von denselben nach dem Sterilisieren der Deckel sofort abgenommen werden muß, und die Gefäße gleich entnommen werden sollen, um ein Feuchtwerden der Wattestöpsel zu verhindern. Beim Sterilisieren im Autoklaven geht man so vor, daß man nach dem Beschicken, Schließen und Anheizen desselben zunächst durch den Lüftungshahn die Luft ausströmen läßt; erst sobald Dampfentwicklung einsetzt, wird der Entlüftungshahn geschlossen. Empfehlenswert ist die Benutzung von Apparaten mit einer automatischen Reguliervorrichtung zum Heizen. Der Autoklav soll nach dem Sterilisieren erst dann geöffnet werden, sobald der Druck auf etwa 0,1—0,2 Atm. gefallen ist; sodann öffnet man und entnimmt die Gefäße. Die Wattestöpsel der Gefäße müssen mittels einer Kappe aus Pergamentpapier gegen Feuchtigkeit geschützt werden. Ein längeres Verweilen der Gefäße im Autoklav ist zu vermeiden.

c) Kulturschränke und Gärkammern. Für kleinere Versuche sowie für die Entwicklung der Impfkulturen usw. benutzt man die üblichen *Brutschränke*, die entweder mit einem Wassermantel oder einem anderen Wärmeschutz umgeben sind und einen Thermoregulator besitzen. Für besondere Zwecke verwendet man die *Wasserthermostaten*, die mit genauen Reguliervorrichtungen zur Konstanthaltung der Temperatur versehen sind. Brutschränke und Thermostaten werden zweckmäßigerweise in einem eigenen „Thermostatenraum" untergebracht.

Zur Durchführung größerer Gärversuche (besonders in präparativem Ausmaß) sowie für große Reihenversuche dienen *Gärkammern*, die auf einer bestimmten Temperatur gehalten werden (entweder durch Gas oder elektrisch oder durch Dampf). Dieselben werden zweckmäßigerweise mit einem Ölanstrich versehen oder mit Kacheln ausgelegt, ferner mit einem Ventilator, Leitungen (gekennzeichnet durch entsprechenden Anstrich) für verschiedene Gase (Sauerstoff, Wasserstoff, Stickstoff, Kohlendioxyd, Druckluft); ferner befinden sich hier verstellbare Regale für die Aufstellung der Gärgefäße, sowie größere Arbeitsplätze für besondere Gärapparaturen. Für die Durchführung größerer Gärversuche unter Rühren (z. B. Milchsäuregärung, Propionsäuregärung, präparative Versuche mit Hefe usw.) installiert man eine durch einen Elektromotor betriebene Transmission, an die die einzelnen Rührversuche angeschlossen werden können. Ferner kann man in den Gärkammern bequem Schüttelvorrichtungen unterbringen, wie sie für die Durchführung mancher Gärversuche benötigt werden (z. B. Versuche mit Massenkulturen von Bakterien, Hefen usw., für das Arbeiten mit „Schüttelmycel" von Schimmelpilzen u. a.).

Für Versuche in halbtechnischem Ausmaß benutzt man besondere Gärkammern, die für die jeweiligen speziellen Zwecke eingerichtet werden.

4. Einrichtungen zur Aufarbeitung der Gärversuche[1].

Die allgemeinen Destillations- und Extraktionsanlagen sowie die Apparaturen für besondere analytische Zwecke usw. werden zumeist in einem großen Arbeitsraum untergebracht werden können, und bleiben hier während der Durchführung der gärungschemischen Arbeiten dauernd aufgestellt.

a) Destillierapparate für analytische Zwecke, z. B. für die „Halbdestillation", Mikrodestillation, für allgemeine analytische Trennungen, Apparate für die Bestimmung von Milchsäure, Acetaldehyd usw. (vgl. S. 94, 140, 154, 155 u. a.).

b) Destillationsapparate für präparative Aufarbeitungen: Dampfdestillation, große Kolonnenapparate, Destillierapparaturen für die fraktionierte Destillation der Gärprodukte, Vakuumdestillationen; Vakuumverdampfungsanlagen bzw. Verdunstungskasten (FAUST-HEIM-Apparat) für die Gewinnung nicht flüchtiger Gärprodukte usw.

c) Extraktionsapparate zur Gewinnung von Gärprodukten aus den Gärmaischen (Flüssigkeitsextraktoren) oder aus festen Eindampfrückständen (Apparate nach dem SOXHLET-Prinzip) usw.

d) Zentrifugen zur Klärung von Flüssigkeiten, zum Abschleudern von Bakterienmassen, von Hefe usw. bringt man am besten in eigenen Räumen unter.

e) Einrichtungen zur Titration sind an einem besonderen Arbeitsplatz des allgemeinen Aufarbeitungsraumes unterzubringen oder in einem besonderen kleineren analytischen Raum. Man verwendet zweckmäßigerweise automatische Büretten. Die erforderlichen Maßflüssigkeiten sollen stets gebrauchsfertig vorhanden sein.

f) Einrichtungen für sonstige analytische Zwecke sind gleichfalls an bestimmten Arbeitsplätzen unterzubringen; z. B. Zuckerbestimmungen, Bestimmung verschiedener Säuren usw.

Bei allen Einrichtungen muß streng darauf geachtet werden, daß alle erforderlichen Hilfsmittel, Reagentien usw. stets in sofort

---

[1] Hinsichtlich der wichtigsten allgemeinen Methoden und Apparaturen sowie einiger organisatorischer Fragen vgl. auch BERNHAUER: Einführung in die organisch-chemische Laboratoriumstechnik. Berlin: Julius Springer 1934.

verwendungsfähigem Zustand gehalten werden, um eine rasche Abwicklung des Betriebes zu ermöglichen.

Überblick der für die gärungschemischen Arbeiten erforderlichen Räume und allgemeinen Anordnungen.

1. *Kühlraum.* Dieser dient für die Aufbewahrung der Kulturen und Nährböden sowie verschiedener Substrate für die Gärversuche; derselbe ist mit Kühlschränken zu versehen. Vgl. 2b und c.

2. *Mikroskopierraum,* der zugleich als *Impfraum* zu benutzen ist. Vgl. 1 sowie 2a.

3. *Vorbereitungsraum* für die Gärversuche; dieser dient zugleich als „Nährbodenküche"; samt der *Sterilisationskammer.* Vgl. 3a und b, sowie 2a.

4. *Gärkammern* sowie *Thermostatenraum,* für die Durchführung der Gärversuche. Vgl. 3c.

5. *Allgemeiner Aufarbeitungsraum,* eventuell mit anschließendem *analytischen Raum* (Titrierraum). Vgl. unter 4.

6. *Magazin* und Glaskammer, für die Aufbewahrung der erforderlichen speziellen Geräte sowie der Reagentien usw.

Anhang II.

Umrechnungstabellen und Leitlinien der Protokollführung.

1. Verschiedene Umrechnungstabellen.

a) Zuckertabellen für die Berechnung der Analysen nach der Methode von BERTRAND. In der Tab. XIX sind nur jene Zucker angeführt, die im vorliegenden Praktikum analytisch bestimmt werden[1].

Bei der Zuckerbestimmung nach BERTRAND ist noch zu beachten, daß die Stammlösungen nicht älter als 2—3 Monate sein sollen, da sonst die Zuckerwerte zu hoch ausfallen[2]. Saure Lösungen sind vor der Bestimmung stets abzuneutralisieren. In Gegenwart von *viel* Proteinen, Peptonen oder Aminosäuren fallen die Werte zu niedrig aus.

b) Die Molekulargewichte und Äquivalentgewichte der wichtigsten Substrate und Gärprodukte sind in Tab. XX wiedergegeben, da dieselben für gärungschemische Berechnungen sehr häufig gebraucht werden.

c) Die Molekulargewichte der wichtigsten Nährsalze, deren Zusammensetzung (Krystallwassergehalt) sowie Gehalt an bestimmten Elementen finden sich in Tab. XXI.

---

[1] Hinsichtlich sonstiger Zuckertabellen vgl. H. PRINGSHEIM und LEIBOWITZ, in KLEIN, Hdb. der Pflanzenanalyse, II, 1, S. 781 ff. Wien: Julius Springer 1932.

[2] Vgl. JOSEPHSON, B. **56**, 1758 (1923).

Tabelle XIX.

Zucker mg	mg Cu, reduziert durch				Zucker mg	mg Cu, reduziert durch			
	Glucose	Invert-zucker	Sorbose	Dioxy-aceton		Glucose	Invert-zucker	Sorbose	Dioxy-aceton
10	20,4	20,6	15,4	13,0	56	105,8	105,7	82,7	79,9
11	22,4	22,6	16,9	14,4	57	107,6	107,4	84,1	81,4
12	24,3	24,6	18,4	15,7	58	109,3	109,0	85,6	82,9
13	26,3	26,5	19,9	17,0	59	111,1	110,9	87,0	84,4
14	28,3	28,5	21,4	18,3	60	112,8	112,6	88,4	85,9
15	30,2	30,5	22,9	19,6	61	114,5	114,3	89,8	87,3
16	32,2	32,5	24,4	20,9	62	116,2	115,9	91,2	88,7
17	34,2	34,5	25,9	22,2	63	117,9	117,6	92,6	90,1
18	36,2	36,4	27,4	23,5	64	119,6	119,2	94,0	91,4
19	38,1	38,4	29,0	24,8	65	121,3	120,9	95,4	92,7
20	40,1	40,4	30,5	26,1	66	123,0	122,6	96,8	94,1
21	42,0	42,3	32,0	27,5	67	124,7	124,2	98,7	95,5
22	43,9	44,2	33,5	29,0	68	126,4	125,9	99,5	96,8
23	45,8	46,1	34,9	30,4	69	128,1	127,5	100,9	98,3
24	47,7	48,0	36,4	31,9	70	129,8	129,2	102,3	99,7
25	49,6	49,8	37,9	33,3	71	131,4	130,8	103,7	100,1
26	51,5	51,7	39,4	34,7	72	133,1	132,4	105,0	102,4
27	53,4	53,6	40,9	36,2	73	134,7	134,0	106,4	103,8
28	55,3	55,5	42,3	37,6	74	136,3	135,6	107,7	105,2
29	57,2	57,4	43,8	39,1	75	137,9	137,2	109,1	106,9
30	59,1	59,3	45,3	40,5	76	139,6	138,9	110,5	107,9
31	60,9	61,1	46,8	42,0	77	141,2	140,5	111,8	109,2
32	62,8	63,0	48,2	43,5	78	142,8	142,1	113,2	110,7
33	64,6	64,8	49,7	45,1	79	144,5	143,7	114,5	112,0
34	66,5	66,7	51,1	46,6	80	146,1	145,3	115,9	113,4
35	68,3	68,5	52,6	48,1	81	147,7	146,9	117,2	114,9
36	70,1	70,3	54,1	49,6	82	149,3	148,5	118,6	116,1
37	72,0	72,2	55,5	51,1	83	150,9	150,0	119,9	117,5
38	73,8	74,0	57,0	52,7	84	152,5	151,6	121,3	118,9
39	75,7	75,9	58,4	54,2	85	154,0	153,2	122,6	120,3
40	77,5	77,7	59,9	55,7	86	155,6	154,8	124,0	121,7
41	79,3	79,5	61,3	57,2	87	157,2	156,4	125,3	123,1
42	81,1	81,2	62,8	58,7	88	158,8	157,9	126,7	124,4
43	82,9	83,0	64,2	60,2	89	160,4	159,5	128,0	125,8
44	84,7	84,8	65,7	61,7	90	162,0	161,1	129,4	127,2
45	86,4	86,5	67,1	63,2	91	163,6	162,6	130,7	128,6
46	88,2	88,3	68,5	64,8	92	165,2	164,2	132,1	129,9
47	90,0	90,1	69,9	66,3	93	166,7	165,7	133,4	131,3
48	91,8	91,9	71,4	67,8	94	168,3	167,3	134,8	132,7
49	93,6	93,6	72,8	69,3	95	169,8	168,8	136,1	134,0
50	95,4	95,4	74,2	70,8	96	171,4	170,3	137,4	135,4
51	97,1	97,1	75,6	72,3	97	173,1	171,9	138,8	136,7
52	98,9	98,8	77,0	73,8	98	174,6	173,4	140,1	138,2
53	100,6	100,6	78,5	75,4	99	176,2	175,0	141,5	139,5
54	102,3	102,3	79,9	76,8	100	177,8	176,5	142,8	140,9
55	104,1	104,0	81,3	78,5					

Tabelle XX.

Substrate und Gärprodukte	Formel[1]	Molekular-gewicht	Hexose-äqui-valent[2]	Verhältnis zu Hexose in %[3]
Acetaldehyd.	C_2H_4O	44	88	48,9
Acetaldol	$C_4H_8O_2$	88	88	48,9
Acetessigsäure. . . .	$C_4H_6O_3$	102	102	56,7
Acetoin	$C_4H_8O_2$	88	88	48,9
Aceton	C_3H_6O	58	58	32,2
Aconitsäure	$C_6H_6O_6$	174	—	—
Aldehydgluconsäure .	$C_6H_{10}O_7$	194	194	107,8
Äpfelsäure.	$C_4H_6O_5$	134	(134)	(74,4)
Äthanol	C_2H_6O	46	92	51,1
Äthylenglycol	$C_2H_6O_2$	62	—	—
Ameisensäure	CH_2O_2	46	—	—
Arabinose.	$C_5H_{10}O_5$	150	—	—
Arabit	$C_5H_{12}O_5$	152	—	—
Arabonsäure	$C_5H_{10}O_6$	166	—	—
Bernsteinsäure . . .	$C_4H_6O_4$	118	(118)	(65,5)
Brenztraubensäure. .	$C_3H_4O_3$	88	88; 176	48,9; 97,8
Butanol.	$C_4H_{10}O$	74	74	41,1
Buttersäure	$C_4H_8O_2$	88	88	48,9
2,3-Butylenglycol . .	$C_4H_{10}O_2$	90	90	50,0
Butyraldehyd	C_4H_8O	72	72	40,0
Citronensäure	$C_6H_8O_7$	192	(128; 192)	(71,1; 106,7)
Crotonaldehyd. . . .	C_4H_6O	70	—	—
Crotonsäure	$C_4H_6O_2$	86	—	—
Diacetyl	$C_4H_6O_2$	86	86	47,8
Dioxyaceton	$C_3H_6O_3$	90	180	100
Dulcit	$C_6H_{14}O_6$	182	—	—
Erythrit	$C_4H_{10}O_4$	122	—	—
Essigsäure	$C_2H_4O_2$	60	120	66,7
Fructose	$C_6H_{12}O_6$	180	180	100
Fumarsäure.	$C_4H_4O_4$	116	(116)	(64,4)

[1] Und zwar stets ohne Krystallwasser.

[2] Auf Grund der Gärungsgleichungen, soweit diese geklärt sind; falls diese noch nicht ganz gesichert sind, wurden die betreffenden Zahlen in Klammern gesetzt bzw. für beide Möglichkeiten des Reaktionsablaufes die Zahlen eingesetzt. Also z. B.: 180 g Glucose können theoretisch 58 g Aceton liefern.

[3] Die Zahlen geben demnach die aus 100 Teilen Hexose erzielbaren Höchstausbeuten an.

Tabelle XX (Fortsetzung).

Substrate und Gärprodukte	Formel	Molekulargewicht	Hexoseäquivalent	Verhältnis zu Hexose in %
Galaktonsäure	$C_6H_{12}O_7$	196	196	108,9
Galaktose	$C_6H_{12}O_6$	180	180	100
Gluconsäure	$C_6H_{12}O_7$	196	196	108,9
Glucose	$C_6H_{12}O_6$	180	180	100
Glycerin.	$C_3H_8O_3$	92	92; 184	51,1; 102,2
Glycerinaldehyd . . .	$C_3H_6O_3$	90	180	100
Glycerinsäure	$C_3H_6O_4$	116	116; 232	64,4; 128,8
Glycolsäure	$C_2H_4O_3$	76	—	—
Glyoxylsäure	$C_2H_2O_3$	74	—	—
Itaconsäure	$C_5H_8O_5$	148	—	—
Isopropanol	C_3H_8O	60	60	33,3
Ketogluconsäure . .	$C_6H_{10}O_7$	194	194	107,8
Kohlendioxyd	CO_2	44	—	—
Kojisäure	$C_6H_6O_4$	142	142	78,9
Malonsäure	$C_3H_4O_4$	104	—	—
Maltose	$C_{12}H_{22}O_{11}$	342	171	95,0
Mannit	$C_6H_{14}O_6$	182	182	101,1
Mannonsäure	$C_6H_{12}O_7$	196	196	108,9
Mannose	$C_6H_{12}O_6$	180	180	100
Methan	CH_4	16	—	—
Methylglyoxal	$C_3H_4O_2$	72	144	80,0
Milchsäure	$C_3H_6O_3$	90	180	100
Oxalsäure	$C_2H_2O_4$	90	(100; 270)	(100; 150)
Oxalessigsäure . . .	$C_4H_4O_5$	132	(132)	(73,3)
Propandiol	$C_3H_8O_2$	76	—	—
Propanol	C_3H_8O	60	120	66,7
Propionsäure	$C_3H_6O_2$	74	148	82,2
Propyraldehyd . . .	C_3H_6O	58	116	64,4
Rohrzucker	$C_{12}H_{22}O_{11}$	342	171	95,0
Sorbit.	$C_6H_{14}O_6$	182	182	101,1
Sorbose	$C_6H_{12}O_6$	180	180	100
Tricarballylsäure. . .	$C_6H_8O_6$	172	—	—
Weinsäure.	$C_4H_6O_6$	150	—	—
Xylose	$C_5H_{10}O_5$	150	—	—
Zuckersäure	$C_6H_{10}O_8$	210	210	116,7

Tabelle XXI.

Name	Formel	Mole-kular-gewicht	Prozentgehalt an bestimmten Elementen[1]
Ammonium			
-carbonat	$(NH_4)_2CO_3 . H_2O$	114,10	N 12,3
-chlorid	NH_4Cl	53,50	N 26,1
-nitrat	NH_4NO_3	80,05	N 35,0
-phosphat, prim. . . .	$NH_4H_2PO_4$	115,10	N 12,2; P 26,96
-phosphat, sek. . . .	$(NH_4)_2HPO_4$	132,13	N 21,2; P 23,5
-sulfat	$(NH_4)_2SO_4$	132,15	N 21,2; S 24,24
Calzium			
-carbonat	$CaCO_3$	100,07	
-chlorid	$CaCl_2$	110,99	Ca 36,0
-chlorid-hydrat . . .	$CaCl_2 . 6 H_2O$	219,05	Ca 18,2
-nitrat	$Ca(NO_3)_2 . 4 H_2O$	236,13	N 5,9; Ca 16,9
Kalium			
-carbonat, prim. . . .	$KHCO_3$	100,11	
-carbonat, sek.. . . .	K_2CO_3	138,20	
-carbonat, hydrat, sek.	$K_2CO_3 . 1,5 H_2O$	165,22	
-chlorid	KCl	74,56	K 52,2
-nitrat	KNO_3	101,11	N 13,86; K 38,67
-phosphat, prim.. . . .	KH_2PO_4	136,16	P 22,8; K 28,8
-phosphat, sek. . . .	K_2HPO_4	174,25	P 17,8; K 44,9
-sulfat	K_2SO_4	174,27	S 18,3; K 44,9
Magnesium			
-carbonat	$MgCO_3$	84,32	
-chlorid	$MgCl_2$	95,24	Mg 25,5
-chlorid-hydrat . . .	$MgCl_2 . 6 H_2O$	203,34	Mg 11,97
-nitrat	$Mg(NO_3)_2 . 6 H_2O$	256,43	N 5,5; Mg 9,5
-sulfat.	$MgSO_4 . 7 H_2O$	246,50	S 12,6; Mg 9,8
Natrium			
-carbonat, prim.. . .	$NaHCO_3$	84,01	
-carbonat, sek. . . .	Na_2CO_3	106,00	
-carbonat, hydrat, sek.	$Na_2CO_3 . 10 H_2O$	286,16	
-chlorid	$NaCl$	58,46	Na 39,65
-nitrat	$NaNO_3$	85,01	N 16,47; Na 27,0
-phosphat, prim. . .	$NaH_2PO_4 . 2 H_2O$	156,06	P 19,9; Na 14,74
-phosphat, sek. . . .	$Na_2HPO_4 . 12 H_2O$	358,24	P 8,66; Na 12,84
-sulfat.	Na_2SO_4	142,07	S 22,5; Na 32,4
-sulfat-hydrat	$Na_2SO_4 . 10 H_2O$	322,23	S 10,0; Na 14,3
-sulfit	Na_2SO_3	126,07	
-sulfit-hydrat	$Na_2SO_3 . 7 H_2O$	252,18	

[1] Aus dem Prozentgehalt kann sofort die für einen Versuchsansatz erforderliche Menge eines Nährsalzes berechnet werden. Z. B. pro Versuch sollen 0,07% N vorhanden sein; für NH_4NO_3 ergibt sich daher aus der Tabelle 0,07 . 100/35 = 0,2 g NH_4NO_3; oder für $(NH_4)_2SO_4$: 0,07 . 100/21,2 = 0,33 g usw.

d) Zur Umrechnung der bei verschiedenen Temperaturen und Luftdrucken abgelesenen *Kohlensäurevolumina*, die bei Vergärungen erhalten werden, auf 0^0 und 760 mm dient die von KLUYVER gegebene Tab. XXII. Und zwar werden vom abgelesenen CO_2-Volumen die auf dieses umgerechneten Prozentzahlen abgezogen. Z. B.: Das abgelesene Volumen beträgt 39 ccm bei 21^0 und 740 mm. Es sind daher $9{,}6 \cdot 39/100 = 3{,}7$ ccm abzuziehen. Das CO_2-Volumen bei 0^0 und 760 mm beträgt daher 35,3 ccm.

Tabelle XXII.

Temperatur ^{0} C	Luftdruck in mm Quecksilber					
	730	740	750	760	770	780
11	7,7	6,4	5,1	3,9	2,6	1,3
12	8,0	6,7	5,4	4,2	2,9	1,7
13	8,3	7,1	5,8	4,5	3,3	2,0
14	8,6	7,4	6,1	4,9	3,6	2,4
15	8,9	7,7	6,4	5,2	3,9	2,7
16	9,3	8,0	6,8	5,5	4,3	3,0
17	9,6	8,3	7,1	5,9	4,6	3,4
18	9,9	8,6	7.4	6,2	4,9	3,7
19	10,2	9,0	7,7	6,5	5,3	4,0
20	10,5	9,3	8,0	6,8	5,6	4,4
21	10,8	9,6	8,3	7,1	5,9	4,7
22	11,0	9,8	8,6	7,4	6,2	4,9

2. Leitlinien der Protokollführung.

a) Protokollierung von Gärversuchen. Dieselbe hat stets möglichst genau und unter Berücksichtigung aller in Frage kommenden Faktoren zu geschehen. Widersprechende Angaben in der Literatur oder widersprechende eigene Befunde, schlechte Reproduzierbarkeit von Ergebnissen usw. sind vielfach auf mangelhafte Protokollierungen zurückzuführen, indem nicht alle einzelne Faktoren, die von Bedeutung sein können, bei der Protokollierung berücksichtigt wurden. Bei der Protokollierung der Gärversuche sind folgende Punkte zu berücksichtigen:

α) *Angaben über die Herkunft und Vorbehandlung der verwendeten Kulturen;* und zwar: Art der Aufbewahrung der Stammkultur, Alter der Impfkultur und Art der Kultivierung (Nährboden, Temperatur usw.); vgl. auch unter b).

β) Die *Zusammensetzung des Gärsubstrates* ist stets möglichst genau zu notieren; so z. B. auch die Zusammensetzung der verwendeten Nährsalze (Krystallwassergehalt), die Herkunft derselben (Bezugsquelle, Herstellerfirma), deren Reinheitsgrad usw.

γ) Die *Art der Herstellung des Gärsubstrates* ist gleichfalls kurz zu beschreiben, denn vielfach kann es von Einfluß sein, in welcher Reihenfolge oder in welcher Form (gelöst oder in festem Zustand) Nährsalze zugesetzt werden[1]. Ferner sind Angaben über die *Art der Gärgefäße* (Herstellerfirma, Zusammensetzung des Glases) sowie über die *Art der Sterilisation* der Substrate zu machen.

δ) *Gärverlauf.* Man vermerkt die Temperatur (auch eventuelle Schwankungen derselben), Beginn der Gärung, Vornahme von Zusätzen und sonstige Operationen (Rühren, Schütteln usw.); ferner Aussehen der Kultur, Beobachtungen über das Wachstum der Organismen; Änderungen im Aussehen des Göransatzes (Sedimentierungen usw.); Zeitpunkt des Versuchsabbruches, Art des Versuchsabbruches usw.

ε) Die *Art der Aufarbeitung der Gärversuche* ist gleichfalls mit allen notwendigen Einzelheiten zu vermerken[2].

b) Protokollführung über die Kulturen. α) *Anlegung eines Kataloges der Organismen.* Jede Kultur erhält zweckmäßigerweise eine fortlaufende Nummer und wird in einem Katalog geführt, in dem der Name der Kultur, die Bezugsquelle[3] bzw. bei selbstgezüchteten Kulturen die Fundstelle und Art der Reinzüchtung vermerkt wird.

β) *Anlegung der Züchtungsprotokolle für die einzelnen Kulturen.* Es sind hier über die in Kultur gehaltenen Organismen fortlaufend etwa folgende Daten einzutragen: Zusammensetzung des Nährbodens für die Kultivierung, Art und Zeitpunkt der Fortzüchtung

---

[1] Vgl. z. B. BERNHAUER und IGLAUER: Biochem. Z. **286**, 45 (1936).

[2] Vgl. diesbezüglich auch BERNHAUER: Einführung in die organisch-chemische Laboratoriumstechnik, S. 117. Berlin: Julius Springer 1934.

[3] *Anschriften einiger Sammlungen von Mikroorganismen:*
American Type Culture Collection, Chicago, Ill. 629 S. Wood Street (U. S. A.).
Centraalbureau voor Schimmelcultures, Baarn, Javalaan 4 (Holland).
Prof. Dr. E. PŘIBRAMS mikrobiologische Sammlung, vorm. KRALS bakteriologisches Museum, Wien IX/2 Michelbeuerngasse 1a (Österreich).
Institut für Gärungsgewerbe, Berlin N 65, Seestraße 13 (Deutschland).
Bakteriologisches Institut der preußischen Versuchs- und Forschungsanstalt für Milchwirtschaft. Kiel, Prüne 48 (Deutschland).
Als weitere Bezugsquelle kommen naturgemäß die mit den gewünschten Organismen arbeitenden Autoren in Frage.

(Überimpfung auf frisches Substrat[1]), Änderungen im Substrat, Wechselüberimpfungen, Temperatur während der Entwicklung und Aufbewahrung der Kulturen, Zeitpunkt der Aufbewahrung; Beobachtungen über das Wachstum der Kulturen sowie über Änderungen im morphologischen und physiologischen Verhalten; Eintragungen betreffend die Überprüfung der Gärkraft der Kulturen.

Vielfach erhält man von einer Stammkultur durch Züchtungen (z. B. aus einzelnen Zellen oder Sporen), durch Passagen (Gewöhnung an besondere Substrate) usw. Subkulturen, die dann als eigene Kulturen unter einer besonderen Nummer fortgeführt werden können; auch hier müssen alle Wege und einzelnen Etappen, die zur Gewinnung solcher Kulturen geführt haben, genau vermerkt werden.

---

[1] Die Proberöhren und Kulturgefäße mit den fortgezüchteten Stammkulturen sind stets genau zu beschriften: Name, Nr. der Sammlung, abgekürzte Bezeichnung des Nährbodens, Datum der Abimpfung (vgl. auch S. 28).

I. Allgemeines Sachverzeichnis.

Die kursiv gesetzten Zahlen verweisen auf jene Seiten, auf denen der Gegenstand ausführlicher behandelt ist.

Gärprodukte und Substrate	Bildung	
	durch (Organismen usw.)	aus (Substrate usw.)
Acetaldehyd	Hefe 9, 15, 92, 112 Essigbakterien 9, 181 Butylogene Bakt. 161, 163, 169 Colibakterien 149 Schimmelpilze 210, 212 Carboxylase 98	bei der zweiten Vergärungsform 9, *92*, 98, 149, 150, 161, 163, 169, 210 Brenztraubensäure 15, 98, 112, 149 Alkohol 181, 212 Zucker 92, 98, 210 Methylglyoxal 149 Äthylenglykol 149
Acetaldol	—	—
Acetessigsäure	butylogene Bakterien 168	Essigsäure 15, 168
Acetoin (Methylacetylcarbinol)	Hefe 116 Aerogenesbakt. 150 Aerobacillen 170 butylogene Bakt. 164	Acetaldehyd 116, 117 Brenztraubensäure 124, 164 Kohlehydrate 170
Acetol	Essigbakterien 188	Propylenglykol 188
Aceton	butylogene Bakt. 58, 155, 166, 167 Aerobacillen 170 Essigbakt. 185	Kohlehydrate 153, 170 Essigsäure 15, 167 Acetessigsäure 15, 167 Isopropanol 185
Äpfelsäure	Rh. nigricans 203	Glucose 203
Äthanol	Hefe 84, 89, 90 Butylbakt. 58, 154 Cellulosevergärer 20, 174 heterofermentative Milchsäurebakt. 131 Colibakt. 145, 148 Thermobact. mobile 19 Essigbakt. 182, 185 Rh. nigricans 209 Schimmelpilze 9, 211	Cellulose 20, 174 Sulfitablauge 90 Torf 90 Zuckerarten 88, 131, 185, 209 Acetaldehyd 10, 15, 148, 149, 182

Sachverzeichnis.

und Bestimmung der wichtigsten Gärprodukte.)

| Umwandlung | | Isolierung, Nachweis und Identifizierung | Quantitative Bestimmung |
durch (Organismen usw.)	in (Umwandlungsprodukte)		
Hefe 109, 112, 116 butylogene Bakt. 10, 169 Essigbakterien 182	Äthanol 10, 15, 149, 164, 169, 182 Essigsäure 15, 149, 182 Acetoin 116, 164 Aceton 169	Nitroprussidnatriumreaktion 93 mittels Dimethon 98 als Semicarbazon 98 als 2,4-Dinitrophenylhydrazon 135	maßanalytisch 93, 94
Hefe 119 butylogene Bakt. 169	1,3-Butylenglykol 6, 119 Aceton 169	—	—
butylogene Bact. 167, 169	Aceton 10, 15, 167, 169	—	neben Aceton 168
Hefe 121 Aerobacillen 170	2,3-Butylenglykol 121, 149, 170	als p-Nitrophenylhydrazon 116	als Nickeldimethylglyoxim 116, 156
Hefe 121	Propylenglykol 121	—	—
—	—	p-Nitrophenylhydrazon 185	Umwandlung in Jodoform 155 neben Acetoin 155 neben Acetessigsäure 168
—	—	—	Überführung in Fumarsäure 204
Essigbakterien 178, 181 Rh. nigricans 206 Hefe 212 Aspergillus 212	Essigsäure 3, 21, 178 Acetaldehyd 181 Bernsteinsäure 212 Fumarsäure 206, 212 Oxalsäure 206 Citronensäure 212 Fett 78, 81	p-Nitrobenzoesäurester 87 Jodoformprobe 87 Oxydation zu Acetaldehyd 87	Zeisel-Fanto 88, 145 Oxydation zu Essigsäure 88, 145 pyknometrisch 88 neben Acetaldehyd 94 neben Butanol 154 neben Essigsäure 179

Gärprodukte und Substrate	Bildung	
	durch (Organismen usw.)	aus (Substrate usw.)
Äthylenglykol	—	—
Ameisensäure	Colibakt. 145, 147 Butylbakt. 163, 164 Aerobakt. 170 Cellulosevergärer 20 Rh. nigricans 213	Kohlehydrate 145, 170 Brenztraubensäure 147, 163, 164 Glycerinph. 147 Cellulose 20 Fumarsäure 213
Bernsteinsäure	Colibakterien 16, 148 Aerobacillen 170 Propionsäurebakt. 16, 141, 145 Rh. nigricans 203 Hefe 92, 212	Essigsäure 10, 145, 212 Glucose 141, 148 Glycerin 145 Glutaminsäure 92 Alkohol 212
Brenztraubensäure	Hefe 9, 106 Milchsäurebakt. 135, 138 Propionsäurebakt. 144 Colibakt. 148 Schimmelpilze 210 Butylbakt. 169	Zuckerarten 9, 106, 148, 169 Hexosediphosphat 106 Phosphoglycerinsäure 135,147 Abfangung 138, 144, 210
Butanol	Butylbakt. 58, 153, 161, 165 Hefe 90, 119, 122	Kohlehydrate 153 Buttersäure 161, 165 Crotonaldehyd 119, 121 Crotylalkohol 121 im Fuselöl 90
Buttersäure	Butylbakt. 58, 153, 161, 169 Cellulosevergärer 20, 174 Hefe 90	Getreidemaische 153, 161 Brenztraubensäurealdol 163 Cellulose 20, 174 im Fuselöl 90
1,3-Butylenglykol	Hefe 6, 119, 121	Acetaldol 6, 119 Acetessigaldehyd 121
2,3-Butylenglykol	Hefe 6, 121 Aerobacillen 19, 146, 149 Aerogenesbakt. 19, 146	Acetoin 121, 149, 170 Glucose 146 Diacetyl 6, 121

| Umwandlung | | Isolierung, Nachweis und Identifizierung | Quantitative Bestimmung |
durch (Organismen usw.)	in (Umwandlungs- produkte)		
Colibakt. 149	Acetaldehyd 149	—	—
Colibakt. 149 Bakterien 147, 148 Aspergillusarten 208, 213	CO_2 und H_2 147, 148 Oxalsäure 208, 213	—	neben Essigsäure 145 mittels Sublimat 209
Propionsäurebakt. 143	Propionsäure 143	Extraktion 140,142	Ag-Salz 205
Hefe 98 heterofermentative Milchsäurebakt. 137 Colibakt. 148 Butylbakt. 163, 164 Carboxylase 98	Acetaldehyd 10, 15, 98, 112, 148 Milchsäure 137, 138 147, 148 Essigsäure 137,142, 144, 147, 148, 163, 164 Propionsäure 142, 144 Ameisensäure 147, 148, 163, 164 Butylprodukte 164 Acetoin 164	als 2,4-Dinitrophe- nylhydrazon 106, 135	mittels Cerisulfat 107
—	—	Destillation 158	neben Äthanol 154
Butylbakt. 161, 169	Butanol 161, 163 Aceton 169	Ag-Salz 159 Ca-Salz 160	neben Essigsäure 156
—	—	—	—
Essigbakt. 188	Acetoin 188	—	Oxydation zu Acet- aldehyd 146 neben Acetoin 147

Gärprodukte und Substrate	Bildung	
	durch (Organismen usw.)	aus (Substrate usw.)
Butyraldehyd	—	—
Citronensäure	Aspergillusarten 199, 201 M. piriformis 211	Rohrzucker 199 Ca-Acetat 201
Crotonsäure	—	—
Diacetyl	—	—
Dioxyaceton	Essigbakt. 6, 21, 187	Glycerin 6, 21, 187
Dioxyacetonphos- phorsäure	Hefemacerationssaft 104 Zymohexase 104	Hexosediph. 104, 112, 113 Abfangung 104
Essigsäure	Hefe 100 heterofermentative Milch- säurebakt. 131 homofermentative Milch- säurebakt. 136 Propionsäurebact. 139, 142 Colibakt. 161, 163, 164, 169 Aerobacillen 170 Cellulosevergärer 20, 173, 174 Essigbakt. 178, 182 Schimmelpilze 211	Acetaldehyd 15, 148, 182 Pentosen 19, 136 Hexosen 19, 131, 139, 145, 162 Cellulose 20, 173, 174 Getreidemaische 161, 166 Milchsäure 142, 143, 144 Brenztraubensäure 142, 144, 163, 164 Äthanol 3, 21, 178 im Fuselöl 90 bei der 3. Vergärungsform 100
Fructose [1]	Essigbakt. 188	Mannit 188
Fumarsäure	Rh. nigricans 22, 203 Asp. fumaricus 211	Bernsteinsäure 10 Glucose 203 Alkohol 206 Ca-Acetat 207
Galaktonsäure	Essigbakt. 189	Galaktose 189

[1] In diesem Fall sind nur einfache Umwandlungsvorgänge angeführt.

| Umwandlung | | Isolierung, Nachweis und Identifizierung | Quantitative Bestimmung |
durch (Organismen usw.)	in (Umwandlungs-produkte)		
Butylbakt. 165, 169	Butanol 165 Aceton 165, 169	—	—
—	—	Ca-Salz 200	als Ca-Salz 199 als Petabromaceton 201
Butylbakt. 165, 169	Butanol 165, 169 Aceton 165, 169	—	—
Hefe 6, 121	Butylenglykol 6, 121	—	—
Hefe 121	Glycerin 121	Krystallisation 187	mittels Fehling 186, 222
Hefemacerations-saft 104	Glycerinaldehydph. 110, 113 Phosphoglycerin-säure 112 Glycerinphosphor-säure 112	—	—
Butylbakt. 167, 169 Asp. niger 201 Rh. nigricans 207 Hefe 212	Aceton 167, 169 Bernsteinsäure 10, 207, 212 Fumarsäure 207, 212 Citronensäure 201 Oxalsäure 201, 208	Ag-Salz 142, 159 p-Bromphenacyl-ester 140	neben Propion-säure 139 neben Buttersäure 156 neben Äthanol 179
heterofermentative Milchsäurebakt. 131 Essigbakt. 198	Mannit 19, 131 Kojisäure 198	—	—
Rh. nigricans 212, 213	Äpfelsäure 22, 212 Ameisensäure 213 Glyoxylsäure 213	Ca-Salz 203, 206	Mercurosalz 204
—	—	—	—

Gärprodukte und Substrate	Bildung	
	durch (Organismen usw.)	aus (Substrate usw.)
Galaktose	Essigbakt. 188	Dulcit 188
Gluconsäure	Essigbakt. 21, 188 Schimmelpilze 22, 195	Glucose 6, 16, 21, 22, 188, 195
Glyoxylsäure	Schimmelpilze 213	Fumarsäure 213
Glycerin	Hefe 92, 95, 100, 108, 121 heterofermentative Milch-säurebakt. 131	bei der 2. Vergärungsform 93, 95 bei der 3. Vergärungsform 100 bei der 4. Vergärungsform 108 Hexosephosphat 106, 108 Dioxyaceton 121
Glycerinphosphor-säure	Hefe 110, 112 Milchsäurebakt. 138 Colibakt. 147	Triosephosphorsäure 110, 112, 138, 147
Glycerinsäure	—	—
Hexosediphosphat	Hefe 101 Milchsäurebakt. 138 Colibakt. 147	Glucose 147 Rohrzucker 101
Isopropanol	Butylbakt. 156, 165	Getreidemaische 156, 158 Arabinose 165 Aceton 166
2-Ketogluconsäure	Essigbakt. 190	Gluconsäure 6, 16, 190
5-Ketogluconsäure	Essigbakt. 190	Gluconsäure 6, 16, 190

Umwandlung		Isolierung, Nachweis und Identifizierung	Quantitative Bestimmung
durch (Organismen usw.)	in (Umwandlungsprodukte)		
Essigbakt. 189 Hefe 92	Galaktonsäure 189 Vergärbarkeit 92	—	—
Essigbakt. 6, 16, 190	2-Ketogluconsäure 6, 16, 190 5-Ketogluconsäure 6, 16, 190	Ca-Salz 189, 196	aus dem Ca-Gehalt 189
Schimmelpilze 213	Ameisensäure 213 Oxalsäure 213	—	—
Essigbakt. 6, 21, 187 Bakterien 97 Propionsäurebakt. 144, 145 Colibakt. 148	Dioxyaceton 187 1,2-Propandiol 97 1,3-Propandiol 97 Propionsäure 144, 145 Propionaldehyd 144 Alkohol 148 Ameisensäure 148	Oxydation zu Triose und Orcinreaktion 97	als Isopropyljodid 94 nach Wagenaar 131
Milchsäurebakt. 138 Colibakt. 147, 148	Triosephosphorsäure 138 Alkohol 147, 148 Ameisensäure 147, 148	—	—
Colibakt. 148	Essigsäure 148 Ameisensäure 148	—	—
Hefe 104, 106, 109 Milchsäurebakt. 133 Colibakt. 147 Essigbakt. 186 Schimmelpilze 210	Phosphoglycerinsäure 109 Dioxyacetonph. 112, 147 Methylglyoxal 104 133, 186, 210 Brenztraubensäure 106	—	—
Essigbakt. 185	Aceton 185	—	neben Aceton 156
—	—	K-Salz 191 Chinoxalinderivat 191	—
—	—	Ca-Salz 190 Farbreaktionen 190	—

Gärprodukte und Substrate	Bildung	
	durch (Organismen usw.)	aus (Substrate usw.)
Kojisäure	Schimmelpilze 197 Essigbakt. 198	Glucose 197 Fructose 198 Mannit 198
Mannit	heterofermentative Milch-säurebakt. 131 Schimmelpilze 22	Fruktose 131 Zucker 22
Mannonsäure	Essigbakt. 189 Schimmelpilze 197	Mannose 189, 197
Mannose	Essigbakt. 188	Mannit 188
Methylglyoxal	Hefe 104, 105 Milchsäurebakt. 133, 137 Propionsäurebakt. 144 Colibakt. 148 Butylbakt. 164 Essigbakt. 186 Schimmelpilze 210	bei der 5. Vergärungsform 9, 104 Triosephosphorsäure 15 Hexosediphosphat 104, 133, 137, 144, 148, 164, 186, 210
Milchsäure	Milchsäurebakt. 127, 131, 134, 136, 138 Butylbakt. 9, 136, 163, 164 Cellulosevergärer 20, 173 Colibakt. 136, 145 Hefe 136 Aerobacillen 170 Propionsäurebakt. 139, 143	Pentosen 19, 136 Hexosen 127, 131, 134, 137, 138, 144 Cellulose 20, 174 Hexosediphosphat 136 Brenztraubensäure 147 Milchsäurealdehyd 143 Methylglyoxal 15, 113, 134, 137, 138, 144
Oxalsäure	Asp. niger 22, 207, 208, 213 Pen. glaucum 22 Coniophora cerebella 22	Zucker 207 Na-Acetat 208 Ca-Formiat 208, 213 Holz 22
Phosphoglycerin-säure	Hefe 109 Milchsäurebakt. 138 Colibakt. 147, 148	in Gegenwart von NaF 9, 110 Triosephosphorsäure 15, 110, 138 147 Hexosediphosphorsäure 109, 110
Propanol	Butylbakt. 170	Propionsäure 170 im Fuselöl 90

| Umwandlung | | Isolierung, Nachweis und Identifizierung | Quantitative Bestimmung |
durch (Organismen usw.)	in (Umwandlungsprodukte)		
—	—	Eisenchloridreaktion 197 Krystallisation 198	als Cu-Salz 198
Essigbakt. 188, 198	Mannose 188 Fructose 188 Kojisäure 198	Isolierung 132 Tribenzalverb. 133	nach Smit 132
—	—	—	—
Essigbakt. 189 Schimmelpilze 197	Mannonsäure 189, 197	—	—
Hefe 121 Milchsäurebakt. 134 138 Colibakt. 148	Milchsäure 15, 113, 134, 138, 144, 148 nach dem Brenztraubensäurechema 15, 149 nach dem Ameisensäureschema 15, 148, 149 Propylenglykol 121	als 2,4-Dinitrophenylosazon 105, 133 als Dioxym 105, 133	als 2,4-Dinitro-phenylosazon 105
Propionsäurebakt. 142.	Propionsäure 142, 143, 144 Essigsäure 142, 143, 144	nach Denigès 128 Ca-Salz 129 Zn-Salz 134 Extraktion 140	Oxydation zu Acetaldehyd 129
Schimmelpilze 214	Ameisensäure 214	Pb-Salz 207 Krystallisation 207	Ca-Salz 207
Hefe 112 Milchsäurebakt. 138 Colibakt. 147	Brenztraubensäure 15, 110, 112, 135, 138, 147 Phosphobrenztraubensäure 110, 112	—	—
Essigbakt. 184	Propionsäure 184	—	—

Gärprodukte und Substrate	Bildung	
	durch (Organismen usw.)	aus (Substrate usw.)
Propionsäure	Propionsäurebakt. 139 Essigbakt. 184	Glucose 139, 143 Bernsteinsäure 143 Milchsäure 142, 144 Brenztraubensäure 142, 144 Glycerin 144, 145 Propanol 184
Propyraldehyd	Propionsäurebakt. 143, 144	Glucose 143 Glycerin (Abfangung) 144
1,2-Propandiol	Hefe 6, 119, 121 Bakterien 97	Milchsäurealdehyd 6, 119 Acetol 121 Glycerin 97
1,3-Propandiol	Bakterien 97	Glycerin 97
Sorbit	—	—
Sorbose	Essigbakt. 186	Sorbit 6, 21, 186

Umwandlung		Isolierung, Nachweis und Identifizierung	Quantitative Bestimmung
durch (Organismen usw.)	in (Umwandlungs- produkte)		
Butylbakt. 170	Propanol 170	Isolierung 140 p-Bromphenacyl- ester 140 p-Chlorphenacyl- ester 184	neben Essigsäure 139
Propionsäurebakt. 143	Propionsäure 143	—	—
Essigbakt. 188	Acetol 188	—	—
—	—	—	—
Essigbakt. 186	Sorbose 6, 21, 186	—	—
—	—	Krystallisation 187	Reduktion 186, 222

Carl Ritter G.m.b.H., Wiesbaden.